国家自然科学基金资助项目（71501190）
湖南省自然科学基金项目（2018JJ3892）
中南大学教育基金会资助出版

OPTIMAL MODELS AND ALGORITHMS FOR TRACK UTILIZATION IN RAILWAY PASSENGER STATIONS

铁路客运站股道运用优化模型与算法

张英贵　王娟　著

中南大学出版社
www.csupress.com.cn

图书在版编目（CIP）数据

铁路客运站股道运用优化模型与算法／张英贵，王娟著
.--长沙：中南大学出版社，2018.3
ISBN 978-7-5487-2726-2

Ⅰ.①铁… Ⅱ.①张… ②王 Ⅲ.①客运站—站线—最优化
算法 Ⅳ.①U291.1

中国版本图书馆 CIP 数据核字(2017)第 044118 号

铁路客运站股道运用优化模型与算法

TIELU KEYUNZHAN GUDAO YUNYONG YOUHUA MOXING YU SUANFA

张英贵　王娟　著

□**责任编辑**　胡小锋
□**责任印制**　易建国
□**出版发行**　中南大学出版社
社址：长沙市麓山南路　　邮编：410083
发行科电话：0731-88876770　　传真：0731-88710482
□**印　　装**　湖南众鑫印务有限公司

□**开　　本**　710×1000　1/16　□**印张** 13.25　□**字数** 266 千字
□**版　　次**　2018 年 3 月第 1 版　□2018 年 3 月第 1 次印刷
□**书　　号**　ISBN 978-7-5487-2726-2
□**定　　价**　45.00 元

作者简介

张英贵　1984 年 2 月生，安徽金寨人，工学博士，博士后，中共党员。2012 年 7 月任职于中南大学交通运输工程学院交通运输系，副教授，硕士生导师。从 2008 年开始一直从事交通运输运营管理及信息化方面的教学与科研工作，主攻轨道交通车站作业组织理论与方法、铁路货物安全装运决策技术及应用研究。累计发表学术论文 50 余篇，其中 SCI/SSCI/EI/CSCD 核心期刊论文 30 余篇，申请专利 3 项，参编教材 1 部。先后主持和承担了国家自然科学基金项目“城际铁路客运站股道运用自律理论与方法研究”和“长大货物联合运输组织理论与方法研究”、中国铁路总公司课题“铁路限界管理信息化及超限超重货物运输辅助决策关键技术研究”和“大宗货物直达运输方案组织及运力配置关键技术”、中铁信宏远(北京)软件科技有限责任公司课题“铁路限界管理及超限超重货物运输辅助决策系统实施”、普洱市交通运输局“普洱市十三五开放型综合交通体系建设研究”等国家、省部级等纵向项目和重大横向课题 10 余项。

王　娟　1983 年 12 月生，湖南洞口人，工学博士，中共党员。2016 年 12 月任职于中南林业科技大学物流与交通学院物流工程教研室，讲师。从 2009 年开始一直从事物流与供应链管理、交通运输领域的教学与科研工作，主攻再生资源回收物流管理及应用研究。累计发表 SCI/EI/CSSCI/CSCD 检索学术论文 10 余篇，参编教材 1 部。参与了 2 项国家自然科学基金、1 项湖南省哲学社会科学基金和多项横向课题的研究工作，正主持湖南省自然科学基金青年项目“集成式再生资源回收供应链激励优化方法研究”。

前 言

区域轨道交通和高标准、大能力铁路通道在全国范围内已建成网，为人们出行提供了一种安全经济、方便快捷的绿色交通方式；随着我国新型城镇化和城市群建设进程的加快，铁路客运需求迅速增长，对客运服务质量提出了更高的要求。铁路客运站是铁路进行旅客运输组织、服务社会的窗口，是铁路客流的换乘与集散场所，其作业组织的核心是股道运用，铁路客运站股道运用优化模型与算法的研究有利于确保车站作业组织安全，全面提升铁路客运服务质量。

铁路客运站股道运用必须使客运站到发列车合理接续，尽可能避免车底取送、机车出入段、异侧到发线接发穿越正线等作业产生的各种时空冲突；我国旅客列车种类繁多，共线运行，以及小编组高密度的列车开行方案增加了列车开行数量、加大了列车开行密度；高标准的旅客服务，要求列车及时正点进站，尽可能避免因股道运用问题导致站外临时停车。由于客运站股道运用需占用大量的运输资源，所有接发列车和运输资源的组合方案数目巨量，使股道运用计划离线编制与在线调整问题成为一个难度很大的组合优化问题；一些办理大量车底取送、机车出入段等调车作业的大型综合型铁路客运站，因行车与调车作业的严重干扰，目前仍不得不采用传统的手工方法来编制与调整股道运用计划，健壮性与耦合性差，抗干扰能力较低。另一方面，复杂多变的股道运用实时环境，尤其是列车大面积晚点、突发安全事故和自然灾害等非常态下股道运用计划在线实时调整势必更加复杂与非结构化，仅靠传统的人工手段无法满足日益增长且随机波动更强的客运需求。因此，需提出基于既定站场布局的铁路客运站股道运用计划编制与实时调整优化方法，以解决铁路客运站股道运用计划离线编制与在线调整优化问题，为客运站股道运用自律智能管理提供理论与方法支持。

随着综合交通枢纽概念的强化，普速铁路、高速铁路和城际铁路越来越集中地引入同一个铁路客运站，致使客运站站场布局越来越复杂。大型铁路客运站办理大量的列车接发作业、机车出入段等调车作业，铁路站场线路、道岔等布置愈加复杂，严重影响客运站股道运用计划离线编制与在线调整；铁路客流流量、流向的不同，旅客列车种类的不同，致使特定旅客列车对候车室安排要求不尽相同，需研究客运站候车室运用优化方法，设计站场布局评价指标体系及其评价方法，改善股道运用环境，促进绿色客运站建设，提升铁路客运服务质量。

中国铁路的快速发展和高速铁路网络的大力建设，使铁路线网、自动控制、信息化管理等各方面都得到了快速发展，硬件设施的提升对铁路运输组织水平提出了新的要求。本书系国家自然科学基金项目(71501190)部分研究成果的总结，通过阐述铁路客运站股道运用技术作业过程及其影响因素，定量剖析股道运用的时空占用关系，论述客运站股道运用优化问题，提出系列股道运用优化模型与算法，探索股道运用作业安全及其自律智能管理问题的解决途径，并应用这些优化模型与算法研制出铁路客运站股道运用决策支持系统。

本书所做的主要工作包括：

第 1 章　铁路客运站股道运用概述。阐述客运站股道运用技术作业过程、特征及其影响因素，从微观层面定量剖析运输资源时空干扰关系，综述国内外研究现状及其发展趋势，分析并提炼出铁路客运站股道运用优化的关键科学问题。

第 2 章　铁路客运站股道运用计划编制优化模型与算法。构造客运站股道运用计划编制排序问题，建立股道运用计划编制排序模型与柔性模型，提出股道运用计划编制优化算法与柔性算法，以解决股道运用计划编制优化及其柔性问题。

第 3 章　铁路客技站车底取送计划编制优化模型与算法。构造系列车底作业计划编制排序问题，建立车底取送、车底停靠和调车作业及其耦合窗时排序模型，设计车底作业优化和自律耦合优化算法，以解决车底取送计划编制优化问题。

第 4 章　铁路客运站股道运用实时调整优化模型与算法。构建股道运用及实时调整耦合窗时排序模型，设计多种改进优化策略与分派规则，提出自律优化算法和基于规则的启发式求解算法，以解决常态下股道运用实时调整优化问题。

第 5 章　铁路客运站股道运用实时决策推理模型与算法。构造列车、方案与推理物元，设计基于实例的实时决策推理优化模型，提出实时决策 K 算法、推理优化算法和自学规则算法，以解决非常态下股道运用实时决策推理优化问题。

第 6 章 铁路客运站候车室运用计划编制优化模型与算法。以旅客走行距离最短、候车能力利用最大为目标，构建候车室运用计划编制优化模型，设计基于区、室、时刻和交互优先策略的解改进优化策略，提出候车室运用优化算法。

第 7 章 铁路客运站站场布局绿色评估优化模型与算法。构建基于绿色交通理念的客运站站场布局评价指标体系，采用多级模糊综合评价技术，设计站场布局绿色评价模型与算法，评估客运站站场布局规划、建设与运营管理绿色等级。

第 8 章 铁路客运站股道运用决策支持系统。分析系统的需求及其数据组织结构，设计系统的体系结构及功能模块，阐述系统工作界面及操作流程，提出对象图块式图形构造、一致性跨时处理和运营能力分析等系统研制的关键技术。

限于作者水平，书中难免有不妥之处，恳请诸位读者批评指正。

本书出版之际，作者衷心感谢国家自然科学基金委员会对本领域研究工作提供的支持；感谢各铁路院校、铁路局和站段股道运用同行的指导和支持，本书直接或间接引用了前人的一些研究成果；感谢我们所在的科研团队，特别感谢我们的导师中南大学雷定猷教授，感谢他们对本项目研究给予的支持和帮助。

张英贵　王 娟

2017 年 10 月

目 录

第 1 章
铁路客运站股道运用概述

铁路客运站是铁路客流换乘与集散场所，作业组织的核心是股道运用；股道运用一般是指在既定站场布局、列车时刻表和安全技术文件的约束下，合理均衡地使用站内站台、到发场的到发线、客技站的车底整备线、机车、信号机、轨道电路和候车室等运输资源，使到发列车安全、合理接续，便于旅客换乘和集散。本章通过阐述铁路客运站旅客列车技术作业和客车车底取送作业过程，分析铁路客运站行车和调车作业冲突，归纳总结客运站股道运用和车底取送作业的主要影响因素，结合列车运行过程和站场布局，从微观层面定量剖析股道运用时空占用关系，再结合国内外研究现状进行文献综述，提炼出铁路客运站股道运用的关键科学问题。

1.1　客运站股道运用技术作业过程

客运站是铁路旅客运输的基本生产单位，它的主要任务是办理旅客列车的始发作业、终到作业、通过作业、客车车底整备作业及办理与旅客服务相关的其他业务，组织旅客安全、迅速、准确、方便的乘降和集散，办理行包、邮件的装修搬运服务；组织旅客列车安全、正点到发和客车车底取送，为旅客提供舒适的服务条件。客运站尤其是大型客运站一般会设在政治、经济和文化中心所在城市及旅游胜地等具有大量旅客集散的地方，办理大量始发、终到旅客列车作业。客运站设有客运站房、站场、机务段、客技站(或客车整备所)、车辆段、动车检修与运用等技术作业设备。不同类型客运站的技术设备、股道运用技术作业、技术标准及规则章程有所差异，但是铁路客运站股道运用技术作业必须按照规定程序办理。

1.1.1 旅客列车技术作业过程分析

1.1.1.1 通过旅客列车技术作业过程

通过旅客列车一般包括无改编的通过旅客列车和变更运行方向的通过旅客列车两类。对于前者，在通过旅客列车到达铁路客运站以后，应立即换挂机车和进行试风作业，同时办理各项技术检查、列车上水、行包邮件装卸、旅客上下车及运转车长接收列车等技术作业，即无改编的通过旅客列车的技术作业流程：摘下旅客列车的到达机车→变更列车进路→连挂出发机车→列车试风→技术检查→车辆上水作业→行包及邮件装卸作业→旅客上下车作业→运转车长接收列车并办理发车作业；对于后者，通过旅客列车在一端挂有行李车和邮政车，此时旅客列车到达客运站以后，应将到达机车、行李车和邮政车同时摘下，并将其换挂于旅客列车尾部，随后办理机车换挂作业并进行试风，车列的技术检查作业、上水作业、旅客上下车作业可同时平行办理，但行包和邮件装卸作业须在调车作业过后办理；变更运行方向的通过旅客列车的技术作业流程：摘下旅客列车的行李车、邮政车及到达机车→在旅客列车尾部连挂行李车和邮政车→连挂列车机车并办理试风作业→技术检查作业→车辆上水作业→行包及邮件装卸作业→旅客上下车作业→运转车长接收列车并办理发车作业。

1.1.1.2 始发旅客列车技术作业过程

始发旅客列车的客车车底经调机或动车车底自身办理车底取车作业将车底从客技站或客车整备所调入到铁路客运站到发场后，办理技术检查作业、旅客上车作业、行包邮件装卸作业、运转车长接收列车作业、挂机车及试风作业。始发旅客列车的作业流程：列检、行李员提前出动→提前调送车底→技术检查作业→行包及邮件装卸作业→旅客上车作业→挂机车及试风作业→运转车长接收列车并办理发车作业。

1.1.1.3 终到旅客列车技术作业过程

终到旅客列车到达铁路客运站后，在行包和邮件装卸完毕以及旅客全部下车以后，终到旅客列车的客车车底可由调车机车、动车车底自身或本务机车办理送车作业送至客技站。终到旅客列车的作业流程：列车、行李装卸人员提前出动→摘机车→旅客下车→技术检查→卸行包、邮件。

1.1.1.4 立折(即立即折返)旅客列车技术作业过程

为实现动车组的联程交路运用，缩短动车组的整备作业时间，更好地方便旅客换乘，立折旅客列车到达客运站到发场后并不会办理车底取送作业即立折旅客列车不入段(或车底整备所)而直接在客运站到发场办理动车组整备检修作业或车底连挂分离作业后，直接担当另一旅客列车的运输任务，立折旅客列车的作业过程类似于通过旅客列车技术作业过程。

对于不办理始发和终到旅客列车技术作业的客运站，列车技术作业过程即是客运站股道运用技术作业过程，对于此类客运站的股道运用问题实质上就是到发线运用问题；对于办理始发和终到旅客列车技术作业的客运站，股道运用问题除包括到发线运用问题外，还包括客车车底取送作业、客车调机运用、客技站车底停留线等股道线路的应用问题。

1.1.2　客车车底取送作业过程分析

凡办理始发、终到旅客列车为主的客运站，一般均设有客技站(或客车整备所)。客技站是客车车底进行技术检查、车底修理整备和车底停靠的场所。客车车底的整备作业主要包括以下几个方面的内容，即清除客车车底污垢，车底技术检查作业，客车车底改编作业，车底外部及内部的清扫、洗刷、修理、上燃料以及上水等作业，乘务组接收车列，客车车底等待送往客运站。车底在客技站的各项作业采用定位作业和流水作业两种模式。

1.1.2.1　定位作业模式下车底在客技站的技术作业

客车车底由客运站到达场(或到发场)送至客技站(或客车整备所)后，除车底需办理必要的改编作业外，同一车底一般会一直停在同一条整备线上办理车底检修和整备作业，且在该整备线上等待送往客运站出发场(或到发场)。

采用定位式作业方式时，作业比较集中，整备时间短，管理方便，调车作业量小，便于组织平行作业，不足之处在于：库整备作业与车底内外部清扫洗刷作业之间的干扰较大；客技站(或客车整备所)的所有线路均可能办理整备作业，整备作业面积较大，同时对各种管道、电焊线路、排水、硬化地面及检查沟等设施设备的需求也较大。目前，我国铁路客运站大多是采用定位式。

1.1.2.2　流水作业模式下车底在客技站的技术作业

旅客列车的客车车底由客运站送至客技站后，按作业顺序分别在到发场进行待整备、在整备场进行库整备(客车和客运整备)，流水作业模式也可以称之为移位作业模式。流水作业相对于定位作业模式的优点：客车整备与库整备分开进行，两项作业之间的干扰相对较少，设备的利用效率较高，对库线路的需求量较少；缺点：客车车底在整备所内会频繁办理调车作业且作业时间相对较长。

为了检修或洗刷消毒车辆、客车车底整备作业，向客技站或客车整备所(或动车检备所)送车或从客技站或客车整备所(或动车检备所)取回客车车底的调车作业称为客车车底取送作业(或出入库作业)，车底取送作业、车底停留线运用和调机运用是否合理安排是旅客列车在客技站作业顺畅与否的关键所在。

结合车站组织取送作业的基本原则，综合考虑铁路客运站、客车车底取送作业过程及其特征要求，客车车底取送作业组织应遵循如下原则：

(1)终到、始发旅客列车的客车车底按需组织客车车底取送作业，使客车车底取送作业与旅客列车时刻表(或列车运行图)密切配合，及时为始发旅客列车准备好客车车底，保证始发旅客列车正点运行；

(2)客车车底取送作业与客技站或客车整备所(或动车检备所)的容车能力、车底整备作业进度相适应，保证客车调机均衡地完成车底取送作业；

(3)客车车底入库作业应与车站到发场列车到达、出发作业相协调，以便及时地腾出车站到发线、车底停留线等股道线路，保证车站不间断接发列车；

(4)经济合理均衡地使用调车机车动力，高效、安全地完成车底取送任务；

(5)客车车底入库作业考虑车底整备作业，客车车底出库作业考虑始发旅客列车的始发作业，最大程度地简化车站作业，提高作业效率；

(6)以调机作业为纽带，使车站的整个行车系统相互统一协调。

1.1.3 行车和调车作业冲突分析

无论是在哪种性质的铁路车站(如编组站、货运站、客运站等)办理任何一项或多项行车作业或调车作业，只要列车、车列或车组、调机办理相关作业时所占用的进路存在同时共同占用某些道岔、股道线路等所属轨道电路区段的现象，办理相应的行调车作业活动时便会发生进路冲突，危及行车、调车作业及人身财产安全。从作业性质上来看，进路冲突主要包括行车冲突(即旅客列车之间的进路冲突、旅客列车与货物列车之间的进路冲突、货物列车之间的进路冲突)、行调冲突(即列车到发与调车作业的进路冲突、列车到发与机车出入段作业之间的进路冲突等)和调车冲突(即调车作业之间的进路冲突、调车作业与机车出入段之间的进路冲突、机车出入段之间的进路冲突)三种。不同类型的进路冲突对车站作业的影响程度不尽相同：行车冲突最为严重，对作业的干扰程度最大，行调冲突次之，调车冲突的严重程度相对行调冲突较低；对行车冲突来说，行车到达作业及进路冲突最严重，行车到发作业及进路冲突次之，出发作业及进路冲突再次；对于列车种别而言，旅客列车作业及进路冲突最严重，货车较次之等。虽然不同类型进路冲突的严重性不同，但出现进路冲突的方式是一致的，即当且仅当行、调车作业进路是敌对进路，且在同一时间段内共同占用咽喉区某一道岔组或其他轨道电路区段时，有关行调车作业才会产生进路冲突。

如果两条进路是平行进路，那么无论平行进路被行、调车作业所占用的时间是否错开或重叠，均不会出现进路冲突的情形；如果两条进路是敌对进路，当且仅当这两条进路被作业占用的时间是相互错开、无重叠的，依时间先后依次被占用时，此时敌对进路上相同的轨道电路区段被占用的时间自然也就错开了，因而无法产生进路冲突；反之亦然。

为减轻或消除进路冲突，通常采用改造车站设备或作业组织，疏解行调车作业的进路冲突。前者投资较大，后者可以通过变更到发线固定使用、活用线路等，效益较大。图1－1所示为某客运站下行方向咽喉布置示意图，不妨假设A方面有两列列车分别通过X和XF信号机同时需要进入站内1股道和Ⅱ股道。

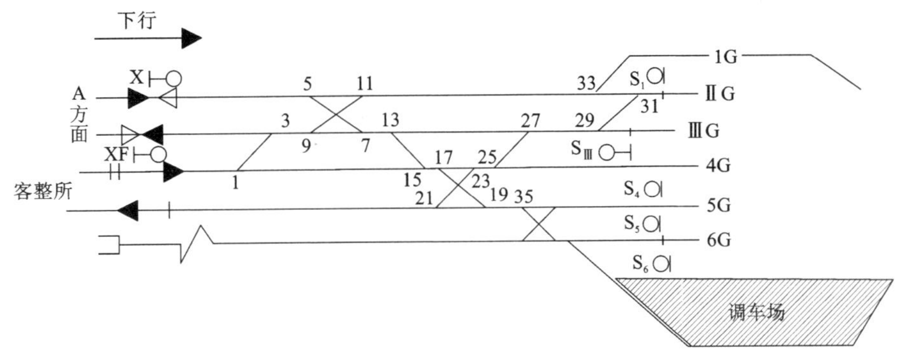

图1－1　某客运站下行方向咽喉布置示意图

若两列车现在同时接车，即列车T251次由该站不停车通过，其进路为：从A方面来车，进入X进站信号机内方后，经过5/7定位、9/11定位、33定位、29/31定位由Ⅱ股道不停车通过；另一列车C6101次若此时依然采用固定的线路使用方案则需经过1/3定位、9/11反位、5/7定位、33反位进入1股道停车，会产生进路交叉干扰，需调整C6101次列车接入股道。根据到发线灵活使用、车站作业组织等因素可将后者调整接入4股道，即进路为列车由XF进站后，经1/3道岔定位、9/11定位、5/7定位、13/15反位、17/19定位、21/23定位、25/27定位进入4道，与通过X进站由Ⅱ股道不停车通过形成平行进路。虽然列车C6101占用的股道不符合固定使用方案，但通过线路灵活使用，T251次列车通过进路与C6101次列车接车进路之间不会出现冲突，能够满足同时接入车站的要求，保证了两列列车的正常进路与运行，避免了最为严重的到达列车（T251次）与到达列车（C6101次）在道岔5/7、9/11、33重叠占用之间的进路冲突，保证了车站作业安全。因此，行调车作业占用的进路冲突是否疏解关键在于：任意一组敌对进路上所有轨道电路区段的作业占用时间是否错开不能使其形成重叠。这也是解决铁路客运站股道系列优化及应用问题的关键所在。

任何行车和调车作业活动都离不开车站各项基础设施或资源，铁路客运站股道运用技术作业需占用一定的设施或资源（如调机、进路、股道等），且同一时间段内同一资源至多被一项作业占用。如旅客列车办理接发车作业时，同一时间段内最多占用某一条具体的到发线、接发车进路（同一时段内占用某一具体的轨道电路）；车底办理取送作业时，同一时间段内最多占用某一股道线路、调车进路、调机等资源。通过分析行车和调车作业活动对基础设施或资源占用时间，易知某项基础设施或资源占用出现冲突或相抵触的情形如图 1－2 所示。

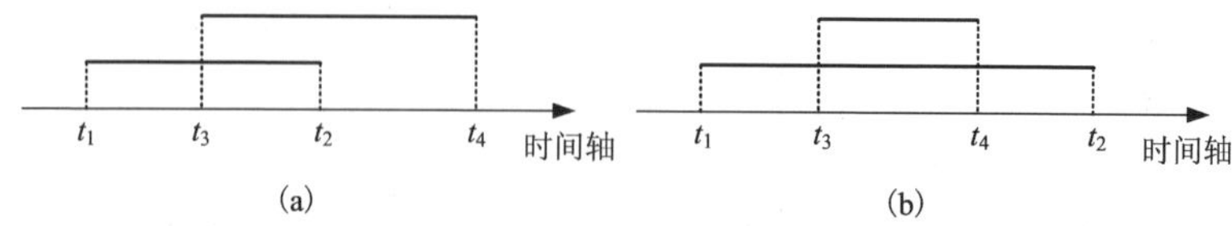

图 1－2　基础设施或资源占用出现冲突的情形

若将该项基础设施或资源的开始、结束占用时刻均用一个实例比较值（类似坐标）的形式体现，则上述两种情形均可通过约束条件$(t_1-t_3)(t_2-t_3)>0$、$(t_1-t_4)(t_2-t_4)>0$得以避免，该约束条件的具体分析和研究见后续章节。

1.1.4　股道运用技术作业特征

铁路客运站股道运用技术作业特征主要表现在以下几个方面：

（1）旅客列车绝大部分按列车时刻表到达车站、办理客运业务、离开客运站，每天的到发旅客列车量基本固定；若将列车视为待加工工件、车站设施资源设备为机器，则列车在站技术作业过程可以看成工件在机器上的流水加工过程。

（2）旅客列车编组内容较固定，一般无须办理整个车底的改编作业，客车车底所担当的旅客列车车次一般较固定；始发和终到旅客列车车底的整备作业一般在客技站或客车整备所进行，在客运站到发场与客技站之间需办理车底取送作业，除具有动力源的动车车底外的其他车底需另行安排调机办理调车作业。

（3）在客运站上办理业务的旅客列车有始发、终到、通过和立折四种类型，其占用各种设施和资源的时间由列车在站技术作业过程确定。其中，通过和立折旅客列车占用到发线时间一般由列车时刻表确定，而始发或终到旅客列车在客运站到发场、客技站的作业时间相对灵活，具有一定的调整空间，在满足车站对各项技术作业的最低作业时间要求的前提下，允许适当调整客车车底取送或出入库时间即与车底有关的调车作业时间，但调整应尽可能保证列车能按图正点运行。

（4）客运站旅客列车的到发时刻一般按图正点运行；为满足旅客出行行为需求、提高铁路客运服务质量，对于具体的客运站来看，列车密集到发的现象时有发生，列车不均衡到发的特征，由此引起客运站在列车到发高峰期到发线能力、咽喉能力、调机能力运用较为紧张，非高峰期时客运站各项能力使用相对宽松。

（5）由于铁路现场情况等客观因素的突发性、不可预见性，旅客列车尤其是在客流高峰期可能脱离既有列车时刻表，发生列车晚点或大面积晚点现象，应实时调整股道运用计划，尽快恢复列车正点运行；在客运站发生设施故障、安全事故等非常态下，应及时有效地调整股道运用计划，安全开展旅客运输工作。

1.2　客运站股道运用影响因素分析

1.2.1　股道运用影响因素分析

在列车提速、大量加开临时列车等情况下，铁路部门需重新制订新的旅客列车时刻表，车站值班员也相应地要重新制订新的股道运用计划，在确定股道运用计划后按方案固定使用；但在繁忙的大型客运站（如广州东站），尤其在春运、黄金周期间，列车经常晚点、复杂的作业环境使股道运用变动频繁，需对股道运用计划进行及时有效的调整。结合铁路客运站股道运用技术作业过程及技术作业特征，制订和调整客运站股道运用计划的主要影响因素如下：

（1）客运站站场布局。客运站站场主要包括客运站候车大厅和候车室、站台、股道（包括到发线、车底停留线、机走线、机待线等）、站场线路和咽喉区布置（轨道电路、道岔、信号机等），还包括车站联锁关系、上水设备、地下通道和天桥等。车站股道是列车占用的场所，站台是旅客上下车的地方。股道有长短、类型以及它与正线和站台之间的配置等属性（如不停站通过的旅客列车一般经由正线直接通过车站）；站台有长短、类型及距离候车室的远近等属性（如站台有高站台和低站台之分，有些列车只能停靠高站台，如动车组）。铁路部门关注的是作业计划，而旅客注重的是在哪个站台上车，二者均属客运站股道运用计划的范畴。车站联锁设备及联锁关系是制订和调整客运站股道运用计划时，必须考虑并且需要慎重考虑的，这关乎计划是否能够确保车站不间断、安全地接发列车。

（2）车站行车工作细则。《车站行车工作细则》是我国铁路车站贯彻执行中国铁路总公司《铁路技术管理规程》和铁路局《行车组织规则》，加强车站技术管理，保证安全地进行行车组织工作的重要技术文件；是车站编制、执行日常作业计划，组织接发列车、调车和各项技术作业以及有关技术设备使用的基本法规；是组织查定各项技术作业过程、时间标准，计算通过能力和改编能力，进行日常运输生产分析、总结的主要依据。《车站行车工作细则》是制订和调整客运站股道运用计划的纲领性文件和要求，其中规定了车站到发线固定运用方案（即规定了某些列车只能占用某些股道，停靠某些站台）。为保证车站作业安全和有效地使用车站技术设备，一般均会对车场及线路进行专门化。由于旅客列车运行的经常性及到发时刻比较固定，所以可将一定种类和移动方向的列车到发作业固定于某一车场或某一线路，便于车站员工熟悉各次列车的股道以提高工作效率。在确定车场及线路的专门化时，应尽量减少敌对进路（车站联锁范围内的固定进路，凡不能够以道岔的位置分开敌对关系的，均为敌对进路），保证流水作业；按车次固定线路时，应考虑旅客进站径路的便捷及安全。

(3)旅客列车时刻表。旅客列车时刻表实质上是一种面向社会使用的列车运行表，其中的列车全部是旅客列车。列车运行表是用以表示列车在铁路区间运行及在车站到发或通过时刻的技术文件，它规定各次列车占用区间的程序，列车在每个车站的到达和出发(或通过)时刻，是全路组织列车运行的基础。

(4)客车车底周转计划。车底周转计划规定了哪些始发旅客列车和终到旅客列车共同使用一个相同的客车车底，在制订和调整客运站股道运用计划时，有的旅客列车(立折旅客列车)一般只占用相同的股道，但也有一些旅客列车(始发、终到旅客列车)不占用相同的股道。

(5)列车会让计划。列车会让计划是制订和调整客运站股道运用计划的一个限制条件，它规定哪些股道可以同时办理相向的列车进路，哪些股道禁止办理相向的列车进路，在《车站行车工作细则》(简称《站细》)中也具有详细的规定。

(6)旅客列车。客运站股道运用计划的关键执行对象是旅客列车，不同属性的旅客列车在安排作业时考虑有所不同。列车属性主要是指旅客列车的等级，大致等级由高到低依次为：高铁、动车组、直达旅客列车、特快旅客列车、快速旅客列车、普通旅客列车、临时旅客列车，跨局旅客列车一般高于管内旅客列车。调整股道运用计划时，一般优先考虑高等级列车，优先没有晚点或晚点时分较少的列车，尤其临时旅客列车的调整一般在其他日常正常开行列车之后。

(7)车站施工作业。车站施工主要是对铁路车站的某些股道、道岔、信号机以及轨道电路等硬件设施进行施工维护，在施工期间(称为时间窗)，一般禁止办理与之相关的列车进路。

(8)人工干预。有时完全用计算机制订股道运用计划未必能够制订出符合车站调度员意志或特殊需要的计划安排，这时需要人工干预计算机制订过程。人工干预主要是为了体现车站调度员的意志而设置的人机交互接口，如按计算机自动制订 T102 次旅客列车停靠 1 站台 3 道，而车站调度员想把该次列车停靠 3 站台 6 道，这时计算机便需要人工干预信息制订新的股道运用计划。

(9)计划在线执行情况。车站进路、股道与站台实时占用情况、铁路客运站股道运用计划实时执行情况等信息是调整股道运用计划的前提和依据，如调整股道时，实际占用的进路、股道与站台不能再被其他列车占用，以确保作业安全。

(10)其他。除上述因素外，客运站股道运用计划的制订和调整还与客流流量、流向、高峰期、列车晚点程度、调车作业量、行车与调车冲突等因素有关。

1.2.2 客技站车底取送作业影响因素分析

车底取送作业占用客运站咽喉道岔区，严重影响旅客列车到发作业和客运站通过能力；行车作业一般优先于调车作业，车底取送作业计划的制订弹性相对较大。影响客车车底作业的因素主要包括列车种类、性质、到发密集程度和车站设施设备（到发线、调机、车底停留线等）的具体分工等，车底作业主要包括客车车底取送作业、客车调机运用、车底停留线运用计划三项作业内容。

1.2.2.1　车底取送作业影响因素分析

客车车底取送作业（或车底出入库作业）包括车底出库作业和入库作业。终到旅客列车的客车车底在客运站到发场办理终到作业后，需要及时入库腾出到发线；而始发旅客列车的客车车底在客技站办理整备或检修作业后，需在其所属始发旅客列车出发之前抵达车站到发场，以便有充足的时间办理始发作业，保证旅客上下车。制订和调整车底取送作业计划的主要影响因素如图1－3所示。

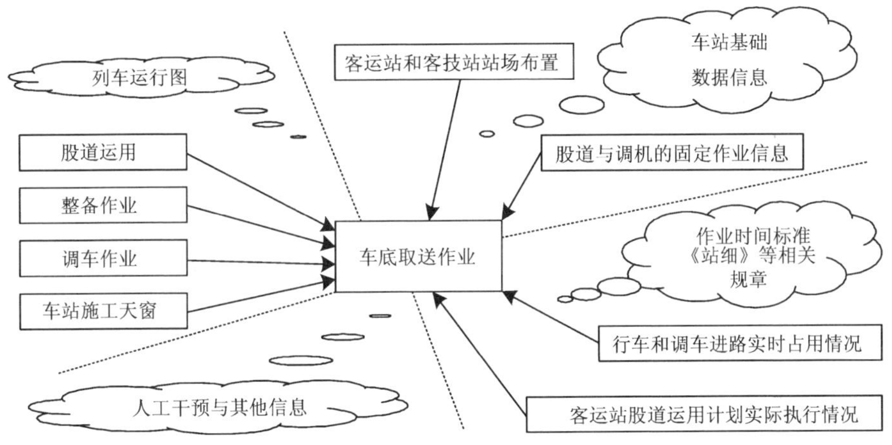

图1－3　车底取送作业的主要影响因素

1.2.2.2　客车调机运用影响因素分析

狭义的客车调机运用计划主要是指与客车车底取送计划紧密相连的调机运用计划。广义的调机运用计划除了包括办理车底取送计划时的调机安排，还包括库内整备作业安排、单机运行信息等。本书中的客车调机是指可以用来办理车底取送作业的调机。制订和调整客车调机运用计划的影响因素如图1－4所示。

其中，第一象限中的固定作业信息为调机运用赋以相对固定的信息，如到发线、车底停留线等股道、调机的固定使用信息；第二象限数据为调机运用提供旅客列车到开时间、车底属性、车底周转计划、施工等限制性信息，如旅客列车运行图、车底周转计划、施工、单机等调车作业、股道运用计划等；第三象限中的人工干预为调机运用提供特定调机的人为调整信息，其他则包括客车车底取送、到发场和库内调车、整备作业等相关信息；第四象限数据为制订和调整调机运用计划提供股道运用计划执行与进路占用情况、衡量条件等实时信息。

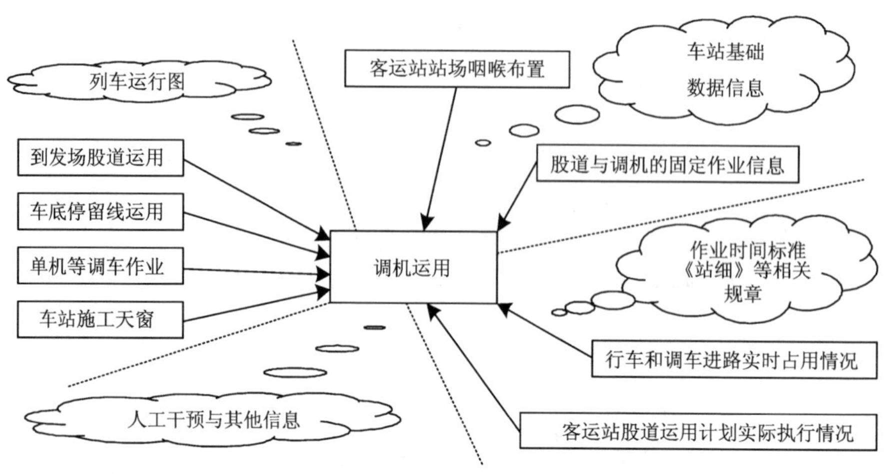

图 1-4　调机运用的主要影响因素

1.2.2.3　车底停留线运用影响因素分析

车底停留线是股道线路的一种类型，车底停留线运用和其他股道运用的影响因素大致相同。制订和调整车底停留线运用计划的主要影响因素如图 1-5 所示。

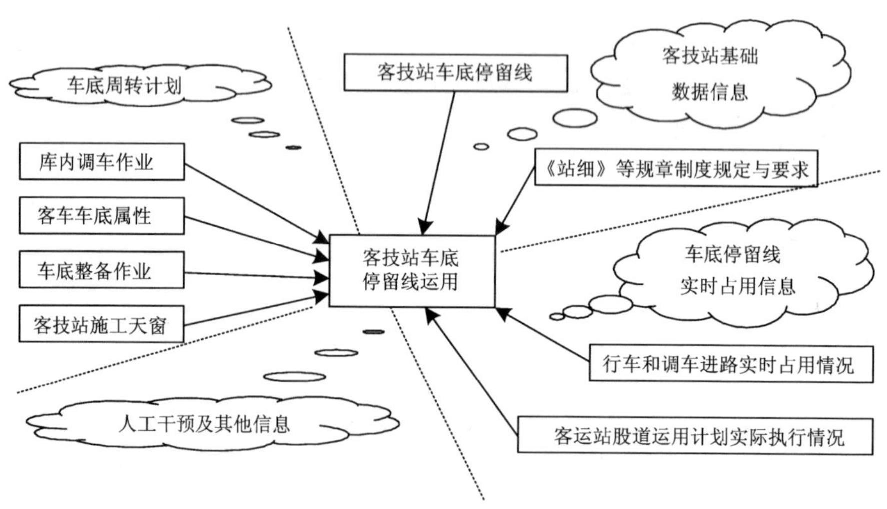

图 1-5　车底停留线运用的主要影响因素

其中，第一象限数据为车底停留线运用提供站场股道、车站工作组织细则等相对固定的信息，如客技站站场布置、线路固定使用方案、各项作业时间标准等；

第二象限数据为车底停留线运用提供特定旅客列车的具体到开计划和属性、施工等限制性信息，如列车运行图及客车车底周转计划、施工天窗、车底属性及整备作业等；第三象限中人工干预则为车底停留线运用提供特定车底使用特定车底停留线等人为调整信息；第四象限数据为制订和调整车底停留线运用计划提供车底停留线、进路占用情况等实时变化信息。

1.3 客运站股道运用时空占用分析

铁路客运站股道运用主要包括车站接发车作业、站台和股道运用、进路编排、车底整备作业、调车作业和旅客乘降等方面的内容，其核心是指在既定列车时刻表与技术文件安全约束的条件下，制订与调整客运站股道运用计划，合理使用站内线路、站台、进路和调车机车等运输资源，提高客运站运输资源配置使用效率和各项能力运用水平，便于客运站作业组织和旅客乘降。任何一项技术作业在一定的时间范围内都会占用客运站运输资源，客运站股道运用的核心是旅客列车技术作业，旅客列车技术作业的关键在于列车接车作业、发车作业（包括列车正常运行、制动停车、起动等环节）；任何一项作业都必须使用车站进路，并且同一时段内进路不能出现冲突现象（进路上的任意轨道电路在被占用之后和释放之前不能被其他不同的股道运用技术作业所占用），否则会造成安全事故。

将经停列车（如始发旅客列车、终到旅客列车、经停旅客列车、立折旅客列车）的到达时间视作列车停稳在到发线上的时间，其出发时间视作列车从到发线上再次起动的时间，并将通过列车的到达时间和出发时间视为相同；列车通过车站时必须为其安排接车（或通过）进路、发车进路。接车进路视为由列车前进方向的车站进站信号机起至到发线内反向出站信号机止的一段线路；发车进路视为由列车停留到发线的前端或出站信号机起至进站信号机（单线）或车站与区间衔接处的绝缘节即站界标（复线区段）为止的一段线路。定义咽喉区接车进路为进站信号机至到发线内反向出站信号机处为止的一段线路，则接车进路长度为咽喉区接车进路加上到发线股道的长度。因此，到发线股道的封锁时刻与咽喉区接车进路的封锁时刻相同，即为接车进路的封锁时刻；到发线股道的解锁时刻为列车车尾从股道前端出清的时刻，即为列车尾部开始占用发车进路的时刻。

在客运站的旅客列车有始发、终到、通过和立折四种类型。设客运站某班计划内有 n 列旅客列车办理到发作业，待处理的列车集合为 $J=\{J_1, J_2, \cdots, J_n\}$。则旅客列车集合 J 可以按车底取送业务分为始发旅客列车集合 J_{sf}、终到旅客列车集合 J_{zd}、通过旅客列车集合 J_{tg}、立折旅客列车集合 J_{lz}（立即折返旅客列车可按照时刻表将立即折返到达列车与立即折返出发列车看成一列经停旅客列车）四种类型。通过旅客列车集合 J_{tg} 又可以分为经停列车 J_{jt} 和正线不停车通过旅客列车 J_{ztg} 两种类型。旅客列车集合 J 可以按接车发车作业分为非终到旅客列车集合 J_{nzd}、非始发旅客列车集合 J_{nsf} 和正线不停车通过旅客列车 J_{ztg} 集合。设办理到发作业的股道线路有 mtotal 条，其集合表示为 $M=\{M_1, M_2, \cdots, M_{q_m}, \cdots, M_{\text{mtotal}}\}$；客运站所有进路的集合为 $R=\{r_1, r_2, \cdots, r_{q_r}, \cdots, r_{\text{rtotal}}\}$，rtotal 表示进路总数；进路 R_k 的长度为 L_{R_k}、轨道电路 s_{q_s} 的长度为 $L_{s_{q_s}}$、列车 J_i 的长度为 L_{J_i}。

首先，分析客运站办理列车接车作业时车站股道、轨道电路时空占用及冲突。接车进路以反向出站信号机为分界点将其分为两个过程：一为咽喉区接车进路，一为到发线股道接车进路。咽喉区接车进路即为从进站信号机起至到发线内反向出站信号机止的一段线路；由于进路是“一次封锁，分段解锁”，因此咽喉区接车进路的封锁时刻与到发线股道的封锁时刻是一致的。到发线股道的解锁时刻即是列车出发进路的封锁时刻。

对到发线股道 $M_{q_m}\in M$ 设置两组存储状态变量 $S(J_*, M_{q_m})$、$F(J_*, M_{q_m})$，分别表示到发线股道的封锁时刻、到发线股道的解锁时刻；在咽喉区接车进路和出发进路上，对任意轨道电路区段 $\forall s_{q_s}\in \text{Set}$ 同样设置两组存储状态变量 $S(J_*, R_*, s_{q_s}, o_{*q_s})$、$F(J_*, R_*, s_{q_s}, o_{*q_s})(i=1, 2, \cdots, n)$，分别是轨道电路区段的封锁和解锁时刻，其中，$J_*(1\leqslant * < i\leqslant n)$，$R_*\in R$，若 $o_{*q_s}=1$ 时，表示进路为接车进路，当 $o_{*q_s}=2$ 时，表示进路为发车进路。$S(J_*, M_{q_m})$、$F(J_*, M_{q_m})$、$S(J_*, R_*, s_{q_s}, o_{*q_s})$ 和 $F(J_*, R_*, s_{q_s}, o_{*q_s})$ 的初始值由客运站股道运用计划时间窗的开始时刻时各股道、轨道电路区段的占用状态确定取值，设列车停稳在到发线上的时间即到达时间为 x_{i*}、列车从到发线上再次起动的时间即出发时间为 y_{i*}。

(1)等待开放进站信号机信号。某一前行列车尾部从某条进路 R_k 中的最后的轨道电路区段出清的时刻起，也就是最后的轨道电路区段解锁时刻起到该轨道电路能够被其他进路重新封锁的时刻止(即开放进站信号机信号时)之间的时间间隔应不小于 $t_{准}$。$t_{准}$ 是调度系统为准备后行列车进路和进站信号开放自动安排的准备(冗余)时间段，它是根据《车站行车工作细则》等确定的经验值。

接车进路封锁时刻即进站信号机信号开放的时刻为 $S(J_i, R_k, s_{q_{sh}}, 1)$，其与到发线股道的封锁时刻 $S(J_i, M_{q_m})$ 是相同的，即：

$$S(J_i, R_k, s_{q_{sh}}, 1)=S(J_i, M_{q_m}) \tag{1-1}$$

(2)制动延时区。列车进站在非正线上停车需进行两次制动，第一次是在进站的第一个轨道电路区段前减速到道岔侧向允许的速度值 $v_{侧}$，第二次是从 $v_{侧}$ 减速直到在车站到发线股道停车标停车时止。从司机在列车控制系统车载设备接收到进站信号机开放的信号后做出减速制动操作反应至制动机开始制动时止的延时

时间间隔 $t_{操}$ 可根据《车站行车工作细则》经验值确定。

列车开始制动后，列车从正常运行速度 $v_{始}$ 减速到道岔侧向允许速度 $v_{侧}$ 所用时间 $t_{制1}=(v_{始}-v_{侧})/a$，减速过程中经过的距离为 $L_{制1}=(v_{始}^2-v_{侧}^2)/2a$；减速至速度 $v_{侧}$ 后开始以 $v_{侧}$ 速度匀速运行至列车头部到咽喉区接车进路的第一段轨道电路区段止的时间为 $t_{匀1}=(L_{信}-v_{侧}t_{操}-L_{制1})/v_{侧}$。从减速至速度 $v_{侧}$ 到咽喉区接车进路的第一段轨道电路区段的长度 $L_{匀1}=L_{信}-v_{侧}t_{操}-L_{制1}$。因此，列车车头开始占用咽喉区接车进路第一段轨道电路的时刻为 $S(J_i, M_j)+t_{操}+t_{制1}+t_{匀1}$，$a$ 为列车的平均减速度，单位为 m/s^2；$L_{信}$ 为列车开始制动时列车头部与进站信号机之间的距离。

(3)咽喉区接车进路上的第二次制动。进站后根据列车自身的制动性能、列车实际运行速度、列车头部与停车标之间的距离和停靠到发线、停车标位置及站内坡度等信息进行分析计算列车停车的制动曲线图，并按照曲线图运行直至列车停稳。已知警冲标与出站信号机的间隔通常取值为3.5 m，列车制动得预留因制动产生的偏差的安全距离为 $L_{安}$，列车从接收到紧急制动命令信号开始至列车停稳的一段防护距离为 $L_{防}$，停车标与打靶点之间的停车余量为 $L_{余}$。设车站到发线轨道 M_{q_m} 的有效长为 $L_{M_{q_m}}$。由以上条件可求得该到发线上停车标与反向出站信号机间距 $L_{M标}=L_{M_{q_m}}-3.5-(L_{防}+L_{安}+L_{余})/2$。而咽喉区接车进路的总长度是该进路上的轨道电路区段长度的叠加。咽喉区接车进路 R_k 中的第 l 段轨道电路区段的长度为 $L_{s_{kl}}$，由此得到咽喉区接车进路的总长度 $L_{R'_k}=\sum_{l=1}^{p_k}L_{s_{kl}}$。列车进入接车进路的第一段轨道电路区段后开始第二次制动。第二次制动是列车从速度 $v_{侧}$ 减速到列车停稳且列车头部刚好停在停车标处。制动所用时间 $t_{制2}=v_{侧}/a$，制动过程经过的距离 $L_{制2}=v_{侧}^2/2a$。在制动前，列车也会匀速运行一段距离。

列车匀速运行的距离 $L_{匀2}$ 与 $L_{制2}$ 相关。列车匀速运行的时间为 $t_{匀2}=L_{匀2}/v_{侧}=(L_{M标}+L_{R_k}-L_{制2})/v_{侧}$。此时可得出列车停在到发线上的实际时刻 $|x_{i*}|=S(J_i, M_{q_m})+t_{操}+t_{制1}+t_{制2}+t_{匀1}+t_{匀2}$。

(4)列车 J_i 接车进路的解锁。列车尾部从咽喉区接车进路的最后一段轨道电路出清的时刻就是咽喉区接车进路解锁的时刻，为 $F(J_i, R_k, s_{q_s}, 1)$。列车车尾在咽喉区接车进路上的运动情况与第二次制动距离 $L_{制2}$ 和列车的长度 L_{J_i} 有关。将第一次制动和第二次制动的关系分为以下三种情况：

$$\begin{cases} L_{制2}\geqslant L_{R'_k}+L_{M标} & ① \\ L_{制2}+L_{J_i}\geqslant L_{R'_k}+L_{M标} & ② \\ L_{R'_k}+L_{M标}\geqslant L_{制2}+L_{J_i}\geqslant L_{M标} & ③ \end{cases} \quad (1-2)$$

出现情况①时，列车在进站信号机之前开始第二次制动，即列车不会第二次匀速运动，从列车进入咽喉区接车进路开始就没有匀速运动，而是一直减速运动直到在股道上停稳。因此，$L_{匀2}=0$，$t_{匀2}=0$。此时的第一次匀速运行的时间 $t_{匀1}$ 为 $t_{匀1}=(L_{信}-L_{制1}-L_{制2}+L_{M标}+L_{J_i})/v_{侧}$。则第 l 段（$l=1, 2, \cdots, \max1$）轨道电路区段 s_{q_s} 的解锁时刻即列车尾部从该轨道电路区段出清的时刻为：

$$F(J_i, R_k, s_{q_s}, 1) = |x_{i*}| - \sqrt{\frac{2(L_{M标} - L_{J_i} + \sum_{d=l+1}^{p_k} L_{s_{kd}})}{a}} \tag{1-3}$$

出现情况②时，列车在列车尾部进入第一段轨道电路区段开始制动，即列车尾部进入接车进路后到在股道上停稳的这一期间内做减速运动。因此，$L_{匀2}=L_{J_i}$，$t_{匀2}=L_{J_i}/v_{侧}$。则第 l 段（$l=1, 2, \cdots, \max1$）轨道电路区段 s_{q_s} 的解锁时刻即列车尾部从该轨道电路区段出清的时刻为：

$$F(J_i, R_k, s_{q_s}, 1) = |x_{i*}| - \sqrt{\frac{2(L_{M标} - L_{J_i} + \sum_{d=l+1}^{p_k} L_{s_{kd}})}{a}} \tag{1-4}$$

出现情况③时，列车在列车尾部进入咽喉区接车进路后匀速运动一段距离开始制动。列车头部开始占用咽喉区接车进路后匀速运行的距离为 $L_{匀2}>L_{J_i}$，匀速运行时间为 $t_{匀2}=L_{J_i}/v_{侧}$。设第 v 段轨道电路区段 $s_{q_s v}$ 满足 $\sum_{l=v+1}^{p_k} L_{s_{q_{sl}}} \leqslant L_{R'_k减} \leqslant \sum_{l=v}^{p_k} L_{s_{q_{sl}}}$，该轨道电路区段是匀速运动状态转化为减速运动状态控制点所在轨道电路区段。第 l 段（$l=1, 2, \cdots, \max1$）轨道电路区段 s_{q_s} 的解锁时刻即列车尾部从该轨道电路区段出清的时刻为：

$$F(J_i, R_k, s_{q_s}, 1) = \begin{cases} |x_{i*}| - \sqrt{\dfrac{2(L_{M标} - L_{J_i} + \sum_{d=l+1}^{p_k} L_{s_{kd}})}{a}} & (l \geqslant v) \\ |x_{i*}| - t_{制2} - t_{匀2} + \dfrac{L_{J_i} + \sum_{d=l}^{p_k} L_{s_{kd}}}{v_{侧}} & (l < v) \end{cases} \tag{1-5}$$

下面，我们接着分析客运站办理列车发车作业时车站股道、轨道电路时空占用及冲突。当列车从车站作业完毕后准备出发时，准备出发进路，同理，根据“一次封锁，分段解锁”的原则，任意一段轨道电路区段的封锁时刻与该进路的第一段轨道电路区段的封锁时刻相同即 $S(J_i, R_k, s_{q_{sh}}, 2)$。设列车开始占用发车进路的轨道电路区段及上一轨道电路解锁时刻为 $F(J_i, R_k, s_{q_{sh}}, 2)$。

(1)等待出站信号机开放。某一列前行列车尾部从某条进路 R_k 中的最后的轨道电路区段出清的时刻起，也就是最后的轨道电路区段解锁时刻起到进路开始封锁的时刻止(即出站信号机信号开放时)之间的时间间隔应不低于 $t_{准}$。$t_{准}$ 是调度集中系统为准备后行列车发车进路和出站信号开放自动安排的准备(冗余)时间段，它是根据《车站工作细则》等确定下的经验值。

发车进路封锁的时刻即出站信号机信号开放的时刻为 $S(J_i, R_k, s_{q_{sh}}, 2)$，列车实际离开客运站时刻 $|y_{i*}|$ 与到发线股道的封锁时刻 $S(J_i, M_{q_m})$ 之间的关系为 $S(J_i, M_{q_m}) = |y_{i*}| - \tau_{作业i}$($\tau_{作业i}$ 是列车 J_i 在车站作业时间)。

(2)启动延时区。列车 J_i 发车进路 R_k 开始锁闭的时刻等于发车进路办理时刻和列车司机或列车控制系统车载设备接收到信息后进行确认信号并操作的延时时间 $t_{操}$ 之和。列车出发时刻为 $|y_{i*}|$，可表示为 $S(J_i, R_k, s_{q_{sh}}, 2) + t_{操}$。

(3)列车加速过程。列车从车站的停止状态加速到列车规定的运行速度需经过两段加速区。其中，第一段加速区是从列车起动开始到车速达到道岔限速 $v_{侧}$ 或列车尾部从最后一段轨道电路区段出清(此时车速不超过 $v_{侧}$)时止的区段。第二段加速区是从列车尾部从最后一个轨道电路区段出清时起加速到列车规定的运行速度时止，即此段加速区已不在车站内，暂不予考虑。设列车起动时的平均加速度为 a'，列车加速到道岔限速 $v_{侧}$ 所用时间为 $t_{加1} = v_{侧}/a'$，运行距离为 $L_{加1} = v_{侧}^2/2a'$。而咽喉区发车进路的总长度是该进路上的轨道电路区段长度的叠加，咽喉区发车进路 R_k 中的第 l 段轨道电路区段的长度为 $L_{s_{kl}}$，由此得到咽喉区发车进路的总长度为 $L_{R'_k} = \sum_{l=1}^{p_k} L_{s_{kl}}$。

(4)发车进路解锁。得知列车尾部发车进路的最后一段轨道电路区段上出清的时刻就是发车进路解锁的时刻，设为 $F(J_i, R_k, s_{q_s}, 2)$。列车车尾在发车进路上的运动情况与第一次加速距离 $L_{加1}$ 和列车的长度 L_{J_i} 有关，有如下三种情况：

$$
\begin{cases}
L_{加1} \geqslant L_{J_i} + (L_{防} + L_{安} + L_{余})/2 + L_{R'_k} & ① \\
L_{J_i} + (L_{防} + L_{安} + L_{余})/2 + L_{R'_k} \geqslant L_{加1} \geqslant L_{J_i} + (L_{防} + L_{安} + L_{余})/2 & ② \\
L_{加1} \leqslant L_{J_i} + (L_{防} + L_{安} + L_{余})/2 & ③
\end{cases}
\tag{1-6}
$$

出现情况①时，列车尾部从最后一段轨道电路区段出清时车速不超过 $v_{侧}$，即列车在发车进路运行过程中不存在匀速运行区，列车尾部在第 l 段轨道电路区段解锁的时刻为：

$$
F(J_i, R_k, s_{q_s}, 2) = |y_{i*}| + \sqrt{\frac{2(L_{J_i} + L_{R'_k}) + L_{防} + L_{安} + L_{余}}{a'}} \tag{1-7}
$$

列车尾部在到发线轨道解锁的时刻为：

$$F(J_i, M_{q_m}) = |y_{i*}| + \sqrt{\frac{2L_{J_i} + L_{防} + L_{安} + L_{余}}{a'}} \tag{1-8}$$

出现情况②时，列车的发车进路中存在匀速运行区段。列车尾部在发车进路上加速行驶的距离为 $L'_{加1} = L_{加1} - [(L_{余} + L_{防} + L_{安})/2 + L_{J_i}]$，而列车尾部在发车进路上匀速行驶的距离为 $L_{R_k匀} = L_{R_k} - L'_{加1}$。因此列车尾部在发车进路出清的时刻为：

$$F(J_i, R_k, s_{q_s p_k}, 2) = |y_{i*}| + t_{加1} + \frac{2(L_{J_i} + L_{R'_k} - L_{加1}) + L_{防} + L_{安} + L_{余}}{2v_{侧}} \tag{1-9}$$

若第 v 段轨道电路区段 $s_{q_s v}$ 满足 $\sum_{l=1}^{v} L_{s_{q_s l}} \leqslant L'_{加1} \leqslant \sum_{l=1}^{v+1} L_{s_{q_s l}}$，该轨道电路是加速运行状态转化为匀速运行状态控制点所在的轨道电路区段。第 l 段（$l = 1, 2, \cdots, \max 1$）轨道电路区段 s_{q_s} 的解锁时刻即列车尾部从该轨道电路区段出清的时刻为：

$$F(J_i, R_k, s_{q_s}, 2) = \begin{cases} F(J_i, R_k, s_{q_s p_k}, 2) - \dfrac{\sum_{d=l+1}^{p_k} L_{S'_{kd}}}{v_{侧}} & (l \geqslant v) \\ |y_{i*}| + \sqrt{\dfrac{2L_{J_i} + L_{防} + L_{安} + L_{余}}{a'}} + \sqrt{\dfrac{2\sum_{d=1}^{h} L_{S'_{kd}}}{a'}} & (l < v) \end{cases} \tag{1-10}$$

出现情况③时，实际情况可能不存在，即列车在咽喉区发车进路匀速运行，列车尾部在发车进路最后一个轨道电路区段出清的时刻为：

$$F(J_i, R_k, s_{q_s}, 2) = |y_{i*}| + \sqrt{\frac{2(L_{J_i} + L_{R'_k}) + L_{防} + L_{安} + L_{余}}{a'}} \tag{1-11}$$

则发车进路中第 l 段轨道电路区段 s_{q_l} 的出清时刻为：

$$F(J_i, R_k, s_{q_l}, 2) = F(J_i, R_k, s_{q_s}, 2) - \frac{\sum_{d=l+1}^{p_k} L_{S'_{kd}}}{v_{侧}} \tag{1-12}$$

列车尾部在到发线股道轨道电路区段出清的时刻为：

$$F(J_i, M_{q_m}) = F(J_i, R_k, s_{q_s}, 2) - \frac{L_{R'_k}}{v_{侧}} \tag{1-13}$$

综上，对客运站旅客列车办理接发车作业时，按车站接发车作业进路“一次占用、分段解锁”的原则，很容易确定出列车在站办理接发车作业时占用车站股道线路、轨道电路、进路等客运资源的起止时间；类似地，还可以分析出车站调车作业占用轨道电路、进路的客运资源起止占用时空关系，这里不再赘述。通过避免在同一时刻或同一时段内不同作业占用同一股道、轨道电路、进路来确保车站作业安全，同时，尽可能地为同一时段内的不同旅客列车开通平行作业进路，确保安全的同时提高资源的使用效率，弱化股道运用技术作业时空干扰。

1.4　国内外研究现状

由于铁路在世界各国综合交通运输体系中的地位、运输组织模式的差异，各国对客运站股道运用基础理论研究的广度与深度不尽相同；按铁路车站运输资源效能评估与利用、股道运用方案编制优化、股道运用实时干扰调整、客运站作业组织信息化相关问题的研究工作及成果进行综述。

(1) 车站运输资源效能评估与利用问题。在国外，Mussone 和 Wolfler 提出了一种基于列车时刻表和晚点的铁路通过能力计算方法；Kort 和 Heidergott 等采用最大概率法研究铁路设施能力评估问题；Ciuffini 设计了一种适用于简单、尽头式铁路车站的通过能力分析技术；Javadian 和 Sayarshad 等采用模拟退火算法计算铁路站场通过能力；Yuan 和 Hansen 通过构建列车晚点随机传播模型，探讨了车站通过能力的利用问题。在国内，孔庆钤和刘其斌系统阐述了铁路运输能力的基本概念及计算原理；王南和刘军等探讨了铁路车站咽喉通过能力和地铁站通过能力问题；张超和孙兴斌等从旅客流量、速度和密度角度分析大型客运站客运通道通过能力；韩宝明和刘敏等探讨了高速铁路车站通过能力评估问题；徐行方和马驷等研究了城际铁路通过能力计算方法；雷定猷和汤波等通过分析传统咽喉通过能力计算方法的不足，提出了一种基于进路的车站咽喉通过能力计算方法。

(2) 车站股道运用方案编制优化问题。在国外，Carey 率先研究了基于到发线、站台与进路的列车径路方案编制优化问题；Zwaneveld、Carey 和 Lusby 等指出该问题是 NP - Hard 问题，未找到通用有效的好算法；Chakroborty、Caprara 和 Sels 等研究了铁路车站站台运用方案编制优化问题；Lusby 和 Janosikova 等研究了车站股道与站台分配问题；Jacobsen 等探讨了车底整备所的车底整备与调车作业问题；Caimi 等采用预测控制技术来编制枢纽站作业计划。在国内，彭其渊、杨浩、王慈光和徐行方等研究了城际铁路列车开行方案优化和动车组运用计划编制问题；龙建成和高自友等设计了进路选择优化技术；史峰和吕红霞等给出了客运站到发线运用方案编制优化方法；吴建军和史峰等探讨了车站咽喉区进路排列问题；贾文峥和毛保华等提出了大型客运站股道分配方法；李文权和王炜等首次引入经典排序研究了编组站到发线运用问题；张英贵和朱昌锋等提出了车底取送作业和停留线运用方案编制方法；雷定猷等将铁路客运站股道运用方案编制优化问题抽象成具有柔性流水作业性质的平行机排序问题，初步探讨了股道运用方案编制优化的排序模型，设计了带早晚点时间窗的股道运用调度规则。

(3)车站股道运用实时干扰调整问题。在国外，Delorme 等提出了基于车站层面的列车时刻表稳定性评估方法；Törnquist 实证分析了铁路运输计划干扰问题，设计了贪婪求解算法；Odijk、Dewilde 和 Landex 等探讨了铁路站场股道运用的复杂性与鲁棒性；Caimi 和 Corman 等以最大化列车晚点忍耐度为目标，采用禁忌搜索算法研究了车站径路实时调整问题；Lusby 等提出了一种集合封装启发式方法来解决列车径路实时调整问题；Rodrigue 研究了枢纽列车接发实时调整问题。在国内，实时干扰调整多为定性和现象研究，研究对象多为铁路区段站与编组站的作业干扰问题，彭其渊和闫海峰等采用 Petri 网建模技术仿真和优化高速铁路车站作业过程；秦孝敏从复杂网络的角度分析了城际铁路网络的脆弱性。

(4)客运站作业组织信息化。在国外，荷兰铁路公司研制出基于 CANDOS 和 STATIONS 模块的决策支持系统，用于制订列车时刻表与股道运用方案；Freling 和 Ariano 等探讨了旅客列车的客车车底调车作业和调车区列车实时调度系统；Ota 和 Tsukatani 等研究了中央车站的技术作业组织问题。在国内，杜文主编的教材《旅客运输组织》系统阐述了铁路客运站工作组织；李明生编著的《铁路城际客运市场开发及列车规划研究》论述了城际铁路与城市群耦合机理、空间布局、客流预测、城际列车开行支持系统等内容；白紫熙和周磊山等研究了高铁车站作业组织问题。CTC 已作为客运专线信号集成的主要子系统之一且被广泛使用，许诚和徐瑞华等探讨了 CTC 在胶济线的应用问题；吕红霞和倪少权研究了大型客运站行车调度系统；方琪根和邢二平等研究了客运专线和高铁客运站作业仿真系统；徐春婕研究了大型铁路客运站管理系统设计方案及其关键技术；雷定猷和张云丽等设计了股道运用决策支持系统的功能与体系结构，探讨了 CTC 条件下客运站股道运用决策支持系统研制问题。

综合国内外相关文献综述及研究动态：铁路客运站股道运用的研究对象正逐步由局部个体向整体协同转移，由现象分析到机理研究、规律探索转变，研究前提由常态向非常态转换，且正逐步面向基于计划编制优化的自律智能管理。

1.5 客运站股道运用关键科学问题

铁路客运站是通过编制车站作业计划来组织客运站日常行车工作的，车站作业计划主要包括班计划、阶段计划、调车作业计划；阶段计划是车站作业计划的核心和关键，既是分阶段部署并完成日(班)计划、又是编制车站调车作业计划的主要依据。客运站股道运用技术作业计划及其实时调整是班计划和阶段计划的重要组成部分。计划编制和实时调整的优劣，对提高铁路客运站各项设施设备等资源的综合利用程度和效率、安全合理地完成铁路运输生产任务具有至关重要的促进作用，也是实现客运站分散自律控制的关键所在。

目前，我国铁路已基本实现自动生成和人工辅助自动调整列车运行图，然而车站作业计划的编制工作尚未完全实现自动化和智能化，对于客运站股道运用计划编制和调整工作仍基本处于手工处理阶段或借助计算机的手动处理阶段。由于客运站股道运用计划编制和调整工作的影响因素众多，编制过程繁琐，且股道运用实时调整具有较强的实效性要求，关系错综复杂，是一项极其复杂的系统工程。车站值班员或调度员必须收集车站及相邻区间或车站的所有设备状态和运营情况，往往只能凭借有限的决策信息，人工解决客运站股道运用计划编制和执行过程中遇到的各种问题，存在较大的缺陷和不足。铁路客流高峰现象极其突出，尤其是在列车晚点、突发天气、安全事故和自然灾害等非正常情形下，股道运用的稳定态势可能会遭到不同程度的破坏，甚至导致一些无法预期的严重后果。将上述非正常情形统称为非常态；其他正常情形称之为常态。因此，铁路客运站股道运用计划编制包括客运站到发场股道运用和客技站车底取送作业计划编制两个层面；而客运站股道运用计划的调整可分为常态和非常态两种情形，常态下调整优化称之为实时调整优化，非常态下调整优化称之为实时决策推理优化。归纳起来，铁路客运站股道运用现状与存在的问题主要表现在以下四个方面：

(1)客运站股道运用计划编制的自动化已有相当程度的实现，但因股道运用众多的影响因素、复杂多变的调车作业、相互干扰的行车和调车作业以及不可预测的客观环境等原因，大型复杂铁路客运站股道运用、调机运用、车底取送计划编制和实时调整基本处于手工处理阶段，计算机辅助智能决策程度不高。

(2)客运站股道运用计划、车底作业取送计划的自动编制问题涉及因素众多且复杂多变，既有制订计划往往难以与现场实际相符，需要大量地调整作业计划，效率低下，不利于提高设备能力利用率和客运站作业组织。

(3)车站值班员或调度员经验丰富，可能仍会出现疏忽和考虑不周的情形，且不同的车站值班员或调度员个人之间不同的处理方式和一定差异的专业技术水平，收集信息、实时推理决策方面的可靠性较差，容易造成值班员编制出来的股道运用计划和实时计划缺乏理论依据，且车站值班员的劳动强度很大。

(4)铁路行车和调车作业进路的统一编排问题已成为制约分散自律调度集中系统在我国广泛运用的关键所在。

在铁路客运站日常作业组织过程中，车站股道运用一般按既定方案或计划固定使用。站场布局是影响客运站股道运用的重要制约因素之一，客运站候车室是旅客聚集密度最大、停留时间最长、检票上车前的最后场所，铁路客流流量、流向的不同，旅客列车种类的不同，致使特定旅客列车的乘客在客运站候车室安排要求不尽相同，候车室运用计划编制的好坏直接关系着客运站股道运用的实际效果。随着综合交通枢纽概念的强化，普速铁路、客运专线和城际铁路越来越集中地引入同一个铁路客运站(如武汉站)，致使客运站站场布局越来越复杂。考虑客运站站场布局规划设计、工程建设和运营管理的绿色需求，构建基于绿色交通的铁路客运站站场布局评价指标体系，开展客运站站场布局绿色评价工作、促进绿色客运站建设，对提高客运站股道运用智能管理水平具有一定的推进作用。

综上所述，铁路客运站股道运用的关键科学问题主要包括：

(1)铁路客运站股道运用计划编制优化问题；

(2)铁路客技站车底取送计划编制优化问题；

(3)铁路客运站股道运用实时调整优化问题；

(4)铁路客运站股道运用实时决策推理问题；

(5)铁路客运站候车室运用计划编制优化问题；

(6)铁路客运站站场布局绿色评估问题；

(7)铁路客运站股道运用决策支持系统研制。

上述(1)~(4)是铁路客运站股道运用优化问题的核心科学问题，(1)和(2)旨在解决铁路客运站股道运用计划的离线编制问题，(3)和(4)旨在解决常态和非常态下客运站股道运用计划在线调整问题；(5)和(6)隶属于铁路客运站股道运用优化问题的子问题，候车室运用计划和站场布局均与客运站股道运用计划离线编制与在线调整密切相关，是股道运用的重要影响因素；(7)是铁路客运站股道运用的一个应用性科学问题，旨在将上述模型与算法纳入计算机系统进行智能综合决策。因此，结合铁路客运站股道运用技术作业过程及其影响因素，统筹客运站行车、调车作业活动及其时空占用关系，研究提出客运站股道运用计划和客技站车底作业计划自动编制方法、股道运用实时调整方法及实时决策推理方法、候车室运用计划编制方法，快速有效制订和调整股道运用技术作业计划，开展站场布局绿色评价研究，合理使用车站各项基础设施和资源；研发客运站股道运用决策支持系统，降低车站值班员工作强度，为客运站股道运用计划的智能编制和调整提供决策支持，以提高铁路客运站股道运用自律智能管理水平。

第 2 章 铁路客运站股道运用计划编制优化模型与算法

股道运用计划是客运站日常作业组织的重要依据，也是铁路客运站自律智能管理的基本组成部分。结合股道运用技术作业过程和进路编排要求，分析股道运用应遵守的基本条件，在引入调车时间窗、施工时间窗、列车权重和有限度等概念的基础上，利用现代排序理论，构建股道运用计划编制排序模型，提出客运站股道运用计划编制优化算法，以解决客运站股道运用计划编制优化问题。在分析不同情况下股道运用优化问题计算复杂度的基础上，利用基本的排序问题优势准则和解改进策略，设计启发式算法制订股道运用计划；设置一个人 - 机交互接口，以股道运用可行性为第一优化目标、均衡性为第二优化目标，建立基于排序的股道运用柔性模型，提出基于人 - 机交互的柔性算法，以解决股道运用的柔性问题。

2.1　问题描述与分析

2.1.1　股道运用计划编制优化问题

一般情况下，铁路客运站股道需固定使用。但在编制和调整列车运行图过程中，车站值班员需要重新制订相应的股道运用计划，亟需提出铁路客运站股道运用计划编制方法，这是制订和调整客运站股道运用计划的基础，是实现自动编排进路的关键，是车站值班员办理接发车作业的前提保障，也是开发车站自律控制子系统和实现股道运用计划编制自动化的基础。为便于研究，做以下几个定义：

定义 2.1　调车时间窗（shunting time window）：指车站作业高峰期时段，为提高咽喉通过能力和保证行车作业而禁止办理车底取送作业等调车作业的时间段或为调车作业预留的调车天窗，由车站值班员按实际情况由日(班)计划给出。

定义 2.2 施工时间窗(maintenance time window)：指车站硬件设施设备维修或进路封锁时段，由车站值班员按实际情况由日(班)计划给出。

定义 2.3 列车权重(train weighting)：指制订股道运用计划时的旅客列车优先考虑或安排等级，按旅客列车的属性(如发站、到站、种类、到开时刻等)、作业性质(始发、终到、立折或通过作业等)等确定取值。

定义 2.4 列车有限度(train limitation)：指特定旅客列车所属类型的列车在某客运站股道运用中所对应股道固定使用方案类型的可选择度，主要依据股道固定运用方案类型及其允许占用股道数量确定取值。

我国铁路客运站股道运用一般遵守以下三个基本条件：

(1)一条股道同一时间内只能接发一列列车，一列列车在同一时间只能占用一条股道；

(2)一列列车一旦占用了一条股道便一直占用到该列车离去该股道时为止，该列车中途不能再转到其他股道；

(3)所有列车在办理接发车等相关行车技术作业时，必须有可行的进路供其占用。

铁路客运站股道运用计划编制优化问题即是在满足上述条件的基础上，实现下列四个目标或功能：

(1)有利于客运站行车安全和行车技术作业。

为旅客列车安排接发车进路时应考虑尽可能地开通平行进路，减少敌对进路，尽量减少行车、调车、行调车等各种交叉作业，合理编排客运站咽喉区进路，保证客运站不间断地接发列车、列车按图正点运行和避免到达旅客列车机外停车，确保客运站股道运用技术作业安全，有利于车站行车技术作业组织，提高车站作业效率。

(2)方便旅客乘降和客运站其他作业。

由于铁路客运站股道运用一般固定使用，一般应满足或符合客运站股道固定使用方案，方便旅客上下车即有利于旅客乘降，尽可能地减少旅客在站内的走行距离，尽量压缩站内走行时间。如将有大量旅客上下车的始发、终到旅客列车尽可能安排在靠近站房、候车大厅或基本站台的到发线上；动车组列车一般停靠高站台股道等。另一方面，旅客列车在客运站会办理其他作业，如列车上水、列检、行包作业、有无客运业务等。在制订股道运用计划时应充分考虑诸多因素，如不办理客运业务的旅客列车停靠站，尽可能安排无停靠站台股道，为其他列车空出站台，便于客运站旅客组织和其他作业。

(3)均衡利用客运站各项设施和资源，提高车站的实际运用水平。

铁路客运站股道运用占用客运站进路资源(信号机、道岔、轨道电路等)、股道(如到发线)等各项设施和资源，合理均衡利用客运站各项设施和资源，便于客运站作业合理分工协调，提高设施、资源的利用效率。客运站通过能力由到发线、整备场和咽喉通过能力共同确定，在车站现有设备及固定技术作业过程条件下，采用利用率法或基于进路的咽喉能力计算方法得到的车站通过能力一般为一个定值；对于既定列车运行图的客运站股道运用优化问题，在编制列车运行图时已考虑经由车站的通过能力，具体客运站的股道运用所涉及的列车总数一般均会满足车站通过能力的上限约束。在这种前提下，如何提高关键咽喉道岔组等车站繁忙设备的实际运用水平成为了股道运用优化问题所追求的目标之一。

(4)体现车站值班员的干预功能。

客运站股道运用计划的制订与值班员的偏好、策略等因素有关，采用通用的股道运用计划编制方法，单纯依靠计算机制订的客运站股道运用计划可能与车站值班员的要求有一定的差距，此时应提供人工干预接口体现车站值班员的思想，再次制订计划时，应当在优先考虑车站值班员的意见的基础上，制订客运站股道运用计划。

2.1.2　股道运用计划编制排序问题

视股道为机器，旅客列车为待加工工件，股道运用技术作业过程看成待加工工件在机器上的加工过程，股道运用计划编制优化问题看成股道运用计划编制排序问题。结合铁路客运站股道运用技术作业过程及其影响因素，易知铁路客运站股道运用计划编制排序问题是一个复合排序问题。

(1)股道运用计划编制排序问题是一个可控排序问题。

1969 年 Lawler 和 Moore 提出了可控排序的雏形，1980 年 Vickson 首次提出可控的概念。工件的加工时间并不是固定的常数，而是未知量和决策变量，此类排序问题即为可控排序问题。通过控制或改变工件的完工期限、工作的到达时间或权系数来研究排序问题，也可称之为可控排序问题。可控排序问题(一类现代排序问题)既要使经典排序问题的目标函数最小，又要使控制或改变相关参数所支付的费用达到最小。因此，可控排序问题实质上是一种多目标排序问题，但与一般的多目标排序问题相比较而言：可控排序问题除了考虑经典排序目标函数外，还有与经典目标函数本质上存在不同之处的控制或决策变量的费用函数作为可控排序的优化目标。非立折的始发和终到旅客列车在离开和到达客运站到发场后，需办理始发作业和终到作业，其作业时间或占用股道的时间待定，是可控的，即股道运用计划编制排序问题的待加工工件的加工时间并不是固定的常数，在制订股道运用计划时应同时给出始发和终到旅客列车始发和终到作业时间。因此，股道运用计划编制排序问题是一个可控排序问题。

(2)股道运用计划编制排序问题是一个按时完工的准时排序问题。

经典排序问题中“延误”和“提前”是用来分别度量工件在完工期限之后(即工件误工)和完工期限之前完工(即工件提前完工)的两个量，经典排序中把延误即工件误工作为优化的目标函数，认为工件的延误会带来损失，工件的延误越小越好，发生误工的工件越少越好；但是经典排序并不认为工件提前完工应付出代价，而是认为工件提前完工是理所当然的，不会带来任何收益或损失。工件延误是一个正则目标函数，即是经典排序问题所研究的对象。现实生活中的工件提前完工有时也会造成一定的损失。所谓准时排序是对交货期提前和延误都要“受罚”，都要付出代价的排序问题。旅客列车不能先于图定时刻离开客运站，延误可能会导致列车不能正点运行，一般要求准时完工交货，一旦列车“提前”或“延误”，都需要付出代价。因此，股道运用计划编制排序问题是一个按时完工的准时排序问题。

(3)股道运用计划编制排序问题是一个可恢复资源的排序问题。

可恢复资源是指工件在加工过程中需要附加的资源不会被消耗，如刀具、盛器、工具夹等，一旦工件加工完毕，附加在其上的资源将会得到释放和恢复。在整个加工过程中，可恢复资源的拥有量不会发生变化。资源受到限制的排序问题称为资源受限排序问题。股道运用计划编制排序问题除了涉及工件(旅客列车)和机器(股道)外，还涉及车站的其他资源，如进路(含轨道电路、信号、道岔等)。这些资源在工件加工的过程中会被占用，但一旦加工完成(列车出清进路)，资源又会被释放，并且这些资源不会随着加工作业而消耗。因此，股道运用计划编制排序问题是一个可恢复资源的排序问题。

(4)股道运用计划编制排序问题是一个随机排序问题。

排序问题中所有的参数不可能都是预先知道的，如工件的加工时间可能会随着客观环境的改变而随机波动、工件的到达时间亦可能随机变化，且机器故障随时都有可能发生。因此，如果从概率论的角度来分析和研究这类排序问题即为随机排序问题。这些情况在股道运用计划编制排序问题中都是很可能出现的。如旅客列车受客观因素影响，工件的到达时间会提前或延迟图定到达时间，且提前或延误时间随机；始发、终到旅客列车在股道上的加工时间也是随机不定的。另外，股道、信号机、道岔等资源或机器随时都有可能发生故障。因此，股道运用计划编制排序问题是一个随机排序问题。本书在处理这些问题的时候，设计人-机交互接口，采取优先变更相应的时间或故障，即对于每次操作都是事先给定，而每个操作之间又是随机变动的。

(5)股道运用计划编制排序问题是一个模糊排序问题。

现实世界中除了概率论所描述和研究的一种不确定性之外，还存在这样一种不确定性，它们需要采用模糊集理论进行描述和研究，即工件的到达时间、加工时间或完工期限等输入参数是模糊数的排序问题，这类排序问题称之为模糊排序问题。在股道运用计划编制排序问题中，始发旅客列车到达时间的初始值依据始发旅客列车离开车站的图定时间向后逆推一个始发作业时间标准确定取值；终到旅客列车交货期的初始值则根据终到旅客列车到达车站图定时间往前顺推一个终到作业时间标准确定取值。客运站股道运用计划编制也是安排此条件下的股道运用计划，为了使始发、终到旅客列车在站作业对股道运用计划影响程度达到最小，应尽量使工件的到达时间和交货期尽可能与初始时间一致或在某一范围内取值。因此，考虑准时排序问题，给出股道运用各类时间窗，描述车站值班员对工件到达时间和交货期的满意程度，进而制订股道运用计划。因此，股道运用计划编制排序问题是一个模糊排序问题。

（6）股道运用计划编制排序问题是一个多目标排序问题。

研究具有多个目标函数的排序问题称之为多目标排序问题。作为一种多目标决策问题，多目标排序问题在解决社会、经济、军事、管理和工厂等领域的诸多复杂问题中具有举足轻重的地位。排序理论主要涉及三类多目标排序问题，即：

1）第 1 类多目标排序问题。第 1 类多目标排序问题是寻找排序问题的约束解和多重解。对具有两个目标函数 r_1 和 r_2 的多目标排序问题而言，若第 1 个目标函数 r_1 在满足一定的约束条件下，目标函数 r_2 最优时的解被称为约束解；若目标函数 r_1 为最优的条件下，第 2 个目标函数 r_2 也为最优时的解被称为多重解。如单台机器第 1 类多目标排序问题表示为 $1||(r_2/r_1)$。

2）第 2 类多目标排序问题。第 2 类多目标排序问题是寻找非支配解即有效解。对于具有两个目标函数 r_1 和 r_2 的单机、多目标排序问题来说，该单机排序问题的第 2 类多目标排序问题可以表示为 $1||(r_1, r_2)$。如果使得 $r_i(\sigma) \leqslant r_i(\pi)$ $(i=1, 2)$，且在这两个不等式中至少存在一个严格不等号成立的排序 σ 不存在，则工件的排序 π 称为这两个目标函数 r_1 和 r_2 为最小时的非支配解。

3）第 3 类多目标排序问题。第 3 类多目标排序问题一般是通过构造权函数将多目标排序问题转化为单目标排序问题的方式进行解决，由此获得的解称之为多目标排序问题的权函数解。对于具有两个目标函数 r_1 和 r_2 的单机、多目标排序问题来讲，权函数 $f(r_1, r_2)$ 的第 3 类多目标排序问题可以采用三参数表示即 $1||f(r_1, r_2)$。另外，线性函数是最常有的权函数，即 $f(r_1, r_2)=\lambda_1 r_1+\lambda_2 r_2$，其中，线性权函数 $f(r_1, r_2)$ 中的 λ_1 和 λ_2 分别表示每个目标函数的重要程度，$\lambda_1 \geqslant 0$，$\lambda_2 \geqslant 0$，$\lambda_1+\lambda_2=1$。

由以上分析易知，该问题是一个典型的多目标问题，既要制订科学合理的股道运用计划等，还要考虑股道线路等车站资源的均衡使用和能力运用问题，故从第 3 类多目标排序的角度研究该问题。由于股道运用计划编制排序问题具有上述这些排序问题的特征，故称为复合排序问题。为了更好地描述股道运用计划编制排序问题，结合这些排序问题的特征，构建相应的排序模型，进而提出铁路客运站股道运用计划编制优化方法。

2.2 股道运用计划编制排序模型构建

设客运站某日(班)计划内有 n 列旅客列车办理到发作业，列车集合 $J=\{J_1, J_2, \cdots, J_n\}$，列车 $J_i(i=1, 2, \cdots, n)$ 到达客运站的时刻为 $x_i(i=1, 2, \cdots, n)$，离开客运站的时刻为 $y_i(i=1, 2, \cdots, n)$。设列车 $J_i(i=1, 2, \cdots, n)$ 占用进路 R_i 的时间区段为 $[S_i, E_i]$；进路集合 $R=\{R_1, R_2, \cdots, R_{k'}, \cdots, R_{\max 1}\}$，进路 $R_{k'}$ 是由轨道电路路段组成的集合，$R_{k'}=\{\mathrm{set}_{k'1}, \mathrm{set}_{k'2}, \cdots, \mathrm{set}_{k'K_{k'}}\}$，max1 为进路的总数量，$K_{k'}$ 为进路 $R_{k'}$ 的路段总数量，进路及轨道电路可根据客运站联锁表确定。

设站台集合 $P=\{P_1, P_2, \cdots, P_p, \cdots, P_{\mathrm{total}}\}$，total 为站台的总数量；客运站供列车办理到发作业的股道线路有 m 条，股道线路集合 $M=\{M_1, M_2, \cdots, M_m\}$。为衡量股道运用的均衡性，设股道 $M_k(k=1, 2, \cdots, m)$ 被列车占用次数用 $\rho_k(k=1, 2, \cdots, m)$ 表示，ρ_k 应满足 $\rho_k \in \{\rho_k | 0 \leqslant \rho_k \leqslant n\}$ 且 $\rho_k \in \mathbf{Z}$。

设始发作业时间标准和终到作业时间标准分别为 τ_{sf}、τ_{zd}，根据《铁路技术管理规程》《车站行车工作细则》及相关规定确定取值；设车站施工时间窗和调车时间窗统称为时间窗 Time - Window，由车站值班员根据现场实际情况确定；车底周转图 $\varphi': J \to J'$ 用 $J-J'$ 表示，一般由铁路上级部门直接下达该计划。《车站行车工作细则》中对车站内股道线路的具体分工有明确的规定，这种分工形成了列车与股道之间的映射关系：对一条股道而言，它可以接发一定种类的列车；对于一列列车而言，它只能占用一定类型的股道中的某一条。设《车站行车工作细则》中规定的股道固定运用方案即列车与股道之间的映射关系为 $\varphi: J \to M$。

为了制订和调整更实用的股道运用计划，结合定义 2.3、2.4，引入列车权重并提出列车有限度的概念。设列车 J_i 等级权重为 $\omega_i(i=1, 2, \cdots, n)$，可占用的股道数量即有限度为 $\vartheta_i(i=1, 2, \cdots, n)$。列车 J_i 的权重 ω_i 依据列车的等级、类别等信息确定取值；有限度 ϑ_i 依据列车与股道之间的映射关系 $\varphi: J \to M$ 确定取值。

设 $D_i(i=1, 2, \cdots, n)$ 表示列车(工件)$J_i(i=1, 2, \cdots, n)$ 是否误工，其中 $D_i=1$ 表示列车 J_i 在时刻 x_i 没有被安排于某一股道 M_k，或其分配股道 M_k 在时刻 y_i 之前被其他列车占用，即工件 J_i 不能被按时安排合适的股道 M_k，否则，$D_i=0$。则 $\sum_{i=1}^{n} D_i = 0$ 表示方案可行，即满足股道固定运用方案条件下可行，为可行解。

设股道占用时间 $t_z^k(z=1, 2, \cdots, \rho_k)$ 为股道 M_k 每次被占用的时间跨度，股道 M_k 的占用次数为 $\rho_k(k=1, 2, \cdots, m)$，每次被占用的时间为 $t_z^k(z=1, 2, \cdots, \rho_k)$，

用股道总占用时间 $\sum_{z=1}^{\rho_k} t_z^k$ 的方差 S_ρ^2 来衡量股道运用的均衡性，则 S_ρ^2 按式(2－1)计算：

$$S_\rho^2 = \sum_{k=1}^{m}\left(\sum_{z=1}^{\rho_k} t_z^k - \frac{1}{m}\sum_{k=1}^{m}\sum_{z=1}^{\rho_k} t_z^k\right)^2 \tag{2-1}$$

由以上分析可知，到达时刻 x_i 和离开时刻 y_i 根据列车时刻表和到发作业时间标准确定取值。

列车 J_i 的到达时刻 x_i 按式(2－2)确定：

$$x_i = \begin{cases} y_i - \tau_{\text{sf}} & (\text{始发列车，} y_i \text{ 已知}) \\ x_i & (\text{其他，} x_i \text{ 已知}) \end{cases} \tag{2-2}$$

列车 J_i 的离开时刻 y_i 按式(2－3)确定：

$$y_i = \begin{cases} x_i + \tau_{\text{zd}} & (\text{终到列车，} x_i \text{ 已知}) \\ x_i & (\text{正线通过列车，} x_i \text{ 已知}) \\ y_i & (\text{其他，} y_i \text{ 已知}) \end{cases} \tag{2-3}$$

那么，根据客运站股道运用一般遵循的条件可知，列车 $J_i(i=1,2,\cdots,n)$ 在占用股道 $M_k(k\in\{1,2,\cdots,m\})$ 的时间区间 $[x_i, y_i](i=1,2,\cdots,n)$ 内股道 M_k 不能被其他列车 $J_j(i\neq j)$ 所占用，且列车 J_i 在时间区间 $[x_i, y_i]$ 内不能再占用其他的股道 $M_\alpha(\alpha\neq k)$。

根据排序理论，视列车集合 $J=\{J_1, J_2, \cdots, J_n\}$ 为待加工的工件集合，列车 J_i 的到达时刻 $x_i(i=1,2,\cdots,n)$ 为工件的到达时间 $r_i(i=1,2,\cdots,n)$，其出发时刻 $y_i(i=1,2,\cdots,n)$ 为工件的完工期限 $c_i(i=1,2,\cdots,n)$，则工件(列车) $J_i(i=1,2,\cdots,n)$ 在机器上的加工时间 p_i 按式(2－4)确定：

$$p_i = |y_i| - |x_i| \tag{2-4}$$

式中：$|x_i|$、$|y_i|$ 分别表示列车到达时刻 x_i 和出发时刻 y_i 经适当转换后用于比较的实数，时间段 18：00 至次日 18：00 经转换后的对应的实数区间为[－360，1080]。

客运站到发线、咽喉道岔组、客技站车底停留线能力实际利用率是客运站股道运用计划编制是否合理的依据，这三种车站行车设备能力实际利用水平分别采用式(2－5)～式(2－7)计算确定取值：

$$K_{\text{dfx}} = \left(\sum_{\forall i} p_i + n_{\text{dj}} t_{\text{dj}}\right) / \left[\left(1440m - \sum_{\forall k} t_k^{\text{s}}\right)(1-\gamma_{\text{kf}})\right] \tag{2-5}$$

$$K_{\text{dcz}} = \left(\sum_{\forall i}(t_i^{\text{jc}} + t_i^{\text{fc}}) + n_{\text{dj}} t_{\text{dj}} + \sum_{\forall k'} t_{k'}^{\text{fa}}\right) / \left((1440 - t_{\text{Kx}})(1-\gamma_{\text{kf}'})\right) \tag{2-6}$$

$$K_{\text{kjz}} = \left(\sum_{\forall i} t_i^{\text{zb}}\right) / \left(1440m'(1-\gamma_{\text{kf}''})\right) \tag{2-7}$$

其中：n_{dj} 表示办理车底取送作业的始发和终到旅客列车总数，t_{dj} 表示车底在到发线与客技站之间的取送作业时间，t_k^{s} 表示股道 M_k 在一昼夜停止接发旅客列车的时间，γ_{kf}表示客运站股道不能办理旅客列车接发作业的空费系数（在0.25到0.35之间取值）；t_i^{jc}、t_i^{fc} 分别表示列车 J_i 办理接车和发车作业时间，$t_{k'}^{fa}$表示进路 $R_{k'}$所属咽喉道岔组因其敌对进路开通时该咽喉道岔组必须停止使用的间接妨碍时间，t_{Kx}表示在深夜某段时间内基本不办理旅客列车接发车作业的咽喉空闲时间（取130～300 min），$\gamma_{kf'}$表示咽喉道岔组因各种原因不能办理旅客列车接发车作业的空费系数（一般取0.05）；t_i^{zb} 表示列车 J_i 所属车底在客技站的整备作业时间（对于非取送车底其整备作业时间均为0），m'表示客技站车底停留线的数量，$\gamma_{kf''}$表示客技站车底停留线不能办理整备车底作业的空费系数。

客运站股道运用的均衡性和能力运用水平统称为股道运用效率，综合考虑客运站各项能力的实际利用水平和股道运用均衡性，则客运站股道运用效率按式（2-8）确定取值：

$$E = S_\rho^2 + \xi(\xi_{tt}K_{dfx} + \xi_c K_{dcz} + \xi_{ct}K_{kjz}) \tag{2-8}$$

式中：权重ξ_{tt}、ξ_c、ξ_{ct}用来衡量到发线通过能力实际利用水平、咽喉道岔组通过能力实际利用水平和客技站通过能力实际利用水平之间的相互重要程度，ξ 则用于衡量通过能力实际利用水平与股道运用均衡性之间的相互重要程度。

视股道线路集合 $M=\{M_1, M_2, \cdots, M_m\}$ 为车间内的加工机器，列车 $J_i(i=1, 2, \cdots, n)$ 的权重 $\omega_i(i=1, 2, \cdots, n)$、有限度 $\vartheta_i(i=1, 2, \cdots, n)$、时间窗 Time-Window 和股道固定运用方案 φ：$J \to M$（用"J-Mapping"表示）、车底周转图 $J-J'$ 为工件的加工特性。

若仅仅以制订可行性方案（Feasibility）为目标，利用排序理论，则股道运用计划编制排序模型（采用国际使用的三元组 $\alpha|\beta|\gamma$ 表示法）可记为：

$$Pm|J_i, r_i, p_i, c_i, \omega_i, \vartheta_i, J-J', \text{J-Mapping}, \text{Time-Window}|\text{Feasibility} \tag{2-9}$$

客运站股道运用要考虑的问题较多，除合理利用股道线路的能力外，更多地要考虑方便旅客，因此，本研究的处理方式是使客运站股道运用固定化。股道运用的目标函数在满足客运站行车安全和行车技术作业要求、方便旅客上下车的基础上，考虑设备均衡利用和能力运用问题。"固定化"是指列车安排应满足股道固定运用方案，股道优化是指在满足股道固定运用方案的基础上进行优化。

根据前面的叙述，以股道运用的可行性为第一层目标，股道运用效率最大为第二层目标，那么，客运站股道运用计划编制排序模型可表示如下：

$$Pm|J_i, r_i, p_i, c_i, \omega_i, \vartheta_i, J-J', \text{J-Mapping}, \text{Time-Window}|f(\sum_{i=1}^{n} D_i, -E) \tag{2-10}$$

s. t.

$$f\left(\sum_{i=1}^{n} D_i, E\right) = \lambda_1 \sum_{i=1}^{n} D_i - \lambda_2 E \quad \lambda_1, \lambda_2 \geqslant 0 \text{ 且 } \lambda_1 + \lambda_2 = 1 \tag{2-11}$$

$$R_{i[S_i, E_i]} \cap R_{j[S_i, E_i]} = \varnothing \quad R_i, R_j \in R, i \neq j; i = 1, 2, \cdots, n; j = 1, 2, \cdots, \max1 \tag{2-12}$$

$$\sum_{k'=1}^{\max1} y_{ik'} = 1 \quad i = 1, 2, \cdots, n \tag{2-13}$$

$$\sum_{i=1}^{n} y_{ik'[S_{k'}, E_{k'}]} \leqslant 1 \quad k' = 1, 2, \cdots, \max1 \tag{2-14}$$

$$\sum_{k=1}^{m} x_{ik} = 1 \quad i = 1, 2, \cdots, n \tag{2-15}$$

$$\sum_{i=1}^{n} x_{ik[S_i, E_i]} \leqslant 1 \quad k = 1, 2, \cdots, m \tag{2-16}$$

$$\sum_{p=1}^{\text{total}} z_{ip} = 1 \quad i = 1, 2, \cdots, n \tag{2-17}$$

$$\sum_{i=1}^{n} z_{ip[S_i, E_i]} \leqslant \alpha_p \quad p = 1, 2, \cdots, \text{total} \tag{2-18}$$

$$x_{ik} = 0 \text{ or } 1 \quad i = 1, 2, \cdots, n; k = 1, 2, \cdots, m \tag{2-19}$$

$$y_{ik'} = 0 \text{ or } 1 \quad i = 1, 2, \cdots, n; k' = 1, 2, \cdots, \max1 \tag{2-20}$$

$$z_{ip} = 0 \text{ or } 1 \quad i = 1, 2, \cdots, n; p = 1, 2, \cdots, \text{total} \tag{2-21}$$

$$\alpha_p = 1 \text{ or } 2 \quad p = 1, 2, \cdots, \text{total} \tag{2-22}$$

其中：式(2－10)表示 m 台机器 n 个工件，具有到达时间、权重、有限度、完工期限、时间窗等加工特性、要求和限制，以加权总误工数最小为第一层优化目标、股道运用效率为第二层优化目标的第 3 类多目标排序问题；式(2－11)表示通过构造权函数把多目标排序转化为单目标排序；式(2－12)表示在同一时段内没有对敌进路同时开通，检查敌对进路；式(2－13)、式(2－15)、式(2－17)表示一个列车只能占用一条进路、一条股道、一个站台；式(2－14)、式(2－16)表示在某个时段内某一进路、某一股道最多被一列列车占用；式(2－18)表示某个时段内某一站台所接发列车数不能超过其最大容许接发列车数；式(2－19)、式(2－20)、式(2－21)为变量约束，分别表示列车占用股道、进路、站台的 0－1 变量；式(2－22)为站台的最大容许接发列车数，一般取值为 1 或 2。

2.3　股道运用优化问题的计算复杂度分析

合理制订和调整股道运用计划，进路编排是核心，不仅是确保行车安全、合理安排客运站各项技术作业的关键，还严重影响着股道运用系列优化问题的计算复杂度。L. G. Kroon 和 P. J. Zwaneveld 等人对列车经过车站进路编排问题算法复杂度进行了深入的探讨和分析，在此基础上，结合我国铁路客运站股道运用技术作业过程及特征，从股道运用计划可行性（Feasibility）的角度，分析客运站股道运用优化问题的计算复杂度。

为便于分析客运站股道运用优化问题的计算复杂度，将 2.2 节中关于列车 J_i、进路 $R_{k'}$ 等信息做进一步补充和说明。设客运站所有轨道电路路段构成的集合为 Set，进路 $R_{k'}$ 的轨道电路集合为 $\mathrm{Set}_{R_{k'}}$，则 $\mathrm{Set}=\cup_{\forall R_{k'}}\mathrm{Set}_{R_{k'}}$，$\mathrm{Set}_{R_{k'}}\subset\mathrm{Set}$。列车 J_i 的可行进路集合 $R'_{J_i}\subset R$，由列车接发车方向、停靠股道和站台等信息确定，列车 J_i 可能经过的轨道电路集合 $\mathrm{Set}_{J_i}=\cup_{R_{k'}\in R'_{J_i}}\mathrm{Set}_{R_{k'}}$。

我国铁路车站进路解锁方式一般采取分段解锁，即一旦列车经过一段轨道电路，该轨道电路即被释放，变成空闲状态。记列车 J_i 实际占用的接车和发车进路分别为 R_i^{jc} 和 R_i^{fc}（$R_i^{\mathrm{jc}}\in R_{J_i}^1$，$R_i^{\mathrm{fc}}\in R_{J_i}^2$，$R_i^{\mathrm{jc}}$ 与 R_i^{fc} 共同构成进路 R_i，$R_{J_i}^1$和 $R_{J_i}^2$分别表示列车 J_i 的可行接车进路集合、发车进路集合），接车进路 R_i^{jc} 的起始封锁时间为 $S(J_i,R_i^{\mathrm{jc}},1)$，发车进路 R_i^{fc} 的起始封锁时间为 $S(J_i,R_i^{\mathrm{fc}},2)$，列车 J_i 开始占用接车进路的轨道电路 s（$s\in\mathrm{Set}_{R_i^{\mathrm{jc}}}$）及释放上一轨道电路的时间为 $F(J_i,R_i^{\mathrm{jc}},s,1)$，列车 J_i 开始占用发车进路的轨道电路 s'（$s'\in\mathrm{Set}_{R_i^{\mathrm{fc}}}$）及释放上一轨道电路的时间为 $F(J_i,R_i^{\mathrm{fc}},s',2)$。其中，时间 $S(J_i,R_i,\varepsilon)$ 和 $F(J_i,R_i,s,\varepsilon)$（$\varepsilon\in\{1,2\}$）的精确值可根据客运站站场布置图及列车牵引计算确定取值。

由于旅客列车种类繁多，牵引计算过程繁琐且不唯一，在实际操作中可结合客运站接发车作业时间标准、附加时间合理分配到各轨道电路中后确定取值。附加时间主要是为了确保两列车占用相同轨道电路部分有一定的缓冲时间，如接车进路起始封锁时间 $S(J_i,R_i,1)$ 根据列车 J_i 的到站时间 x_i 减去接车标准作业时间再加上附加缓冲时间，发车进路起始封锁时间 $S(J_i,R_i,2)$ 则根据列车 J_i 的离站时间 y_i 减去附加缓冲时间等。我国铁路车站则按《车站行车工作细则》中规定的接发车标准作业时间（一般 3 ~ 5 min 不等）确定其占用进路的时间长短，进行分摊后列车接发车作业占用具体轨道电路的时间较短，因此不妨假设时间 $S(J_i,R_i,\varepsilon)$ 和 $F(J_i,R_i,s,\varepsilon)$ 与列车所选择的进路无关，即用 $S(J_i,\varepsilon)$ 表示列车 J_i 所占用接发车进路的起始封锁时间，$F(J_i,s,\varepsilon)$ 表示列车 J_i 所占用接发车进路的轨道电路 s 的开始释放时间，所有轨道电路的开始占用时间即为轨道电路所在接发车进路的起始封锁时间。

为确保制订和调整的股道运用计划可行，要求任意两列列车的接发车进路是兼容的或两列列车共同占用的轨道电路是兼容的。设由所有两列不同列车 J_i 和 $J_{i'}$ 的兼容进路组合 $(R_i,R_{i'})$ $(i\neq i')$ 构成集合 $CR_{(J_i,J_{i'})}$（$(R_i,R_{i'})\in CR_{(J_i,J_{i'})}$），即对于任意的两列车接发车进路的共同轨道电路 $\forall s\in\mathrm{Set}_{R_i}\cap\mathrm{Set}_{R_{i'}}$，有（$\forall\varepsilon,\varepsilon'\in$

{1, 2}):

$$[S(J_i, \varepsilon), F(J_i, s, \varepsilon)] \cap [S(J_{i'}, \varepsilon'), F(J_{i'}, s, \varepsilon')] = \varnothing \quad (2-23)$$

若存在一个股道运用计划 Tap，$R(\text{Tap})$表示为所有列车安排的接发车进路，若任意两列车的接发车进路的轨道电路满足式(2－23)，易知计划 $\text{Tap} \to R(\text{Tap})$从安全的角度来看是可行的。

定义 2.5　关键轨道电路 Set^*。其主要包括道岔及交叉渡线所在轨道电路区段、接近或离去轨道电路区段及仅靠站台的轨道电路区段(即接发车股道)。

通过关键轨道电路 Set^* 的定义易知，$\text{Set}^* \subseteq \text{Set}$，并且每一段轨道电路 $s^0 \in \text{Set} \setminus \text{Set}^*$ 是位于两个轨道电路 s^1，$s^2 \in \text{Set}^*$ 之间的(如无岔轨道电路区段)。

定理 2.1　当且仅当一个股道运用计划 $\text{Tap} \to R(\text{Tap})$满足以下条件时，该计划从安全的角度来看是可行的。

$$\left.\begin{array}{l}\forall J_i, J_{i'} \in J \quad \forall s \in \text{Set}_{R_i} \cap \text{Set}_{R_{i'}} \cap \text{Set}^* \quad \forall \varepsilon, \varepsilon' \in \{1, 2\} \\ {[S(J_i, \varepsilon), F(J_i, s, \varepsilon)] \cap [S(J_{i'}, \varepsilon'), F(J_{i'}, s, \varepsilon')] = \varnothing}\end{array}\right\} \quad (2-24)$$

证明：

不妨假设式(2－24)成立。选择轨道电路 $\forall s \in \text{Set}_{R_i} \cap \text{Set}_{R_{i'}} \setminus \text{Set}^*$，任意列车 $\forall J_i, J_{i'} \in J$，$\forall \varepsilon, \varepsilon' \in \{1, 2\}$，不失一般性有 $S(J_{i'}, \varepsilon') \geqslant S(J_i, \varepsilon)$，不妨设$s'$为路径 Set_{R_i}(或 $\text{Set}_{R_{i'}}$)的接发车进路(第 ε 部分)轨道电路 s 下一个相关的轨道电路，则：

$$[S(J_i, \varepsilon), F(J_i, s', \varepsilon)] \cap [S(J_{i'}, \varepsilon'), F(J_{i'}, s', \varepsilon')] = \varnothing$$

所以 $S(J_{i'}, \varepsilon') \geqslant F(J_i, s', \varepsilon)$。又因为 $F(J_i, s', \varepsilon) \geqslant F(J_i, s, \varepsilon)$，所以 $S(J_{i'}, \varepsilon') \geqslant F(J_i, s, \varepsilon)$。即 $\forall s \in \text{Set}_{R_i} \cap \text{Set}_{R_{i'}} \setminus \text{Set}^*$，$[S(J_i, \varepsilon), F(J_i, s, \varepsilon)] \cap [S(J_{i'}, \varepsilon'), F(J_{i'}, s, \varepsilon')] = \varnothing$ 成立。结合式(2－24)，易知 $\forall s \in \text{Set}_{R_i} \cap \text{Set}_{R_{i'}}$，式(2－23)成立，即该股道运用计划 $\text{Tap} \to R(\text{Tap})$从安全的角度来看是可行的。证毕。

针对具体客运站的股道运用计划编制问题，在制订计划时其车站布局是固定的，因此，应结合车站布局固定这一事实，分析铁路客运站股道运用优化问题的计算复杂度。若将轨道电路状态可能发生的变化(占用或释放)称为一个事件。有 $2|J|$ 个事件 $S(J_i, \varepsilon)$ 与列车接发车进路的起始封锁事件有关，有 $2|J||\text{Set}^*|$ 个事件 $F(J_i, s, \varepsilon)$ 与轨道电路释放事件有关，因此其事件的数量不会超过 $2|J| + 2|J||\text{Set}^*| = 2|J|(1 + |\text{Set}^*|)$。注意到每个事件都发生在某一单一时刻，然后几个事件可能在同一时刻发生，应以时间为序将事件排列出来。无论事件 $S(J_{i'}, \varepsilon')$ 和 $F(J_i, s, \varepsilon)$ 在什么时候同时发生，一定是 $F(J_i, s, \varepsilon)$ 先发生，然后才是$S(J_{i'}, \varepsilon')$，这样才能保证将要安排接发车进路给另一列列车占用之前已经释放。在事件序$\{e_q | q = 1, 2, \cdots, Q\}$中用 e_q 表示，其中索引 q 用来表示事件发生

的先后顺序号。

定理 2.2 若铁路客运站站场布局固定，则股道运用可行性问题（即制订可行的股道运用计划）可以在多项式时间内解决。

证明：

铁路客运站站场布局固定的前提下，股道运用可行性问题同网络中最短路径类似。因此，通过构造基于事件 $e_q(q=-1, 0, 1, \cdots, Q+1)$ 的网络证明之。其节点和弧以列车数为变量的多项式表示，其中 e_{-1} 表示先于任何事件的初始事件，e_{Q+1} 为终止事件。网络中的节点是 $|\mathrm{Set}^*|$ 维向量，$q=-1, 0, 1, \cdots, Q$ 表示事件 e_q 和 e_{q+1} 之间可行的股道运用计划。即网络中的节点为 $X_q=(x_{1,q}, \cdots, x_{|\mathrm{Set}^*|,q})$，其中 $x_{s,q}=0$ 或 $x_{s,q}=J_i(q=-1, 0, 1, \cdots, Q+1, s=1, 2, \cdots, |\mathrm{Set}^*|)$。$x_{s,q}=0$ 表示轨道电路 s 在事件 e_q 和 e_{q+1} 之间是空闲的，$x_{s,q}=J_i$ 表示轨道电路 s 在事件 e_q 和 e_{q+1} 之间被列车 J_i 占用。对于 $q\in\{-1, Q\}$，$x_{\sigma,q}=0(\sigma\in\mathrm{Set}^*)$，若网络中节点 $X_{q'}=(x_{1,q'}, \cdots, x_{|\mathrm{Set}^*|,q'})$ 和节点 $X_q=(x_{1,q}, \cdots, x_{|\mathrm{Set}^*|,q})$ 之间存在弧，则 $q'=q-1$，此网络为无环网络。完整的网络（$q=-1, 0, 1, \cdots, Q$）构造过程如下：

(1) $e_q=S(J_i, 1)$，$J_i\in J$

若符合条件 C1 或条件 C2，则存在一条从节点 $X_{q-1}=(x_{1,q-1}, \cdots, x_{|\mathrm{Set}^*|,q-1})$ 至节点 $X_q=(x_{1,q}, \cdots, x_{|\mathrm{Set}^*|,q})$ 的弧。

C1：$\exists\ R_i^{\mathrm{jc}}\in R_{J_i}^1$，使得 $x_{\sigma,q-1}=0(\sigma\in\mathrm{Set}_{R_i^{\mathrm{jc}}})$，$x_{\sigma,q}=J_i(\sigma\in\mathrm{Set}_{R_i^{\mathrm{jc}}})$，$x_{\sigma,q}=x_{\sigma,q-1}(\sigma\notin\mathrm{Set}_{R_i^{\mathrm{jc}}})$ 同时成立，则弧长为 1。

C2：若 $x_{\sigma,q}=x_{\sigma,q-1}(\sigma\in\mathrm{Set}^*)$ 成立，则弧长为 0。

(2) $e_q=S(J_i, 2)$，$J_i\in J$

若符合条件 C3 或条件 C4，则存在一条从节点 $X_{q-1}=(x_{1,q-1}, \cdots, x_{|\mathrm{Set}^*|,q-1})$ 至节点 $X_q=(x_{1,q}, \cdots, x_{|\mathrm{Set}^*|,q})$ 的长度为 0 的弧。

C3：$\exists\ R_i^{\mathrm{fc}}\in R_{J_i}^2$ 和股道所在轨道电路 $s\in\mathrm{Set}_{R_i^{\mathrm{fc}}}\cap M$，使得 $x_{s,q-1}=J_i$，$x_{\sigma,q-1}=0$ $(\sigma\in\mathrm{Set}_{R_i^{\mathrm{fc}}}\setminus\{s\})$，$x_{\sigma,q}=J_i(\sigma\in\mathrm{Set}_{R_i^{\mathrm{fc}}})$，$x_{\sigma,q}=x_{\sigma,q-1}(\sigma\notin\mathrm{Set}_{R_i^{\mathrm{fc}}})$ 同时成立。

C4：股道所在轨道电路 $\forall s\in M$，$x_{s,q-1}\neq J_i$，且 $x_{\sigma,q}=x_{\sigma,q-1}(\sigma\in\mathrm{Set}^*)$。

(3) $e_q=F(J_i, s, \varepsilon)$，$J_i\in J$，$\varepsilon\in\{1, 2\}$，$s\in\mathrm{Set}_{R_i}$

若符合条件 C5 或条件 C6，则存在一条从节点 $X_{q-1}=(x_{1,q-1}, \cdots, x_{|\mathrm{Set}^*|,q-1})$ 至节点 $X_q=(x_{1,q}, \cdots, x_{|\mathrm{Set}^*|,q})$ 的长度为 0 的弧。

C5：$x_{s,q-1}=J_i$，$x_{s,q}=0$，$x_{\sigma,q}=x_{\sigma,q-1}(\sigma\neq s)$ 同时成立。

C6：$x_{s,q-1}\neq J_i$，且 $x_{\sigma,q}=x_{\sigma,q-1}(\sigma\in\mathrm{Set}^*)$。

C1 表示列车 J_i 接车进路 R_i^{jc} 的轨道电路 $\sigma\in\mathrm{Set}_{R_i^{\mathrm{jc}}}$ 在事件 e_{q-1} 和 e_q 之间都是空闲的，因此接车进路轨道电路 $\sigma\in\mathrm{Set}_{R_i^{\mathrm{jc}}}$ 在事件 e_q 和 e_{q+1} 之间预留给列车 J_i，其他不相关轨道电路状态保持不变，即为列车 J_i 准备接车进路。C3 表示列车 J_i 在

事件 e_{q-1} 和 e_q 之间停靠股道所在轨道电路 $s \in \mathrm{Set}_{R_i^{\mathrm{fc}}} \cap M$，而发车进路 R_i^{fc} 的轨道电路 $\sigma \in \mathrm{Set}_{R_i^{\mathrm{fc}}} \setminus \{s\}$ 在事件 e_{q-1} 和 e_q 之间的都是空闲的，因此发车进路轨道电路 $\sigma \in \mathrm{Set}_{R_i^{\mathrm{fc}}}$ 在事件 e_q 和 e_{q+1} 之间预留给列车 J_i，其他不相关轨道电路状态保持不变，即为列车 J_i 准备发车进路。注意：若股道所在轨道电路 $\forall s \in M$ 使得 $x_{s,\,q-1} = J_i$，并且不存在 $R_i^{\mathrm{fc}} \in R_{J_i}^2$，$s \in \mathrm{Set}_{R_i^{\mathrm{fc}}} \cap M$，$\sigma \in \mathrm{Set}_{R_i^{\mathrm{fc}}} \setminus \{s\}$ 使得 $x_{\sigma,\,q-1} = 0$，则表示没有从节点 $X_{q-1} = (x_{1,\,q-1}, \cdots, x_{|\mathrm{Set}^*|,\,q-1})$ 离开的弧。即每个从节点 X_{-1} 出发至该节点的路径都是尽头式的，无法延伸至节点 X_Q 构成完整的路径。C2、C4 表示列车 J_i 无可行进路供其占用，因此轨道电路状态保持不变。若列车 J_i 正停靠股道即占用股道所在的轨道电路，应在事件 $e_q = S(J_i, 2)$ 发生时为其安排出站进路，因此额外的约束条件 $\forall s \in M$，$x_{s,\,q-1} \neq J_i$ 是完全必要的。C5 表示轨道电路 $s \in \mathrm{Set}_{R_i}$ 在事件 e_{q-1} 和 e_q 之间被列车 J_i 占用，事件 $e_q = F(J_i, s, \varepsilon)$ 发生时释放该轨道电路，其他轨道电路状态保持不变。C6 表示轨道电路 $s \in \mathrm{Set}_{R_i}$ 在事件 e_{q-1} 和 e_q 之间不能被列车 J_i 占用，因此所有轨道电路状态均应保持不变。

上述构造的网络即为一个有向图，接车进路的相关弧长为正。可用从节点 X_{-1} 出发至节点 X_Q 总长为 n 的有向图来表示股道运用可行性问题（即 n 列列车的股道运用计划可行）。因此，从节点 X_{-1} 出发至节点 X_Q 的最长路对应列车误工数最小的一个可行股道运用计划。由于此网络为无环网络，通过将每条弧的长度用其负值代替，将最长路问题转化成最短路问题，图 $G = (V, E)$ 采用 Dijkstra 算法求解最短路的时间复杂度为 $O(|V|\lg|V| + |E|)$，即其算法复杂度与节点数和弧数有关。

每个事件 e_q 的节点数为 $O(|J|^{|\mathrm{Set}^*|})$，事件数量不会超过 $2|J|(1 + |\mathrm{Set}^*|)$，节点数量 $|V|$ 是 $2|J|(1 + |\mathrm{Set}^*|)O(|J|^{|\mathrm{Set}^*|}) = O(|J|^{|\mathrm{Set}^*|+1})$；若事件 $e_q = S(J_i, 1)$ 满足 C1，则从节点 $X_{q-1} = (x_{1,\,q-1}, \cdots, x_{|\mathrm{Set}^*|,\,q-1})$ 出发的弧的数量不会超过 $|R_{J_i}^1|$，满足 C2，则弧的数量为 1；若事件 $e_q = S(J_i, 2)$ 满足 C1，则从节点 $X_{q-1} = (x_{1,\,q-1}, \cdots, x_{|\mathrm{Set}^*|,\,q-1})$ 出发的弧的数量不会超过 $|R_{J_i}^2|$，满足 C4，则弧的数量为 1；若事件 $e_q = F(J_i, s, \varepsilon)$ 满足 C5 或 C6，则从节点 $X_{q-1} = (x_{1,\,q-1}, \cdots, x_{|\mathrm{Set}^*|,\,q-1})$ 出发的弧的数量为 1。因此，弧的数量 $|E|$ 是：

$$|R_{J_i}^1||J|O(|J|^{|\mathrm{Set}^*|}) + |R_{J_i}^2||J|O(|J|^{|\mathrm{Set}^*|}) + 2|\mathrm{Set}^*||J|O(|J|^{|\mathrm{Set}^*|})$$
$$= O((|R_{J_i}^1| + |R_{J_i}^2| + 2|\mathrm{Set}^*|)|J|^{|\mathrm{Set}^*|+1})$$

在铁路客运站站场布局固定的前提下，$|R_{J_i}^1|$、$|R_{J_i}^2|$ 和 $|\mathrm{Set}^*|$ 都是固定的。则 $|E| = O(|J|^{|\mathrm{Set}^*|+1})$，$|V| = O(|J|^{|\mathrm{Set}^*|+1})$。即股道运用可行性问题的时间复杂度为：

$$O(|V|\lg|V| + |E|) = O(|J|^{|\mathrm{Set}^*|+1}\lg|J|)$$

证毕。

考虑所构造网络规模过大，其实际应用价值有限。更何况定理 2.2 只考虑股道运用计划的可行性问题，尚未考虑客运站股道运用优化问题的其他影响因素如客运站资源均衡使用、时间窗、调车作业、能力运用等。因此，必须结合我国铁路客运站股道运用技术作业特征及要求设计相应的求解算法。客运站股道运用计划中可行进路集合可采用下面两种方案确定：

方案一：不考虑车站联锁表，按列车、车列或调机走行路径最短、走行时间最短、尽可能安排平行进路等目标确定可行进路集合。方案优点在于进路可选性强，不足之处在于车站的实际工作中可能不存在这样的联锁关系，导致无法排列进路，使得股道运用计划无效。

方案二：直接从车站联锁表中选择满足条件的可行进路集合。

通过现场调研，对两种方案进行比较分析发现：

①方案一所排进路虽然在理论上可行，但实际运用过程中，可能由于客运站现场没有此联锁关系，使得所排进路在实际操作中不可行，无法保证车站作业安全；

②方案二的进路选择性较小，效率高，可大大提高程序的响应时间，缩短程序运行时间，且能满足现场的实际工作需要；

③车站值班员做计划时一般按固定作业时间标准确定进路的占用时间，站内作业时间较短，做计划时过分强调路径最短或时间最少往往浪费系统资源，在实际操作中也难以把握。

因此，方案二比方案一更具有可操作性，采取第二种方案确定接发车进路。为提出通用的股道运用计划编制方法，需要分析客运站站场布局不固定情况下的股道运用优化问题的计算复杂度，以解决各种类型客运站的股道运用优化问题。众所周知，可满足性问题(SAT 问题)是一个简单的组合搜索问题，它是最先得到的 NP 完全问题之一，将站场布局不固定条件下客运站股道运用优化问题构造成 SAT 问题的一个实例，证明其是一个 NP－完全问题。

SAT 问题：设布尔表达式f是一个合取范式(CNF)，它是由若干个析取子句合取组成的，而这些析取子句又是由若干个文字的析取组成的，文字则是布尔变量或其否定，即：$f = C_1 \wedge C_2 \wedge \cdots \wedge C_n$，$C_i = V_1 \vee V_2 \vee \cdots \vee V_k$，$V_j$ 表示一个布尔变量或其否定。SAT 问题即是通过对布尔表达式f中的布尔变量进行赋值，使得f的真值为真。3－SAT、2－SAT 问题都是 SAT 问题的特殊情况，2－SAT 的计算复杂度为 $O(\max\{n, k\})$，3－SAT 则属于 NP－完全问题。

定理 2.3 客运站站场布局不固定条件下股道运用优化问题是 NP－完全问题。

证明：

车站联锁表中的接发车进路一般有基本进路和变通进路两大类型，基本进路一般只有一条，而变通进路可能多条，即每列列车在客运站办理接发车作业时的进路可能有多条进路供其占用。不妨假设所有列车的接车进路只有 1 条基本进路和2条变通进路，发车进路只有1条基本进路。由于这种假设股道运用的一种特殊情形，因此只要证明在这种情况下客运站股道运用优化问题是NP－完全问题即可。设 I_3 是一个3－SAT问题的实例，有 n 条含3个布尔变量的字句 C_i。现构造客运站股道运用优化问题的另一个实例 I^0。

列车 J_i 可行的接车进路集合 $R_{J_i}^1$ 中有3条从接车方向至股道的可行进路 R_i^{jc1}、R_i^{jc2}、R_i^{jc3}，并且列车 J_i 由股道或站台离开车站的发车进路只有1条 R_i^{fc}，因此列车 J_i 可能有3条路径通过客运站，用 R_i^{jfc1}、R_i^{jfc2}、R_i^{jfc3} 表示。实例 I^0 中的每一个析取子句 C_i^0 与列车 J_i 一一对应。列车 J_i 通过客运站的接发车进路 $R_i^{\mathrm{jfc\_}k'}$ 与析取子句 C_i^0 中的第 k' 个布尔变量相关联，即当析取子句 C_i^0 中的第 k' 个布尔变量为真时，列车 J_i 可以占用接发车进路 $R_i^{\mathrm{jfc\_}k'}$，反之亦然。当析取子句 C_i^0 中的第 k' 个布尔变量的值与析取子句 $C_{i'}^0$ 中的第 k'' 个布尔变量的值互为相反的定义时，表示进路 $R_i^{\mathrm{jfc\_}k'}$ 和 $R_{i'}^{\mathrm{jfc\_}k''}$ 存在时空冲突。

由于 I_3 是一个3－SAT问题的实例，那么每个析取子句 C_i 中至少有一个为真值。另外，将列车 J_i 安排到一条指定的接发车进路 $R_i^{\mathrm{jfc\_}k'}$，要求实例 I^0 的第 i 个析取子句 C_i^0 中第 k' 个布尔变量为真，其他所有为赋值变量随机赋值。此时，所有析取子句都能得到满足，并且股道运用计划中的接发车进路没有发生时空冲突。因此，I^0 也是一个3－SAT问题的实例，即客运站站场布局不固定条件下股道运用优化问题是NP－完全问题。

证毕。

以上从股道运用技术作业自身的角度分析股道运用优化问题的计算复杂度。从所构建排序模型自身来看，对于任意的 m，n 问题，$Pm|J_i, r_i, p_i, c_i|\sum D_i$ 是一个典型的NP－Hard问题，依据问题和算法之间的归约关系，易知式（2－9）、式（2－10）所表示的排序问题也是一个NP－Hard问题，不可能求得最优解。

2.4　股道运用计划编制优化算法设计

针对具体的某个客运站而言，其股道数量 m 是一个定值，列车到达时刻 x_i 和出发时刻 y_i 可以依据列车时刻表和《车站行车工作细则》确定其具体的数值，客运站股道固定使用方案是制订客运站股道运用计划的基础，可行进路集合从联锁表中获取，大大降低了问题的解空间，便于利用基本的排序问题优势准则设计高效的启发式算法对其进行求解。算法思想：结合旅客列车在站技术作业过程和进路编排，利用启发式算法设计模型求解算法步骤，得到股道运用初始计划，并基于排序原则选择、进路编排方式和多方案选优3种解改进策略对股道运用初始计划进行改进，得到股道运用改进计划。

2.4.1 股道运用原始算法

现结合列车在客运站股道运用技术作业过程、进路编排等客运站的具体情况，利用排序理论设计优化模型求解算法，即股道运用原始算法，主要步骤如下。

Step 1：初始化。将列车 $J_i(i=1, 2, \cdots, n)$ 占用股道的时间区间 $[x_i, y_i]$ 转化为相应的“比较区间” $[S_i, E_i]$（利用坐标转化为相应的数学意义上的实数区间，如[14：55，15：08] 经转化后为 [895，908]）；依据时间窗 Time – Window 确定相应进路、道岔以及轨道电路的封锁时间区间、调车作业时间窗，并转化为相应的“比较点”，$\rho_k=0(k=1, 2, \cdots, m)$。

Step 2：根据以下 3 个原则（视具体情况进行选择）对列车集合 J 进行排序（用“>”表示“优先于”）：

(1)“先到先服务”原则：指优先安排先抵达客运站的列车。即若 $S_i<S_j$ 或 $S_i=S_j$ 且 $E_i<=E_j$ 成立，则列车 J_i 优先于列车 J_j，即 $J_i>J_j$；否则 $J_j>J_i$。

(2)“权重大小”原则：指按照列车权重由大到小依次安排各列车。即若 $\omega_i>=\omega_j$ 成立，则列车 J_i 优先于列车 J_j，即 $J_i>J_j$；否则 $J_j>J_i$。

(3)“有限度大小”原则：指按照列车所属股道固定使用方案 φ：$J\rightarrow M$ 中股道数量由小到大依次安排各列车。即若 $\vartheta_i<=\vartheta_j$ 成立，则列车 J_i 优先于列车 J_j，即 $J_i>J_j$；否则 $J_j>J_i$。

此时，得到经初步处理后的工件待加工顺序，即列车集合为 $J'=\{J'_1, J'_2, \cdots, J'_n\}$，其中列车 J'_i，$J'_j(1<=i<j<=n)$ 满足关系式“$J'_i>J'_j$”。

Step 3：$i=1$。

Step 4：对于列车 J'_i，按照股道固定使用方案 φ：$J\rightarrow M$ 合理分配列车 J'_i的占用股道 M_k，选择的具体条件如下。

(1)股道 M_k 满足列车 J'_i的股道固定使用方案要求 φ：$J\rightarrow M$。

(2)股道 M_k 在比较区间$[S_i, E_i]$空闲。

(3)通往股道 M_k 的进路空闲。

(4)股道 M_k 被列车占用次数 ρ_k 最少。

若存在股道 M_k 全部满足上述 4 个条件，则将列车 J'_i安排在股道 M_k，此时 $\rho_k=\rho_k+1$，$D_i=0$；若存在股道 M_k 满足上述条件的(1)(2)(3)，也可将列车J'_i安排在股道 M_k，此时 $\rho_k=\rho_k+1$，$D_i=0$；其他情形均视为不存在这样的股道 M_k 供列车 J'_i在区间$[x_i, y_i]$内使用，应将列车 J'_i放入未安排的列车集合 Γ 中，并记录未安排原因，此时 $J'_i\in\Gamma$，$D_i=1$。

Step 5：$i=i+1$；若 $i<=n$，转 Step 4；否则，统计列车的总误工数 β，其中 $\beta=\sum_{i=1}^{n}D_i$，转 Step 6。

Step 6：算法结束，输出股道运用初始方案、未安排的列车集合 Γ 及总误工数 β。

若所有的列车均能准点完成客运站各项作业，则总误工数 $\beta=0$。但在大部分情形下，总误工数 $\beta\neq 0$，这就需要对由上述算法得出的股道运用初始方案进行适当修正，使得总误工数 $\beta=0$，只有这样，其方案才能满足现场的需要。

2.4.2 解改进优化策略

若总误工数 $\beta\neq 0$，$\Gamma\neq\varnothing$，且通过加强作业组织也无法得到充足的作业时间，经由股道运用原始算法得出的股道运用计划则无法满足实际需要。因此采用多种解改进优化策略来改进股道运用计划。

策略 1：排序原则选择策略。

对排序原则的不同选择可以得出不同的安排结果，为了得到更加合理的方案，应根据现场实际需要选择合适的排序原则。

(1) 单一原则，如“先到先服务”“权重大小”“有限度大小”原则。

(2) 多原则组合，如将“权重大小”和“先到先服务”原则相结合。

(3) 多梯度原则，如优先考虑“权重大小”，其次考虑“有限度大小”，最后考虑“先到先服务”原则。

策略 2：进路编排方式策略。

进路选择和检查进路的方式也是影响方案优劣的重要因素。在进行进路的选择时，优先选取简单进路，尽量避免复合进路。检查进路时应检查进路上的所有轨道电路、道岔等信息，避免漏检多检，尽量避免所制订的方案与现场不符或浪费能力。

策略 3：多方案选优策略。

不同的排序原则、不同的进路检查方式，得出的方案均不相同。因此，应从不同股道运用方案的集合中选择最优的方案。

通过求解改进优化策略可制订较好的股道运用计划，但在现代管理与决策中，决策者的作用更加突出，他们的参与、经验和政策取向，已成为影响制订股道运用计划的重要因素。单纯由股道运用计划编制优化算法所制订的股道运用计划已不能满足客观需要，需要在模型及算法中充分考虑车站值班员的决策。

2.5 股道运用计划编制柔性问题

所谓柔性是指在解决运用分析中要处理所遇到的非结构化因素，以及在实施决策支持过程中，需要考虑决策者的经验、智慧、偏好、政策和策略因素的介入。柔性是相对于刚性提出来的。对于客运站股道运用计划编制问题而言，刚性管理以计算机为中心，强调用计算机制订股道运用计划，而柔性管理则以车站值班员为中心，强化车站值班员对股道运用计划的干预功能。

2.5.1 基于排序的股道运用柔性模型

为了体现决策者（车站值班员）对股道运用安排过程的干预功能，方便车站值班员更改或制订某次或某些列车在站作业安排计划，利用现代柔性理论，实现人－机交互会话的过程。设置一个人－机接口，用来沟通与车站值班员的联系，并成为辅助信息的进出通道。基于此，对股道运用计划编制排序模型进行改进，得到基于排序股道运用柔性模型：

$$Pm \mid J_i,\ r_i,\ p_i,\ c_i,\ \omega_i,\ \vartheta_i,\ \mathrm{J-Mapping},\ \mathrm{Time-Window} \mid f\left(\sum_{i=1}^{n} D_i,\ -E\right) \tag{2-25}$$

$$\mathrm{Opt}\{J_i \mid i \in \bar{J}_\beta\} \tag{2-26}$$

$$\bar{J}_\alpha \cap \bar{J}_\beta = \varnothing \tag{2-27}$$

$$\bar{J}_\alpha \cup \bar{J}_\beta = \{1,\ 2,\ \cdots,\ n\} \tag{2-28}$$

式中：$\bar{J}_\alpha$为结构化变量下标集；$\bar{J}_\beta$为非结构化变量下标集，其选择由车站值班员决定。目标函数式(2－26)由车站值班员进行判定，为人－机接口；若$\bar{J}_\beta = \Phi$时，该柔性模型即为股道运用计划编制排序模型。

2.5.2 股道运用柔性算法

基于排序的股道运用柔性问题的计算机求解过程按照人－机交互会话的方式进行。股道运用柔性算法的主要步骤如下。

Step 1：不考虑车站值班员的意见，完全由计算机根据相关信息，运用股道运用计划编制优化算法制订股道运用初始计划。

Step 2：提交股道运用初始计划，请车站值班员评判，若满意，则当前方案即为最终股道运用计划，算法终止；否则，由车站值班员给出需要人工干预的列车集合，并对其信息提出必要的修正值。

Step 3：将需人工制订股道运用计划的相关信息输入到股道运用计划编制优化算法中。

Step 4：优先制订人工干预的列车安排计划，在此基础上，由计算机根据相关信息，运用股道运用计划编制优化算法制订股道运用计划，转 Step 2。

2.6 算例

以某铁路客运站为例，运用前述模型与算法制订该站股道运用计划。该站在

6：30 至 21：30 这段期间(该客运站其他时段内没有其他列车通过)内共有 82 次列车被安排过站进路，包括 54 次列车为不停车直接通过旅客列车，在站经停旅客列车 28 列。该车站的站场布置图如图 2－1 所示，其中 3、4、5、6 道为下行列车接发车、带站台的到发线，4、6 道为上行列车接发车、带站台的到发线，Ⅰ道、Ⅱ道分别为下、上行正线；咽喉区的道岔号均为 18 号道岔，其侧向允许通过的速度为 80 km/h；站内股道的有效长均为 545 m，到发线的有效长为 548.5 m；3、4、5、6 道所在站台依次是 3#、2#、4#、1#站台。

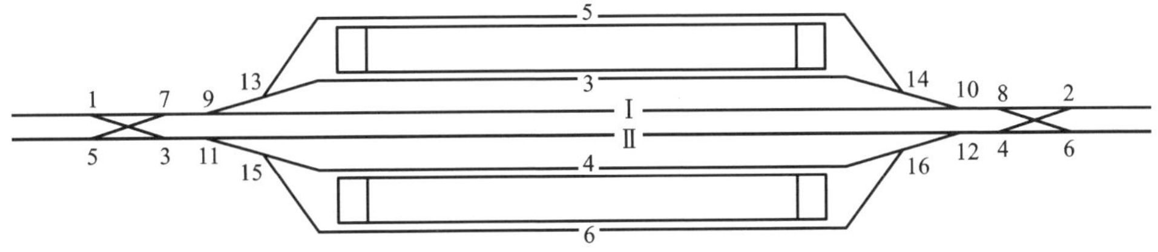

图 2－1　客运站站场布置示意图

根据该站的行车工作细则及相关规章的要求，到发线警冲标与绝缘节间有一定的距离即 3.5 m；在不利情况下列车在停车过程中产生制动距离的偏差即安全距离 $L_{安}=67$ m，列车从接受紧急制动命令信号开始至列车停稳时止所经过的距离即防护距离 $L_{防}=67$ m，打靶点与停车标之间的停车余量 $L_{余}=15$ m；列车站外制动距离(即列车开始制动时离进站信号灯的距离 $L_{信}$)取值为 5000 m；车站办理接发车作业的联锁表、旅客列车时刻表如表 2－1、表 2－2 所示，车站办理的列车有两种类型，其列车长度、运行速度、启动加速度、制动减速度等参数如表 2－3 所示，接车、发车和通过准备(冗余)时间均为 30 s，接车空走时间 3.7 s；其他参数如站内轨道电路长度、作业时间标准等，详见本站《车站行车工作细则》。

表 2－1　车站联锁表(部分)

进路编号	接发方向	发车方向	进路类别	停靠股道	股道有效/m	停车标/m
R0001	X	SN	接车	3G	545	500
R0002	X	SN	接车	4G	545	500
R0003	X	SN	接车	5G	545	500
R0004	X	SN	接车	6G	545	500
R0005	X	SN	通过	IG	545	—
R0006	X	SN	发车	3G	545	45
R0007	X	SN	发车	4G	545	45

续表 2－1

进路编号	接发方向	发车方向	进路类别	停靠股道	股道有效/m	停车标/m
R0008	X	SN	发车	5G	545	45
R0009	X	SN	发车	6G	545	45
R0010	S	XN	接车	4G	545	500
R0011	S	XN	接车	6G	545	500
R0012	S	XN	通过	IIG	545	—
R0013	S	XN	发车	4G	545	45
R0014	S	XN	发车	6G	545	45

表 2－2　旅客列车时刻表

车次 ID	到达时刻	出发时刻	固定方案	权重	有限度	列车类型	接车方向	发车方向
1	7：10：25	…	F005	0.0122	1	T002	S	XN
2	8：13：00	8：15：00	F002	0.0129	2	T001	S	XN
3	8：36：25	8：38：25	F001	0.0122	2	T002	S	XN
4	9：05：00	…	F005	0.0122	1	T002	S	XN
5	9：12：30	…	F006	0.0129	1	T001	S	XN
6	9：29：25	…	F005	0.0122	1	T002	S	XN
7	9：37：30	9：39：30	F001	0.0122	2	T002	S	XN
8	9：50：00	…	F005	0.0122	1	T002	S	XN
9	10：04：25	…	F005	0.0122	1	T002	S	XN
10	10：26：00	10：28：00	F001	0.0122	2	T002	S	XN
11	10：47：25	…	F005	0.0122	1	T002	S	XN
12	11：26：00	…	F005	0.0122	1	T002	S	XN
13	11：38：19	…	F005	0.0122	1	T002	S	XN
14	11：52：00	…	F005	0.0122	1	T002	S	XN
15	12：09：45	12：11：45	F001	0.0122	2	T002	S	XN
16	12：27：00	12：29：00	F001	0.0122	2	T002	S	XN

续表 2－2

车次 ID	到达时刻	出发时刻	固定方案	权重	有限度	列车类型	接车方向	发车方向
17	12：39：00	…	F005	0.0122	1	T002	S	XN
18	12：48：00	…	F005	0.0122	1	T002	S	XN
19	13：01：25	13：03：25	F001	0.0122	2	T002	S	XN
20	13：12：05	…	F005	0.0122	1	T002	S	XN
21	13：21：30	13：46：30	F001	0.0122	2	T002	S	XN
22	13：42：00	…	F005	0.0122	1	T002	S	XN
23	13：57：25	13：59：25	F001	0.0122	2	T002	S	XN
24	14：26：00	…	F005	0.0122	1	T002	S	XN
25	14：39：00	…	F005	0.0122	1	T002	S	XN
26	15：15：00	15：17：00	F001	0.0122	2	T002	S	XN
27	15：26：00	…	F005	0.0122	1	T002	S	XN
28	16：08：00	…	F005	0.0122	1	T002	S	XN
29	16：18：25	…	F005	0.0122	1	T002	S	XN
30	16：32：00	…	F005	0.0122	1	T002	S	XN
31	17：07：00	17：09：00	F001	0.0122	2	T002	S	XN
32	17：20：00	…	F005	0.0122	1	T002	S	XN
33	17：45：00	…	F005	0.0122	1	T002	S	XN
34	17：56：25	17：58：25	F001	0.0122	2	T002	S	XN
35	18：45：00	…	F005	0.0122	1	T002	S	XN
36	19：13：25	…	F005	0.0122	1	T002	S	XN
37	19：41：00	19：43：00	F001	0.0122	2	T002	S	XN
38	19：59：25	…	F005	0.0122	1	T002	S	XN
39	20：40：00	…	F005	0.0122	1	T002	S	XN
40	21：11：25	21：13：25	F001	0.0122	2	T002	S	XN
41	22：24：00	…	F005	0.0122	1	T002	S	XN
42	6：36：28	…	F007	0.0122	1	T002	X	SN
43	7：40：00	…	F007	0.0122	1	T002	X	SN

续表 2－2

车次 ID	到达时刻	出发时刻	固定方案	权重	有限度	列车类型	接车方向	发车方向
44	8：04：00	8：06：00	F003	0.0122	4	T002	X	SN
45	8：45：35	…	F007	0.0122	1	T002	X	SN
46	9：01：00	9：03：00	F003	0.0122	4	T002	X	SN
47	9：44：00	…	F007	0.0122	1	T002	X	SN
48	9：59：45	…	F007	0.0122	1	T002	X	SN
49	10：10：29	10：12：29	F003	0.0122	4	T002	X	SN
50	10：50：00	…	F007	0.0122	1	T002	X	SN
51	11：15：45	…	F007	0.0122	1	T002	X	SN
52	11：30：00	11：32：00	F003	0.0122	4	T002	X	SN
53	12：12：30	…	F007	0.0122	1	T002	X	SN
54	12：26：30	12：28：30	F003	0.0122	4	T002	X	SN
55	12：38：00	…	F007	0.0122	1	T002	X	SN
56	13：16：00	…	F007	0.0122	1	T002	X	SN
57	13：49：00	13：51：00	F003	0.0122	4	T002	X	SN
58	14：13：00	…	F007	0.0122	1	T002	X	SN
59	14：33：00	…	F007	0.0122	1	T002	X	SN
60	14：55：45	14：57：45	F003	0.0122	4	T002	X	SN
61	15：15：00	…	F007	0.0122	1	T002	X	SN
62	15：23：30	15：25：30	F003	0.0122	4	T002	X	SN
63	15：45：00	…	F007	0.0122	1	T002	X	SN
64	15：56：00	15：58：00	F003	0.0122	4	T002	X	SN
65	16：10：00	…	F007	0.0122	1	T002	X	SN
66	16：31：00	…	F007	0.0122	1	T002	X	SN
67	16：42：45	16：44：45	F003	0.0122	4	T002	X	SN
68	17：16：00	…	F007	0.0122	1	T002	X	SN
69	18：12：00	18：14：00	F003	0.0122	4	T002	X	SN
70	18：25：45	…	F007	0.0122	1	T002	X	SN

续表 2 – 2

车次 ID	到达时刻	出发时刻	固定方案	权重	有限度	列车类型	接车方向	发车方向
71	18：55：00	…	F008	0.0129	1	T001	X	SN
72	19：09：00	…	F007	0.0122	1	T002	X	SN
73	19：16：30	…	F007	0.0122	1	T002	X	SN
74	19：31：30	…	F007	0.0122	1	T002	X	SN
75	19：42：30	19：44：30	F003	0.0122	4	T002	X	SN
76	19：55：00	…	F007	0.0122	1	T002	X	SN
77	20：08：45	…	F007	0.0122	1	T002	X	SN
78	20：23：00	…	F008	0.0129	1	T001	X	SN
79	20：33：00	…	F007	0.0122	1	T002	X	SN
80	20：40：00	…	F007	0.0122	1	T002	X	SN
81	20：50：30	20：52：30	F003	0.0122	4	T002	X	SN
82	21：17：00	21：19：00	F003	0.0122	4	T002	X	SN

表 2 – 3　旅客列车取值参数

列车种类	列车长度 /m	运行速度 /$(m \cdot s^{-1})$	制动减速度 /$(m \cdot s^{-2})$	启动加速度 /$(m \cdot s^{-2})$	编组辆数 /个
T001	201.5	83.33	1	0.5	8
T002	442	55.55	0.79	0.5	16

采用上述模型与算法，即可制订该站客运站股道运用计划。旅客列车占用该站站内股道、站台与进路计划，接发车进路起止占用计划，轨道电路起止占用计划分别如表 2 – 4、表 2 – 5、表 2 – 6 所示。

表 2 – 4　客运站股道、站台与进路占用计划

车次 ID	占用股道 /到发线	占用站台	接车/通过进路	发车进路	股道起始占用时刻	股道终止占用时刻
1	IIG		R0012		7：08：25	7：10：53
2	6G	1#	R0011	R0014	8：09：20	8：15：31

续表 2－4

车次 ID	占用股道/到发线	占用站台	接车/通过进路	发车进路	股道起始占用时刻	股道终止占用时刻
3	4G	2#	R0010	R0013	8：31：45	8：39：09
4	IIG		R0012		9：03：00	9：05：28
5	IIG		R0012		9：11：00	9：12：46
6	IIG		R0012		9：27：25	9：29：53
7	4G	2#	R0010	R0013	9：32：50	9：40：14
8	IIG		R0012		9：48：00	9：50：28
9	IIG		R0012		10：02：25	10：04：53
10	6G	1#	R0011	R0014	10：21：20	10：28：44
11	IIG		R0012		10：45：25	10：47：53
12	IIG		R0012		11：24：00	11：26：28
13	IIG		R0012		11：36：19	11：38：47
14	IIG		R0012		11：50：00	11：52：28
15	6G	1#	R0011	R0014	12：05：05	12：12：29
16	4G	2#	R0010	R0013	12：22：20	12：29：44
17	IIG		R0012		12：37：00	12：39：28
18	IIG		R0012		12：46：00	12：48：28
19	4G	2#	R0010	R0013	12：56：45	13：04：09
20	IIG		R0012		13：10：05	13：12：33
21	4G	2#	R0010	R0013	13：16：50	13：47：14
22	IIG		R0012		13：40：00	13：42：28
23	6G	1#	R0011	R0014	13：52：45	14：00：09
24	IIG		R0012		14：24：00	14：26：28
25	IIG		R0012		14：37：00	14：39：28
26	6G	1#	R0011	R0014	15：10：20	15：17：44
27	IIG		R0012		15：24：00	15：26：28
28	IIG		R0012		16：06：00	16：08：28
29	IIG		R0012		16：16：25	16：18：53

续表 2 -4

车次 ID	占用股道/到发线	占用站台	接车/通过进路	发车进路	股道起始占用时刻	股道终止占用时刻
30	IIG		R0012		16：30：00	16：32：28
31	4G	2#	R0010	R0013	17：02：20	17：09：44
32	IIG		R0012		17：18：00	17：20：28
33	IIG		R0012		17：43：00	17：45：28
34	4G	2#	R0010	R0013	17：51：45	17：59：09
35	IIG		R0012		18：43：00	18：45：28
36	IIG		R0012		19：11：25	19：13：53
37	6G	1#	R0011	R0014	19：36：20	19：43：44
38	IIG		R0012		19：57：25	19：59：53
39	IIG		R0012		20：38：00	20：40：28
40	6G	1#	R0011	R0014	21：06：45	21：14：09
41	IIG		R0012		22：22：00	22：24：28
42	IG		R0005		6：34：28	6：36：56
43	IG		R0005		7：38：00	7：40：28
44	3G	3#	R0001	R0006	7：59：19	8：06：44
45	IG		R0005		8：43：35	8：46：03
46	3G	3#	R0001	R0006	8：56：19	9：03：44
47	IG		R0005		9：42：00	9：44：28
48	IG		R0005		9：57：45	10：00：13
49	3G	3#	R0001	R0006	10：05：48	10：13：13
50	IG		R0005		10：48：00	10：50：28
51	IG		R0005		11：13：45	11：16：13
52	5G	4#	R0003	R0008	11：25：19	11：32：44
53	IG		R0005		12：10：30	12：12：58
54	3G	3#	R0001	R0006	12：21：49	12：29：14
55	IG		R0005		12：36：00	12：38：28
56	IG		R0005		13：14：00	13：16：28

续表 2－4

车次 ID	占用股道/到发线	占用站台	接车/通过进路	发车进路	股道起始占用时刻	股道终止占用时刻
57	5G	4#	R0003	R0008	13：44：19	13：51：44
58	IG		R0005		14：11：00	14：13：28
59	IG		R0005		14：31：00	14：33：28
60	5G	4#	R0003	R0008	14：51：04	14：58：29
61	IG		R0005		15：13：00	15：15：28
62	5G	4#	R0003	R0008	15：18：49	15：26：14
63	IG		R0005		15：43：00	15：45：28
64	5G	4#	R0003	R0008	15：51：19	15：58：44
65	IG		R0005		16：08：00	16：10：28
66	IG		R0005		16：29：00	16：31：28
67	5G	4#	R0003	R0008	16：38：04	16：45：29
68	IG		R0005		17：14：00	17：16：28
69	5G	4#	R0003	R0008	18：07：19	18：14：44
70	IG		R0005		18：23：45	18：26：13
71	IG		R0005		18：53：30	18：55：16
72	IG		R0005		19：07：00	19：09：28
73	IG		R0005		19：14：30	19：16：58
74	IG		R0005		19：29：30	19：31：58
75	3G	3#	R0001	R0006	19：37：49	19：45：14
76	IG		R0005		19：53：00	19：55：28
77	IG		R0005		20：06：45	20：09：13
78	IG		R0005		20：21：30	20：23：16
79	IG		R0005		20：31：00	20：33：28
80	IG		R0005		20：38：00	20：40：28
81	3G	3#	R0001	R0006	20：45：49	20：53：14
82	3G	3#	R0001	R0006	21：12：19	21：19：44

表 2-5　客运站接发车作业进路起止占用计划

进路编号	起始占用时刻	终止占用时刻	占用时长/s	占用频次
R0001	20:45:49	20:50:30	280.874128	1
R0001	7:59:19	8:04:00	280.874128	2
R0001	8:56:19	9:01:00	280.874128	3
R0001	10:05:48	10:10:29	280.874128	4
R0001	12:21:49	12:26:30	280.874128	5
R0001	19:37:49	19:42:30	280.874128	6
R0001	21:12:19	21:17:00	280.874128	7
…	…	…	…	…
R0003	14:51:04	14:55:45	280.874128	1
R0003	11:25:19	11:30:00	280.874128	2
R0003	13:44:19	13:49:00	280.874128	3
R0003	15:18:49	15:23:30	280.874128	4
R0003	15:51:19	15:56:00	280.874128	5
R0003	16:38:04	16:42:45	280.874128	6
R0003	18:07:19	18:12:00	280.874128	7
…	…	…	…	…
R0012	19:57:25	20:00:04	158.61	10
R0012	20:38:00	20:40:39	158.61	11
R0012	11:50:00	11:52:39	158.61	12
R0012	22:22:00	22:24:39	158.61	13
R0012	9:11:00	9:12:53	112.854	14
R0012	9:27:25	9:30:04	158.61	15
R0012	12:37:00	12:39:39	158.61	16
R0012	12:46:00	12:48:39	158.61	17
R0012	7:08:25	7:11:04	158.61	18
R0012	13:10:05	13:12:44	158.61	19
R0012	9:48:00	9:50:39	158.61	20
R0012	13:40:00	13:42:39	158.61	21

续表 2-5

进路编号	起始占用时刻	终止占用时刻	占用时长/s	占用频次
R0012	10:02:25	10:05:04	158.61	22
R0012	14:24:00	14:26:39	158.61	23
R0012	14:37:00	14:39:39	158.61	24
R0012	9:03:00	9:05:39	158.61	25
R0012	15:24:00	15:26:39	158.61	26
R0013	9:39:00	9:40:41	100.6422222	1
R0013	8:37:55	8:39:36	100.6422222	2
R0013	17:57:55	17:59:36	100.6422222	3
R0013	13:46:00	13:47:41	100.6422222	4
R0013	12:28:30	12:30:11	100.6422222	5
R0013	13:02:55	13:04:36	100.6422222	6
R0013	17:08:30	17:10:11	100.6422222	7
R0014	10:27:30	10:29:11	100.6422222	1
R0014	12:11:15	12:12:56	100.6422222	2
R0014	13:58:55	14:00:36	100.6422222	3
R0014	15:16:30	15:18:11	100.6422222	4
R0014	19:42:30	19:44:11	100.6422222	5
R0014	21:12:55	21:14:36	100.6422222	6
R0014	8:14:30	8:16:00	89.81972222	7

表 2-6 客运站轨道电路起止占用计划

轨道电路	起始占用时刻	终止占用时刻	时长/s	所属进路	占用频次
1DG	14:51:04	14:55:10	246.267	R0003	1
1DG	20:45:49	20:49:55	246.267	R0001	2
1DG	7:59:19	8:03:25	246.267	R0001	3
1DG	8:56:19	9:00:25	246.267	R0001	4
1DG	10:05:48	10:09:54	246.267	R0001	5

续表 2-6

轨道电路	起始占用时刻	终止占用时刻	时长/s	所属进路	占用频次
1DG	14：51：04	14：55：10	246.267	R0003	1
1DG	11：25：19	11：29：25	246.267	R0003	6
1DG	12：21：49	12：25：55	246.267	R0001	7
1DG	13：44：19	13：48：25	246.267	R0003	8
1DG	15：18：49	15：22：55	246.267	R0003	9
1DG	15：51：19	15：55：25	246.267	R0003	10
1DG	16：38：04	16：42：10	246.267	R0003	11
1DG	18：07：19	18：11：25	246.267	R0003	12
1DG	19：37：49	19：41：55	246.267	R0001	13
1DG	21：12：19	21：16：25	246.267	R0001	14
1DG	6：34：28	6：36：39	131.385	R0005	15
1DG	7：38：00	7：40：11	131.385	R0005	16
1DG	8：43：35	8：45：46	131.385	R0005	17
1DG	9：42：00	9：44：11	131.385	R0005	18
1DG	9：57：45	9：59：56	131.385	R0005	19
1DG	10：48：00	10：50：11	131.385	R0005	20
1DG	11：13：45	11：15：56	131.385	R0005	21
1DG	12：10：30	12：12：41	131.385	R0005	22
1DG	12：36：00	12：38：11	131.385	R0005	23
1DG	13：14：00	13：16：11	131.385	R0005	24
1DG	14：11：00	14：13：11	131.385	R0005	25
1DG	14：31：00	14：33：11	131.385	R0005	26
1DG	15：13：00	15：15：11	131.385	R0005	27
1DG	15：43：00	15：45：11	131.385	R0005	28
1DG	16：08：00	16：10：11	131.385	R0005	29
1DG	16：29：00	16：31：11	131.385	R0005	30
1DG	17：14：00	17：16：11	131.385	R0005	31

续表 2－6

轨道电路	起始占用时刻	终止占用时刻	时长/s	所属进路	占用频次
1DG	18：23：45	18：25：56	131.385	R0005	32
1DG	18：53：30	18：55：05	94.704	R0005	33
1DG	19：07：00	19：09：11	131.385	R0005	34
1DG	19：14：30	19：16：41	131.385	R0005	35
1DG	19：29：30	19：31：41	131.385	R0005	36
1DG	19：53：00	19：55：11	131.385	R0005	37
1DG	20：06：45	20：08：56	131.385	R0005	38
1DG	20：21：30	20：23：05	94.704	R0005	39
1DG	20：31：00	20：33：11	131.385	R0005	40
1DG	20：38：00	20：40：11	131.385	R0005	41
…	…	…	…	…	…
12DG	14：57：15	14：58：17	62.249	R0008	1
12DG	20：52：00	20：53：02	62.249	R0006	2
12DG	8：05：30	8：06：32	62.249	R0006	3
12DG	9：02：30	9：03：32	62.249	R0006	4
12DG	10：11：59	10：13：01	62.249	R0006	5
12DG	11：31：30	11：32：32	62.249	R0008	6
12DG	12：28：00	12：29：02	62.249	R0006	7
12DG	13：50：30	13：51：32	62.249	R0008	8
12DG	15：25：00	15：26：02	62.249	R0008	9
12DG	15：57：30	15：58：32	62.249	R0008	10
12DG	16：44：15	16：45：17	62.249	R0008	11
12DG	18：13：30	18：14：32	62.249	R0008	12
12DG	19：44：00	19：45：02	62.249	R0006	13
12DG	21：18：30	21：19：32	62.249	R0006	14
…	…	…	…	…	…

由此易知，采用本章所提出的客运站股道运用计划编制排序模型与算法，可以较快地制订出合理的客运站股道运用计划(目标函数值为 220.92321，耗时 2710 ms)，上述结果中的股道、站台、进路、轨道电路等客运资源起止占用时刻能够精确至秒，进一步提升计算结果实时执行的可靠性，符合列车快速运行的需要。

同时，我们还可以将上述模型与算法推广至其他大型、复杂的客运站时也能取得较好的效果。例：某铁路客运站的某个日计划(18：00—次日 18：00)内，客运站到发旅客列车共 218 列，其中，直通旅客列车 82 列(含正线通过列车 8 列)，立折、始发、终到旅客列车 44 对，始发和终到旅客列车 24 对。站场用于办理旅客列车到发作业的股道线路有 13 条，其中，18G 为机车走行线，办理营业的旅客列车规定在 6G、8G、10G、12G、14G、16G、20G、IIIG、5G 上办理，5 个客运站台。公交化列车只准在 6G、8G 上办理；办理通过作业的特快旅客列车规定在 IG、IIG 或 IIIG 办理；其他信息如列车信息、进路信息、股道固定运用方案等，详见列车时刻表、联锁表、《车站行车工作细则》等文件。

采用两种方法分别编制股道运用计划：单纯由车站值班员编制、采用铁路股道运用决策支持系统编制。根据编制结果分别统计股道占用次数，结果见表 2-7。

表 2-7　股道占用次数对比表

股道	5G	IIIG	IG	IIG	4G	6G	8G	10G	12G	14G	16G	18G	20G
站调编制	11	9	12	30	0	35	43	19	12	12	16	0	19
系统编制	11	10	20	22	0	34	41	17	16	15	16	0	16

从表 2-7 中的统计结果可看出两者的共同之处在于：4G 和 18G 没有办理接发列车作业，这是由于 4G 为无站台线路，18G 为机车走行线，均不宜办理旅客列车的接发作业；6G 和 8G 办理列车数较多，体现了列车公交化的特点；为了提高客运站咽喉通过能力，5G 和 IIIG 主要用来接发第三线(单线铁路)的列车，列车数量较少；IG、IIG 办理正线通过列车作业或无客运业务列车作业，体现了客运站股道运用技术作业特点与股道固定使用方案的作用。

系统编制股道运用计划的过程中，由系统提供的人-机接口即可沟通与车站值班员的联系，体现目标函数式(2-26)的作用即体现车站值班员对股道运用的人工干预，如特定列车在特定客运站停靠特定股道；不同的值班员对股道运用过程中所遇到的非结构化因素的处理方式亦不同。系统编制的股道运用计划不仅能够保证安全、满足客运站行车技术作业要求，相对站调编制的方案而言，不仅更加便于客运站作业组织和旅客上下车作业，更符合股道、站台均衡使用的要求，比较两种方案说明，由系统编制的股道运用计划优化效果明显。

第3章 铁路客技站车底取送计划编制优化模型与算法

客技站客车车底作业组织是客运站日常运输生产活动的基础，直接关系到旅客列车能否按图正点运行。作为客技站核心工作之一的车底作业问题主要包括车底取送、调机运用和车底停留线运用三方面的内容，是客技站所属客运站自律智能管理的重要组成部分。综合考虑车底取送、调机运用和车底停留线运用影响因素，结合车底在客运站和客技站的技术作业过程，在分析车底取送作业计划编制排序问题和车底作业耦合窗时排序问题的基础上构建车底取送模型、车底停留线运用模型以及车底停靠、调车作业和车底取送耦合窗时排序模型，设计车底作业优化算法与自律耦合优化算法，以解决铁路客技站车底取送计划编制优化问题。

3.1 问题描述与分析

3.1.1 车底作业计划编制优化问题

旅客列车在客运站需要办理的作业包括客运服务作业、客运业务和技术作业。按照列车种类的不同，旅客列车需要办理的技术作业一般可分为3类：

(1)始发、终到旅客列车。包括列车接发、机车摘挂、列车技术检查、车底取送等；

(2)通过列车。包括列车接发、机车换挂或整备等；

(3)市郊(通勤)列车。包括列车接发、机车摘挂及车底取送等。

其中，客车车底出入库作业、车底停留线运用和调机运用合理安排是旅客列车在客运站作业顺畅的关键所在。如何快捷合理地编制车底出入库、车底停留线运用和调机运用计划，即是合理编制铁路客技站车底作业安排计划（即车底作业计划编制优化问题）亟需解决的问题。在保证车站各项行车技术安全的前提下，客技站车底作业计划编制优化问题应实现或达到以下 4 个目标：

（1）制订合理的车底出入库时刻安排表（取送时刻表）。

制订客技站车底取送计划是在客运站股道运用计划的基础上进行的，在制订客运站股道运用计划时，需要明确始发和终到旅客列车开始和终止占用股道的时刻。车站值班员在编制计划时，一般是按照《车站行车工作细则》中规定的始发和终到作业时间标准确定始发和终到旅客列车开始和终止占用股道的时刻。一旦明确了始发和终到旅客列车开始和终止占用股道的时刻，便确定了每个车底进出客技站的时刻，即车底出入库时刻安排表（取送时刻表）。为保证客车车底及时地腾空股道，保证旅客正常上下车作业，或在计划执行的过程中仅仅依靠始发和终到作业时间标准无法满足车站作业需求，这就需要在保证顺利组织车站作业的前提下，合理地调整始发和终到旅客列车开始和终止占用股道的时刻，便于旅客上下车和其他车站作业的统筹安排。

（2）制订办理车底出入库作业的调机运用计划。

我国目前使用的车底可以分为两类：一是客车车底本身具有动力源，可以短距离自行实现调移作业，如动车组，动车组进出客技站或客车整备所以及动检所不需要额外的调车机车实现车底的调移作业；二是本身不具有动力源的客车车底，目前我国大部分客车车底都属于这种类型，正是由于这部分车底本身无法实现调移作业，需要额外安排调车机车实现相应的调车作业。对于客车车底作业来说，便需要制订办理车底出入库作业的调机运用计划，以便客车车底能够及时地办理出入库作业，确保顺利完成客车车底在客技站的整备作业、车底在车站到发场的旅客上下车、列检作业，保证不间断接发列车和列车正点运行。

调机办理某项车底取送作业时，有时会因为调机和车底不在同一位置，这就需要调机在办理该项车底取送作业之前，先单机运行到车底所在股道后才能办理车底取送作业。为此，还需要制订单机运用计划。

（3）制订车底停留线运用方案。

客车车底由车站到发场进入客技站后，需要安排合适的车底停留线供其占用。车底停留线有的有地沟和天网，有的仅有地沟或天网，不同的车底对所占用车底停留线有不同的要求，如动车组有专门的线路供其占用。制订合理的车底停留线运用方案也是客技站车底作业的重要组成部分，车底停留线运用方案的好坏直接关系到客车车底的整备作业，进而影响客车车底所属旅客列车的相关作业。

（4）均衡合理运用调机、车底停留线、股道等设备，使车站各项资源利用率趋于平衡。

在制订车底出入库时刻安排表、办理车底出入库作业的调机运用计划、车底停留线运用方案的过程中，涉及车站的各项作业，如接发车作业、调车作业、车底取送作业、车底整备作业等；涉及与这些作业相关的所有资源如调机、股道线路以及进路等。均衡使用这些资源，对提高车站作业效率，平衡车站相关人员的作业量具有十分重要的意义。

影响车底作业的因素包括列车种类、性质、到发密集程度和车站设施设备（到发线、调机、车底停留线等）的具体分工，客车车底作业的具体影响因素在第2章已做详细介绍。客车车底在客技站技术作业流程示意图如图3-1所示。其中ARRIVE、DEPARTURE分别表示车底所属到达列车已办理终到作业且可以办理车底入库作业和车底所属始发列车未办理始发作业且已办理完车底出库作业的标记，即分别表示车底在客技站作业的开始和终止标记（或车底所属列车在客运站办理终到和始发作业的终止和开始标记）；Z_1、Z_2 分别表示负责送车作业的调机集合和负责取车作业的调机集合；m_1、m_2 分别表示负责送车作业和取车作业的调机的数量。

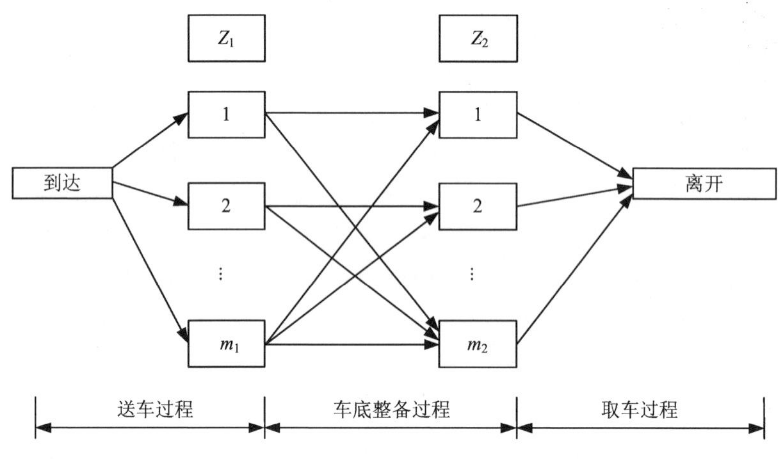

图3-1 车底在客技站技术作业流程示意图

由图3-1可知，车底在客技站作业全过程包括送车过程、车底整备过程以及取车过程三个子过程。显然，客技站车底作业计划编制优化问题包括车底出入库作业安排和车底停留线占用安排两个子问题，以调车作业或车底出入库时间为纽带将二者联系起来。

3.1.2 车底作业计划编制复合排序

客车车底作业计划编制优化问题包括车底出入库作业安排和车底停留线占用安排两个子问题。对于前者，将客车车底看成工件，取车和送车过程即车底出入库所用的调机看成机器，将利用调机办理车底取送作业看成工件在两组机器上流水作业的加工过程；对于后者，将客车车底看成工件，车底停留线看成机器，车底占用车底停留线的过程看成工件在机器上的加工过程，即车底作业计划编制优化问题看成车底作业计划编制排序问题。显然，车底作业计划编制排序问题也是一类新型复合排序问题。

（1）车底作业计划编制排序问题是一个可控排序问题。

车底作业计划编制排序问题中客车车底在车站股道、调机、在车底停留线上的加工时间都不是固定的常数，加工时间的长短直接关系到列车能否正点运用和符合必要的作业时间要求，因此在解决车底作业计划编制排序问题时，需要明确工件在机器上的加工时间，进而制订客车车底作业计划。另外，通过控制或调整车底的权重制订更加合理的客车车底作业计划。因此，车底作业计划编制排序问题是一个可控排序问题。

（2）车底作业计划编制排序问题是一个按时完工的准时排序问题。

车底作业计划编制排序问题中的工件延误可能会导致列车不能正点运行，提前可能会引起与其他作业冲突、造成资源不必要的浪费，这就需要车底作业计划编制排序问题中所涉及的工件不能提前或延误，必须准时完工交货，无论工件提前或延误，均看作误工，都需要付出代价。因此，车底作业计划编制排序问题是一个按时完工的准时排序问题。

（3）车底作业计划编制排序问题是一个可恢复资源的排序问题。

车底作业计划编制排序问题除了涉及工件（车底）和机器（调机、车底停留线）外，还涉及到车站的其他资源，如进路（含轨道电路、信号、道岔等）。这些资源在工件加工的过程中会被占用，但一旦加工完成（车底出清进路），资源又会被释放，并且这些资源不会随着加工作业而消耗。因此，车底作业计划编制排序问题是一个可恢复资源的排序问题。

（4）车底作业计划编制排序问题是一个随机排序问题。

加工时间可能会波动、工件的到达可能是随机的，机器发生故障也是随时可能，这些情况在车底作业计划编制排序问题都是很有可能出现的。如工件的到达时间会因为车底在车站股道停靠时间的变动而变化，调机在取送车底时的加工时间也是各不相同的，客车车底在车底停留线上的停靠时间即加工时间也是随机变化的。调机、车底停留线、信号机、道岔等资源或机器随时都有可能发生故障。因此，需要从概率论的角度去研究这些问题，车底作业计划编制排序问题是一个随机排序问题。在处理这些问题的时候，主要是先变更相应的时间或故障，对于每次操作都是事先给定的，是固定的，但是每个操作之间又是随机变动的。

（5）车底作业计划编制排序问题是一个模糊排序问题。

在车底出入库作业安排子问题中，送车作业中工件到达时间的初始值是依据终到旅客列车到达车站的时间向后顺推一个终到作业时间标准和调机入库作业时间标准确定的；取车作业交货期的初始值是根据始发旅客列车离开车站的时间往前逆推一个始发作业时间标准和调机出库作业时间标准确定的。

客运站股道运用计划也是安排此时的股道运用方案，为了使车底取送作业过程对股道运用方案影响达到最小，应尽量使工件的到达时间和交货期尽可能与初始时间一致。为此，考虑准时排序问题，给出取送作业的工件到达时间和交货期的隶属函数，用来描述车站调度员对工件到达时间和交货期的满意程度。

考虑准时排序问题，设取送作业的工件到达时间的隶属函数为 $u_j(r_{jls})$：

$$u_j(r_{jls})=\begin{cases}0 & r_{jls}<r_j-e'_{1j}\\ 1+\dfrac{|r_{jls}-r_j|}{e'_{1j}} & r_j-e'_{1j}\leqslant r_{jls}\leqslant r_j\\ 1-\dfrac{|r_{jls}-r_j|}{e''_{1j}} & r_j<r_{jls}\leqslant r_j+e''_{1j}\\ 0 & r_j+e''_{1j}<r_{jls}\end{cases} \tag{3-1}$$

式(3-1)中 r_j、r_{jls}、e'_{1j}和 e''_{1j}分别表示由作业时间标准确定的工件到达时间、实际的工件到达时间、工件到达允许提前时间和允许延误时间。工件到达时间适当提前对既有的客运站股道运用方案影响较小，能够及时地腾空车站股道，满意度将变大；工件的到达时间延误会延长原有车底占用车站股道的时间，对原有的客运站股道运用方案影响较大，随着延误的时间变大这种影响会逐步严重。

考虑准时排序问题，设取送作业的工件交货期的隶属函数为 $u_j(d_{jls})$：

$$u_j(d_{jls})=\begin{cases}0 & d_{jls}<d_j-e'_{2j}\\ 1-\dfrac{|d_{jls}-d_j|}{e'_{2j}} & d_j-e'_{2j}\leqslant d_{jls}\leqslant d_j\\ 1+\dfrac{|d_{jls}-d_j|}{e''_{2j}} & d_j<d_{jls}\leqslant d_j+e''_{2j}\\ 0 & d_j+e''_{2j}<d_{jls}\end{cases} \tag{3-2}$$

式(3-2)中 d_j、d_{jls}、e'_{2j}和 e''_{2j}分别表示由作业时间标准确定的工件交货期、实际的工件完工时间、完工期限的允许提前时间和允许延误时间。工件交货期提前会延长原有车底占用车站股道的时间，对原有的客运站股道运用方案影响较大，随着延误的时间变大这种影响会逐步严重；工件交货期适当延误会缩短车底占用股道时间，但又不会影响旅客上下车作业，对原有的客运站股道运用方案影响较小。因此，车底作业计划编制排序问题是一个模糊排序问题。

(6)车底作业计划编制排序问题是一个多目标排序问题。

由前面对车底作业计划编制排序问题分析易知，该问题是一个典型的多目标问题，既要制订科学合理的车底取送方案、调机运用计划、车底停留线运用计划等，还要考虑调机、股道线路等车站资源的均衡使用问题，从第 1 类和第 3 类多目标排序的角度出发研究该问题。

(7) 车底作业计划编制排序问题还是一个柔性流水作业排序问题。

柔性流水作业排序问题也称为混合流水作业排序问题，是一类复杂的车间作业排序问题，柔性流水作业排序问题是平行机排序问题和同顺序作业排序问题的扩展。在柔性流水作业排序问题中，设有 s 个处理机中心：Z_1，Z_2，…，Z_s；第 l 个处理机中心 Z_l 中有 m_l 个同速机；任意两个处理机中心之间具有无限的存储能力；有 n 项作业：J_1，J_2，…，J_n，作业 J_j 有 s 道工序：T_{1j}，T_{2j}，…，T_{sj}，工序 T_{lj}的加工时间为 p_{lj}，$p_{lj} \geqslant 0$，$l = 1, 2, \cdots, s$，$j = 1, 2, \cdots, n$；工序 T_{lj}可在处理机中心 Z_l 中的任意一个处理机即机器上加工。那么，该问题通常记为：

$$FFs \mid m_1, m_2, \cdots, m_s \mid f \tag{3-3}$$

式(3-3)中的 f 表示作业完工时间的不减函数。图 3-2 表示的是柔性流水作业排序问题，由图 3-1 和图 3-2 易知，车底作业计划编制排序问题是一个具有两个处理机中心的柔性流水作业排序问题。

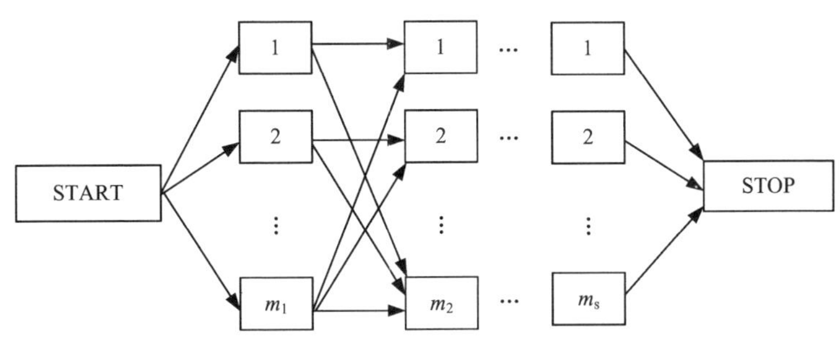

图 3-2　柔性流水作业排序问题

因车底作业计划编制排序问题具有上述这些排序问题的特征，车底作业计划编制排序问题即为复合排序问题。为了更好地描述车底作业计划编制排序问题，结合此类复合排序的特征，分析车底取送作业计划编制排序问题和车底作业耦合窗时排序问题，构建相应的排序模型，进而提出客技站车底作业计划编制方法。

3.2　车底作业计划编制排序问题

对于车底作业计划编制排序问题，通过把不确定的因素转化为确定性因素，构建调机、车底停留线等资源可释放或恢复、加工时间和完工期限可控、具有两个处理机中心的柔性流水作业性质多目标排序模型即客车车底取送模型；对于车底停留线占用安排子问题，构建固定工件的同速机多目标排序模型即车底停留线运用模型；并以车底出入库时间为纽带将客车车底取送模型和车底停留线运用模型联系起来。

3.2.1 客车车底取送模型

以客车车底、调机运用为研究对象，利用排序理论，建立以加权误工数为第一优化目标，调机均衡使用为第二优化目标，具有柔性流水作业性质的客车车底取送模型，用于描述客车车底的取送车过程，制订客车车底出入库时间表、专门用于负责办理客车车底取送作业的调机运用计划和单机运用计划。

车底取送作业隶属于调车作业范畴，其作业的重要性程度要低于行车作业，对于大型的客运站来说，为提高咽喉通过能力，会在某段时间内禁止办理车底取送业务。由于车底停留线、信号机、道岔、轨道电路等设备可能会发生故障，此时在故障时段内，与此相关的进路无法开通。目前我国部分车站（如广州东站）有动力源车底的整备作业（如动车组），为研究方便，做以下两个定义：

定义 3.1 虚拟调机。虚拟调机与“实际调机”的性能相同。自身具有动力源的车底（如动车组）的调移作业必须由“虚拟调机”来完成，其引入数量按实际需求确定取值，虚拟调机和其他实际调机之间无属性差别。

定义 3.2 车底时间窗（Carriage Time – Window，即 CT – Window）。车底时间窗指车站作业高峰期时段，为提高咽喉通过能力和保证行车作业而禁止办理调车作业的时段；或车站硬件设施设备维修或进路封锁时段，由车站值班员按实际情况由日（班）计划给出，即施工时间窗（Maintenance time window）。

为描述方便，在模型的描述过程中，将虚拟调机视为实际调机，没有特殊说明外，下文的调机包括虚拟调机和实际调机两类；在算法描述时，把二者分开。时间窗的具体取值可由车站调度员根据车站的实际情况给出，在制订客技站车底作业计划时，将客运站股道运用相关的接发车进路也可看成时间窗，这样车底取送作业和车站的接发车作业就不会产生交叉，而出现敌对进路同时开通的情况。

客车车底取送模型基于以下 3 个前提：

(1)调机分工明确。对于某些既可用于办理车底出库作业，又能办理车底入库作业的调机视作“两台”调机，这“两台”调机在同一时刻视为一台调机；

(2)一个车底在同一时间内只能占用一台调机，一旦占用则直至完成该次作业时止，中途不能由其他调机占用该车底；一台调机在同一时间内只能被一项作业占用，直至该项作业完毕；

(3)所有调机的运行速度都相同，调机停靠在客技站或客运站到发场。

设某日（班）计划内共有 n 个车底需要办理相关作业（如车底入库作业、整备作业和出库作业），则车底集合 $J=\{J_1, J_2, \cdots, J_n\}$。车底 $J_j(j=1, 2, \cdots, n)$到

达车站的时刻为 x_{1j}，离开车站的时刻为 y_{1j}，车底的权重为 w_j；车底所属列车的始发作业时间和终到作业时间分别为 τ_{sf}、τ_{zd}，单机往返车站到发场和客技站的作业时间为 T_r；车底 J_j 的入库作业和出库作业分别记为 T_{1j} 和 T_{2j}，其作业时间分别为 p_{1j} 和 p_{2j}，且 $p_{1j} \geqslant 0$，$p_{2j} \geqslant 0$；车底 J_j 的必要整备作业时间记为 t_j，最早可能入库时刻和最晚可能出库时刻分别记为 t_{Rfirst_j}、t_{Clast_j}。

可供车站用于办理客运列车出入库作业的调机共 m 台，则调机集合 $Z_0 = \{E_1, E_2, \cdots, E_m\}$，专门负责办理入库作业调机集合为 Z_1 和出库作业的调机集合 Z_2 的数量分别为 m_1、m_2，其中，$Z_0 = Z_1 \cup Z_2$，$m \leqslant m_1 + m_2$。调机 $E_k(k=1, 2, \cdots, m)$ 被车底占用次数 $\chi_k \in \{\chi_k | 0 \leqslant \chi_k \leqslant n, \chi_k \in \mathbf{Z}\}$；用 e_k 表示调机 E_k 是否为虚拟调机，若调机 E_k 为虚拟调机，则 $e_k = 1$，否则 $e_k = 0$。

其中，车底 J_j 到达车站的时刻 x_{1j} 和离开车站的时刻 y_{1j} 依据列车时刻表确定取值；始发作业时间 τ_{sf}、终到作业时间 τ_{zd}、单机往返作业时间 T_r、入库作业时间 p_{1j}、出库作业时间 p_{2j} 和整备作业时间 t_j 均依据《车站行车工作细则》、相关文件和实际情况确定取值；车底 J_j 的最早可能入库时刻 t_{Rfirst_j} 和最晚可能出库时刻 t_{Clast_j} 分别按式(3-4)、式(3-5)确定：

$$t_{\mathrm{Rfirst}\_j} = |x_{1j}| + \tau_{zd} \tag{3-4}$$

$$t_{\mathrm{Clast}\_j} = |y_{1j}| - \tau_{sf} - p_{2j} \tag{3-5}$$

其中：式(3-4)、式(3-5)中的 $|x_{1j}|$、$|y_{1j}|$ 为车底所属车次到、发时刻经适当转换后所表示的实数，时间段 18:00—次日 18:00 经转换后的对应的实数区间为 $[-360, 1080]$。

视车底集合为加工工件，车底 J_j 的最早可能入库时刻 t_{Rfirst_j} 为对应工件的到达时间（或称就绪时间）r_j，最晚可能出库时刻 t_{Clast_j} 为对应工件的完工期限（或称交货期）d_j，整备作业时间 t_j 为对应工件的传递时间。视负责办理入库作业的调机集合 Z_1 和出库作业的调机集合 Z_2 为两组处理机中心，处理机中心 Z_1、Z_2 的所有机器均为同速机。其中，第一个处理机中心 Z_1 的各调机调整时间依次为 a_i $(i=1, 2, \cdots, m_1)$；第二个处理机中心 Z_2 中各调机调整时间依次为 $b_i(i=1, 2, \cdots, m_2)$。

调机 $E_i(i=1, 2, \cdots, m)$ 的调整时间可按下列原则确定：若在入库或出库之前，其负责入库或出库作业的调机需要单机运行，则其调整时间 a_i 或 b_i 视为一个单机走行时间 T_r；否则 a_i 或 b_i 为0。即第一个处理机中心——入库调机集合各调机调整时间为：

$$a_i = \begin{cases} T_r & \text{调机 } E_i \text{ 与车底 } J \text{ 不在同一位置} \\ 0 & \text{其他} \end{cases} \quad (E_i \in Z_1) \tag{3-6}$$

第二个处理机中心——出库调机集合各调机调整时间为：

$$b_i=\begin{cases}T_r & \text{调机 } E_i \text{ 与车底 } J \text{ 不在同一位置}\\ 0 & \text{其他}\end{cases}\quad (E_i\in Z_2) \tag{3-7}$$

因车底出入库作业时间相差不大，以调机 E_k 被占用次数 χ_k 的方差 S_χ^2 来体现调机使用的均衡性。设 D_j 表示车底 J_j 所属车次是否晚点。其中，$D_j=1$ 表示车底 J_j 所属的列车车次不能正点运行；$D_j=0$ 表示车底 J_j 所属的列车车次正点运行。

视车底在站的出入库作业为加工工件在车间的流水作业，并以加工工件总误工数 $\sum w_jD_j$ 最小为第一优化目标和调机占用次数的方差 S_χ^2 最小为第二优化目标建立具有两个处理器中心、时间窗且不可中断的柔性流水作业的车底取送第 3 类多目标排序模型，记为模型 M_1（采用国际使用的三参数 $\alpha|\beta|\gamma$ 表示法），如式（3-8）所示：

$$M_1: FF2|m,\ r_j,\ t_j,\ w_j,\ d_j,\ a_i,\ b_i,\ T_{1j},\ T_{2j},\ p_{1j},\ p_{2j},\ \text{CT}-\text{Window}|f\left(\sum_{j=1}^{n} w_jD_j,\ S_\chi^2\right) \tag{3-8}$$

式中，$S_\chi^2=\sum_{k=1}^{m}\left(\chi_k-\sum_{l=1}^{m}\chi_l/m\right)^2$。

车底出入库作业除了涉及调机、客车车底等资源外，还涉及车站与进路相关的资源，现综合考虑这些资源约束，保证行车安全，对车底取送模型 M_1 进行改进，提出基于资源的车底取送模型 M_1'。

设调机 $E_k(k=1,2,\cdots,m)$ 在办理车底出入库作业时，第 h 次被占用或单机运行的时间区段为 $[S'_{kh},E'_{kh}]$，$h=\{1,2,\cdots,H_k\}$，H_k 为调机 E_k 被占用的总次数。在办理客车车底 $J_j(j=1,2,\cdots,n)$ 的入库作业和出库作业时，占用送车进路 R_{j1} 和取车进路 R_{j2} 的时间区段分别为 $[S_{j1},E_{j1}]$ 和 $[S_{j2},E_{j2}]$，调机单机往返客技站与车站时占用进路 R_{dj} 的时间区段为 $[S_{dj},E_{dj}]$，$dj=\{1,2,\cdots,\text{DCou}\}$，其中 DCou 为单机运行的最大次数，$R_{j1}\in R$，$R_{j2}\in R$，$R_{j3}\in R$。进路集合 $R=\{R_1,R_2,\cdots,R_{k'},\cdots,R_{\max1}\}$，进路 R_i 是由股道电路路段组成的集合，$R_i=\{\text{set}_{i1},\text{set}_{i2},\cdots,\text{set}_{iK_i}\}$，max1 为进路的总数量，$K_i$ 为进路 R_i 的路段总数量，进路及轨道电路可根据车站联锁表确定。

考虑调机、进路等资源，车底取送模型 M_1 可进一步改写成基于资源的车底取送模型 M_1'，具体描述如下：

$$M_1': FF2|m,\ r_j,\ t_j,\ w_j,\ d_j,\ a_i,\ b_i,\ T_{1j},\ T_{2j},\ p_{1j},\ p_{2j},\ \text{CT}-\text{Window}|f\left(\sum_{j=1}^{n} w_jD_j,\ S_\chi^2\right) \tag{3-9}$$

s. t.

$$f\left(\sum_{j=1}^{n} w_jD_j,\ S_\chi^2\right)=\lambda_1 q\sum_{j=1}^{n} w_jD_j+\lambda_2 S_\chi^2$$

$$\lambda_1, \lambda_2 \geqslant 0 \text{ 且 } \lambda_1 + \lambda_2 = 1 \tag{3-10}$$

$$T_{1j} > T_{2j}, \ \forall j \in \{1, 2, \cdots, n\} \tag{3-11}$$

$$E_{k[S'_{kh}, E'_{kh}]} \cap E_{k[S'_{kh}, E'_{kh'}]} = \varnothing \quad E_k \in Z_0, h \neq h', \forall h, h' \in \{1, 2, \cdots, H_k\} \tag{3-12}$$

$$R_{j1[S_{j1}, E_{j1}]} \cap R_{j1'[S_{j1}, E_{j1}]} = \varnothing \quad R_{j1}, R_{j1'} \in R, j1 \neq j1', \forall j1, j1' \in \{1, 2, \cdots, n\} \tag{3-13}$$

$$R_{j2[S_{j2}, E_{j2}]} \cap R_{j2'[S_{j2}, E_{j2}]} = \varnothing \quad R_{j2}, R_{j2'} \in R, j2 \neq j2', \forall j2, j2' \in \{1, 2, \cdots, n\} \tag{3-14}$$

$$R_{dj[S_{dj}E_{dj}]} \cap R_{dj'[S_{dj}, E_{dj}]} = \varnothing \quad R_{dj}, R_{dj'} \in R, dj \neq dj', \forall dj, dj' = \{1, 2, \cdots, \mathrm{DCou}\} \tag{3-15}$$

$$R_{j1[S_{j1}, E_{j1}]} \cap R_{j2[S_{j1}, E_{j1}]} = \varnothing \quad R_{j1}, R_{j2} \in R, \forall j1, j2 \in \{1, 2, \cdots, n\} \tag{3-16}$$

$$R_{j1[S_{j1}, E_{j1}]} \cap R_{dj[S_{j1}, E_{j1}]} = \varnothing \quad R_{j1}, R_{dj} \in R, \forall j1 \in \{1, 2, \cdots, n\}, dj = \{1, 2, \cdots, \mathrm{DCou}\} \tag{3-17}$$

$$R_{j2[S_{j2}, E_{j2}]} \cap R_{dj[S_{j2}, E_{j2}]} = \varnothing \quad R_{j2}, R_{dj} \in R, \forall j2 \in \{1, 2, \cdots, n\}, dj = \{1, 2, \cdots, \mathrm{DCou}\} \tag{3-18}$$

其中，式(3-9)表示两个处理器中心，具有到达时间、传递时间、权重、完工期限、调整时间、时间窗等加工特性、要求和限制，以加权总误工数最小为第一层优化目标、调机均衡使用为第二层优化目标的柔性流水作业第3类多目标排序问题；式(3-10)表示通过构造权函数把多目标排序转化为单目标排序，其中 q 表示因工件误工所造成的损失时分数；式(3-11)表示工件 J_j 的两道工序 T_{1j} 和 T_{2j} 之间的先后顺序，即客车车底入库作业这道工序必须在出库这道工序之前；式(3-12)表示调机在同一时间内只能被同一项作业(含入库作业、出库作业和单机作业)占用；式(3-13)、式(3-14)、式(3-15)分别表示入库作业占用进路之间、出库作业占用进路之间、单机作业占用进路之间不能出现敌对进路同时开通的情形；式(3-16)、式(3-17)、式(3-18)分别表示入库作业和出库作业占用进路之间、入库作业和单机作业占用进路之间、出库作业和单机作业占用进路之间不能出现敌对进路同时开通的情形。

3.2.2 车底停留线运用模型

根据客车车底取送模型，可以确定客车车底的出入库时间表和调机运用计划，根据车底出入库时间表和车底占用调机起止时间便可确定车底占用客技站或客车整备所内的车底停留线的起止时间，以此制订车底停留线运用方案。在描述车底停留线运用问题的时候，需要考虑客车车底对所停靠车底停留线的特殊要求(如车底停留线是否有地沟、天网等)，车底与车底停留线之间存在一种映射关系。在此基础上，构建以误工数最小为第一优化目标，车底停留线均衡使用为第二优化目标的固定工件第3类多目标排序问题，用于解决客技站或客车整备所的车底停留线运用问题。

车底停留线运用模型基于以下3个前提：

(1)一个车底同一时间内只能占用一条车底停留线，一旦占用某一车底停留线就不允许有其他车底占用该车底停留线，直至该车底离开该停留线时止；

(2)不考虑调机在连挂、摘解或整理作业时占用车底停留线的时间；

(3)车底一旦入库，一定会在入库后的某个时刻出库。

设车底 J_j 到达客技站的时刻为 x_{2j}，离开客技站的时刻为 y_{2j}；客技站有 m_3 条车底停留线，车底停留线集合为 $M'=\{m'_1, m'_2, \cdots, m'_{m_3}\}$；车底 J_j 和车底停留线之间的映射关系可形式化表示为 ϕ: $J \to M'$。

视车底集合为待加工工件集合 J，车底 J 和车底停留线 M' 之间的映射关系 ϕ: $J \to M'$(用“J - Mapping”表示)视为工件的加工特性；车底停留线视为加工机器 M'，车底停留线 $m'_k\{k=1, 2, \cdots, m_3\}$ 被车底 J_j 所占用次数用 θ_k 表示，其中，$\theta_k \in \{\theta_k | 0 \leqslant \theta_k \leqslant n, \theta_k \in = \mathbf{Z}\}$；工件 J_j 的加工时间为 p_j。其中，工件 J_j 到达客技站的时刻 x_{2j}、离开客技站的时刻 y_{2j}、加工时间 p_j 分别按式(3-19)、式(3-20)、式(3-21)确定：

$$x_{2j} = |x_{1j}| + \tau_{zd} + p_{1j} + \delta_{1j} \tag{3-19}$$

$$y_{2j} = |y_{1j}| - \tau_{sf} - p_{2j} + \delta_{2j} \tag{3-20}$$

$$p_j = y_{2j} - x_{2j} \tag{3-21}$$

式中，δ_{1j}、δ_{2j}为车底 J_j 办理入库作业和出库作业所需实际时间的修正偏差量，按实际情况确定取值，取值可正可负。

设车底停留线占用时间 $t_z^k(z=1, 2, \cdots, \theta_k)$ 为车底停留线 $m'_k(k=1, 2, \cdots, m_3)$ 每次被占用的时间跨度，用车底停留线总占用时间 $\sum\limits_{z=1}^{\theta_k} t_z^k$ 的方差 S_θ^2 来衡量车底停留线运用的均衡性，则 S_θ^2 按式(3-22)计算：

$$S_\theta^2 = \sum_{k=1}^{m_3}\left(\sum_{z=1}^{\theta_k} t_z^k - \frac{1}{m_3}\sum_{k=1}^{m_3}\sum_{z=1}^{\theta_k} t_z^k\right)^2 \tag{3-22}$$

为保证行车技术作业安全，在由车底的入库时刻 x_{2j}和出库时刻 y_{2j}组成的时间区段$[x_{2j}, y_{2j}]$内，对任一车底 J_j 必须在时刻 x_{2j}后安排于某一车底停留线，其分配的车底停留线在时刻 y_{2j}之前不能再被其他车底占用。将制订车底停留线运用方案看成制订工件在机器上的加工安排方案，以加权误工数最小、机器(车底停留线)均衡使用为第二优化目标函数建立车底停留线运用第3类多目标排序模型，记为模型 M_2(采用国际使用的三参数 $\alpha|\beta|\gamma$ 表示法)：

$$M_2: Pm' \mid \text{FixedJob, J-Mapping} \mid f\left(\sum_{j=1}^{n} w_j D_j,\ S_\theta^2\right) \tag{3-23}$$

车底停留线占用安排子问题涉及客技站内部的股道线路、客车车底等资源，从安全的角度出发，考虑车底停留线在同一时段内只能被一个车底占用，车底在同一时间内只能占用一个车底停留线，直至其离开时止。车底 J_j 占用车底停留线 $m'_k(k=1, 2, \cdots, m_3)$的时间区段为$[x_{2j}, y_{2j}]$。

考虑准时排序问题、工件的到达时间和交货期隶属函数，结合车底停留线、客车车底等资源，车底停留线运用模型 M_2 可进一步改写成基于资源的车底停留线运用模型 M'_2，具体描述如下：

$$M'_2: Pm' \mid \text{FixedJob, J-Mapping}, u_j(r_{jls}), u_j(d_{jls}) \mid f\left(\sum_{j=1}^{n} w_j u_j,\ S_\theta^2\right) \tag{3-24}$$

s. t.

$$f\left(\sum_{j=1}^{n} w_j u_j,\ S_\theta^2\right) = -\lambda'_1 q' \sum_{j=1}^{n} w_j u_j + \lambda'_2 S_\theta^2 \quad \lambda'_1, \lambda'_2 \geqslant 0 \text{ 且 } \lambda'_1 + \lambda'_2 = 1 \tag{3-25}$$

$$\sum_{k=1}^{m_3} x_{m'_k[x_{2j}, y_{2j}]} \leqslant 1 \quad \forall j \in \{1, 2, \cdots, n\} \tag{3-26}$$

$$x_{m'_k[x_{2j}, y_{2j}]} = 0 \text{ or } 1 \quad \forall k \in \{1, 2, \cdots, m\},\ \forall j \in \{1, 2, \cdots, n\} \tag{3-27}$$

$$\sum_{j=1}^{n} y_{m'_k[x_{2j}, y_{2j}]} \leqslant 1 \quad \forall k \in \{1, 2, \cdots, m_3\} \tag{3-28}$$

$$y_{m'_k[x_{2j}, y_{2j}]} = 0 \text{ or } 1 \quad \forall k \in \{1, 2, \cdots, m_3\},\ \forall j \in \{1, 2, \cdots, n\} \tag{3-29}$$

$$u_j(r_{jls}) = \begin{cases} 0 & r_{jls} < r_j - e'_{1j} \\ 1 + \dfrac{|r_{jls} - r_j|}{e'_{1j}} & r_j - e'_{1j} \leqslant r_{jls} \leqslant r_j \\ 1 - \dfrac{|r_{jls} - r_j|}{e''_{1j}} & r_j < r_{jls} \leqslant r_j + e''_{1j} \\ 0 & r_j + e''_{1j} < r_{jls} \end{cases} \tag{3-30}$$

$$u_j(d_{jls}) = \begin{cases} 0 & d_{jls} < d_j - e'_{2j} \\ 1 - \dfrac{|d_{jls} - d_j|}{e'_{2j}} & d_j - e'_{2j} \leqslant d_{jls} \leqslant d_j \\ 1 + \dfrac{|d_{jls} - d_j|}{e''_{2j}} & d_j < d_{jls} \leqslant d_j + e''_{2j} \\ 0 & d_j + e''_{2j} < d_{jls} \end{cases} \tag{3-31}$$

其中，式(3-24)表示以加权满意程度最大为第一层优化目标、车底停留线均衡使用为第二层优化目标，带时间窗的固定工件多目标模糊排序问题；式(3－25)表示通过构造权函数把多目标排序转化为单目标排序，其中 q' 表示因工件提前或误工所造成的损失时分数；式(3－26)表示车底 J_j 在客技站内最多占用一条车底停留线，直至其离开时止；式(3－27)表示车底占用车底停留线的0－1决策变量约束，若车底 J_j 在时间区段为 $[x_{2j}, y_{2j}]$ 内在用车底停留线 m'_k，则 $x_{m'_k[x_{2j}, y_{2j}]}=1$，否则 $x_{m'_k[x_{2j}, y_{2j}]}=0$；式(3－28)表示一条车底停留线同时最多被一个车底占用；式(3－29)表示车底停留线被车底占用的0－1决策变量约束，若车底停留线 m'_k 在时间区段为 $[x_{2j}, y_{2j}]$ 内被车底 J_j 占用，则 $y_{m'_k[x_{2j}, y_{2j}]}=1$，否则 $y_{m'_k[x_{2j}, y_{2j}]}=0$；式(3－30)、式(3－31)分别表示工件(车底)到达时间和完工期限(交货期)的隶属函数。

3.2.3 计算复杂度分析

排序问题是一类组合最优化问题，求解排序问题的基本思路是，应用或借鉴求解其他组合最优化问题的方法，并利用排序问题本身的特殊性质，以确定满足约束条件的最优排序。如果排序问题具有多项式算法，从实际应用角度，我们说该问题已解决；然而很多重要的排序问题是NP－Hard问题。如果用分支定界法、动态规划等巧妙的穷举法求解这类问题的精确最优问题，当问题的规模较大时是不可行的。因此，需采用一些比较实用的方法，在较短的时间内求出能够接受的近似最优排序，获得满意解。

H. M. Wagner把 $n/m/P/C_{\max}$ 问题转化为一个等价的整数规划问题，Danzig等人把旅行商问题转化为等价的具有负边长的最短路问题。如果能在多项式的时间范围内把一个问题 Q_1 转化为另一个问题 Q_2，即问题 Q_1 可按多项式方式化为问题 Q_2，用符号简单地标示为：$Q_1 \propto Q_2$。

设给出问题 Q_1 的一个实例大小为 v，通过 $P(v)$ 次运算($P(v)$ 为多项式函数)，转化为问题 Q_2 的一个实例，则问题 Q_2 的实例大小一定不会超过 $P(v)$，因为问题 Q_2 的实例的每一个字符在产生过程中起码有一次运算。

设 $Q_1 \propto Q_2$，而 Q_2 为P类问题，则 Q_1 一定也是P类问题。因为 Q_1 的一个实例(大小为 v)经过 $P(v)$ 次运算变成问题 Q_2 的一个实例(大小不会超过 $P(v)$)。由 Q_2 为P类问题可得出 Q_2 的实例可在多项式时间范围内(如 $q(\eta)$ 内)求解，则问题 Q_1 的实例可在 $P(v)+q(P(v))$ 时间范围内求解，$P(v)+q(P(v))$ 仍为一个多项式。反之，如果 Q_1 不是P类问题，则 Q_2 也不可能是P类问题。如果 $Q_1 \propto Q_2$，则 Q_2 至少和 Q_1 一样难以解决。

转化过程具有传递性：如果 $Q_1 \propto Q_2$，$Q_2 \propto Q_3$，则 $Q_1 \propto Q_3$。

由此可得出命题3.1和3.2：

命题3.1 若判定问题 Q_1 可多项式地归结为判定问题 Q_2，$Q_2 \in \mathrm{P}$，则 $Q_1 \in \mathrm{P}$。

命题3.2 若判定问题 Q_1 可多项式地归结为判定问题 Q_2，$Q_1 \in$ NP－Hard，则 $Q_2 \in$ NP－Hard。

E. M. Arkin 和 E. B. Silverberg 于1987年提出了如下排序问题：给定工件集 $J=\{J_1, J_2, \cdots, J_n\}$，每一个工件在一固定的加工时区 $[J_i=(x_i, y_i)]$ 加工后得效益为 W_i(权)，机器集合 $M=\{M_1, M_2, \cdots, M_m\}$，工件与机器之间存在一个映射 φ: $J \to M$ 或 ϕ: $M \to J$，如何安排工件的加工顺序使加工部分(全部)工件后获得效益最大?

显然，若机器能将这 n 个加工工件全部加工，则所获得效益最大；否则，在权大工件尽量安排的加工方案是最优方案。与此对应的是不加工(放弃)工件权最小，这样上述排序问题按所定义的目标变量 U_t 可以记为：

$$Pm \mid \text{FixedJob, J-Mapping} \mid \sum W_i U_i$$

E. M. Arkin 和 E. B. Silverberg 证明了 $W_i=1$ 的情况下上述排序问题是 NP－Hard 问题。即排序问题 $Pm \mid \text{FixedJob, J-Mapping} \mid \sum U_i$ 是一个 NP－Hard 问题。

$Pm \mid \text{FixedJob, J-Mapping} \mid \sum U_i$ 是一个 NP－Hard 问题，根据问题转化过程的传递性，$Pm \mid \text{FixedJob, J-Mapping} \mid \sum U_i$ 可多项式地归结为式(3－8)、式(3－9)、式(3－23)、式(3－24)所表示的排序问题；按照命题3.2，易知排序问题 M_1、M_1'、M_2 和 M_2' 均为 NP－Hard 问题，即客技站车底作业问题是一个 NP－Hard 问题。

由于客技站车底作业问题是一个 NP－Hard 问题，且规模较大，运用分支定界法、动态规划等巧妙的穷举法去解决这类问题的精确最优问题，所消耗的时间较长；铁路客技站现场车底作业和调车作业瞬息万变的情况下显然是不可行的。如何设计客技站车底作业问题的算法求解该问题的满意解是该模型得以实际运用的关键所在。基本排序问题是在工件的就绪时间都为零的情况下使目标函数为最小的单台机器排序问题。基本排序问题的目标函数、相应排序问题名称和计算复杂性具体如表3－1所示。

表3－1 基本排序问题

目标函数/min	排序问题及其简称	最优解或 NP 难题
f_{max}	最大费用(排序)问题	Lawler 算法
C_{max}	最大完工时间(排序)问题	任何排法
L_{max}	最大延误(排序)问题	EDD 序
T_{max}	最大延误(排序)问题	EDD 序
$\sum F_j$	总费用(排序)问题 简称为费用(排序)问题	

续表 3 - 1

目标函数 /min	排序问题及其简称	最优解或 NP 难题
$\sum C_j$	总完工时间(排序)问题 简称为完工时间(排序)问题	SPT 序
$\sum w_j C_j$	带权总完工时间(排序)问题 简称为带权完工时间(排序)问题	WSPT 序
$\sum T_j$	总延误(排序)问题 简称为延误(排序)问题	NP - Hard
$\sum w_j T_j$	带权总延误(排序)问题 简称为带权延误(排序)问题	NP - Hard
$\sum U_j$	误工工件个数最少(排序)问题 简称为误工(排序)问题	Moore - Hodgson 算法
$\sum w_j U_j$	带权误工工件个数最少(排序)问题 简称为带权误工(排序)问题	NP - Hard

注：Lawler 算法是由后往前逐步确定工件的顺序；EDD(Earliest Due Date)序是按工件交货期(完工期限、误工期)非降的次序排列；SPT(Shortest Processing Time)序是按工件加工时间非减的次序排列；WSPT(Weighted Shortest Processing Time)序是按工件单位权值的加工时间非减的次序排列；Moore - Hodgson 算法是结合 EDD 法则和工件的加工时间长短进行设计的。

由表 3 - 1 易知，排序问题 M_1、M_1'、M_2 和 M_2'不能直接运用既有基本排序问题的求解算法。为了快速高效地求解客技站车底作业问题的满意解，结合客运站和客技站车底作业过程、松弛算法和近似算法的特性，且需把排序问题 M_1' 和M_2'二者有机结合起来，设计一种高效的启发式算法，求解该问题。

3.2.4 算法设计

由 3.2.3 节易知排序问题 M_1、M_1'、M_2 和 M_2'均为 NP - Hard 问题。利用排序理论，结合车底作业资源更新过程，在松弛时间窗的基础上，以车底出入库时刻为纽带将两个模型联系起来，设计相应的启发式算法。首先，对入库车底按“先到先入库”、出库车底按“先发先出库”的原则进行合理排序，运用原始算法制订车底作业初始方案；然后，通过对当前解进行局部扰乱，运用解改进优化策略使得当前解逐步向最优解靠近，从而制订更加合理的车底作业方案。

3.2.4.1 车底作业资源更新过程

客技站车底作业问题涉及进路、车底停留线、调机等资源，这些资源都是可恢复性资源，具体的更新过程在算法、程序设计过程中非常重要。在研究进路抽取问题及其算法的基础上，提出进路、车底停留线、调机等资源的更新算法。进路是由一段段轨道电路组成的，因此进路的更新过程经由车站联锁表进行适当转化后变成轨道电路更新过程，客技站车底作业资源更新过程实际是指对轨道电路、车底停留线、调机等资源的更新过程。资源更新过程主要包括资源占用和资源释放两个子过程；按资源类别可分为进路（或轨道电路）更新子过程、股道更新子过程和调机更新子过程。

（1）进路更新子过程。

进路更新子过程是指铁路车站行车作业和调车作业活动占用和释放进路资源，进路资源主要包括道岔、信号机、轨道电路（不含车站到发线和车底停留线所在轨道电路）等资源，其中轨道电路的占用与释放过程能准确地体现随之对应进路的占用和释放过程。因此，对于进路更新子过程关键在于进路抽取检测和轨道电路更新两个环节，规定进路占用时间、进路释放时间、作业类型等，主要检查轨道电路是否被占用或存在敌对信号、维修施工等信息。

（2）股道更新子过程。

股道包括车站的车底停留线、到发线、机车走行线等。股道更新子过程是指某项行车和调车作业欲占用某条股道，需检查在作业时间段内该股道是否空闲，若空闲则可以被该项作业所占用，封锁股道；否则在这个时间段不能安排该项作业。一旦某股道被占用，就不允许被其他作业所占用，确保运输生产安全。

（3）调机更新子过程。

调机更新子过程是客车车底（动车组车底除外）能否安全调移的关键，是车站作业能否通畅的保证，也是客技站车底取送作业得以顺利安全实施的关键所在。调机更新子过程与某时刻调机所处的状态、物理位置（如调机位于车站到发场、客技站、其他车场或车站）等信息密切相关，调机更新子过程应该考虑调机使用的均衡性。

3.2.4.2 车底作业原始算法

Step 1：对于入库车底，计算其最早入库时刻 x_j'，且 $x_j'=r_j$；对于出库车底，计算其最晚出库时刻 y_j'，若 $x_j'<y_j'$，则 $y_j'=d_j$，否则 $y_j'=d_j+t_{\text{day}}$，其中 $t_{\text{day}}\in\{t_{\text{day}}|t_{\text{day}}\geqslant 1440,\ t_{\text{day}}\in Z\}$。

Step 2：确定调机 $m(m\in Z_1\cup Z_2)$ 所处状态，$\theta_k=0$；修正车底的最早入库时刻 x_j' 和最晚出库时刻 y_j'；$\chi_l=0(l=1,2,\cdots,m)$。

Step 3：对于入库车底，按其最早入库时刻 x_j' 由先到后进行排序，即 $x_j'<x_{j+1}'$ 时 $x_j'>x_{j+1}'$，否则 $x_j'<x_{j+1}'$；若最早入库时刻相等，则按最晚出库时刻由先到后排序，即 $x_j'=x_{j+1}'$ 且 $y_j'<y_{j+1}'$ 时 $x_j'>x_{j+1}'$，反之，则 $x_j'<x_{j+1}'$，由此构成序列Ⅰ，共 n 项。

对于出库车底，按其最晚出库时刻 y_j' 由先到后排序，即 $y_j'<y_{j+1}'$ 时 $y_j'>y_{j+1}'$，否则 $y_j'<y_{j+1}'$；若最晚出库时刻相等，则按最早入库时刻由先到后排序，即 $y_j'=y_{j+1}'$ 且 $x_j'<x_{j+1}'$ 时 $y_j'>y_j'+1$，反之，则 $y_j'<y_j'+1$，由此构成序列Ⅱ，共 n 项。

Step 4：对于序列Ⅰ和序列Ⅱ，按由先到后的顺序排列构成序列Ⅲ，其中相邻的前后两项应满足：$y'_j > y'_{j+1}$或$x'_j > x'_{j+1}$或$y'_j > x'_{j+1}$或$x'_j > y'_{j+1}$，共$2n$项。

Step 5：$j=1$。

Step 6：结合客技站车底作业资源更新算法，对于序列Ⅲ中J_i：

（1）若J_j来源于序列Ⅰ，则安排调机$E_j(E_j \in Z_1)$，若E_j空闲且占用次数较少，则E_j被占用，修改各调机所处的状态及相应的调整时间a_i或b_i，$\chi_l = \chi_l + 1$（$E_l = E_j$，$E_l \in Z$）。若没有合适的调机供该车底使用时，则调整车底出入库作业时间，转Step 2。

按下列原则给车底J_j分配合适的停留线m'_k：

①停留线m'_k和车底J_j满足ϕ：$J \to M'$映射关系；

②停留线m'_k空闲，进路可行；

③优先选择停留线占用次数较少的。

若存在，则将车底J_j分配给m'_k，$\theta_k = \theta_k + 1$；否则调整车底出入库时刻，转Step 2。

（2）若J_j来源于序列Ⅱ，则安排调机$E_j(E_j \in Z_2)$，若E_j空闲且占用次数较少，则E_j被占用，修改各调机所处的状态及相应的调整时间a_i或b_i，$D_j = 0$，$j = j + 1$，若$E_l = E_j$，$E_l \in Z$，则$\chi_l = \chi_l + 1$，转Step 7。若没有合适的调机供该车底使用（即此时$D_j = 1$），则调整车底出入库作业时刻，转Step 2。

Step 7：若$j \geqslant 2n$成立，转Step 8；否则，转Step 6。

Step 8：输出各车底的取、送作业时间表、调机安排和停留线运用计划；统计

$$\sum w_j D_j、\sum w_j u_j、S^2\chi = \sum_{k=1}^{m}(\chi_k - \sum_{l=1}^{m}\chi_l/m)^2 \text{ 和} \sum_{k=1}^{m_3}(\theta_k - \sum_{l=1}^{m_3}\theta_l/m_3)^2。$$

3.2.4.3 解改进优化策略

对原始算法的具体解改进优化策略可采取以下4种策略，即时间优化、调机优化、股道优化和“人－机”优化策略。

（1）时间优化策略。

时间优化策略是指利用公式（3－1）和式（3－2），通过小范围适当修正车底出入库时间、调机往返作业时间、调机出入库时间等来优化车底作业计划表。

（2）调机优化策略。

调机优化策略是指通过固定某些调机运用或交换某两个车底的调机运用，达到优化的目的。

（3）股道优化策略。

股道优化策略是指通过调整车底停留线与车底之间的映射关系或调整车底占用停留线的优先度达到优化的目的。

（4）“人—机”优化策略。

“人—机”优化策略是指利用人机接口实现对程序的干预功能，制订出更符合

实际、更人性化的车底作业计划表。

3.2.4.4 客技站车底作业优化算法

Step 1：调用车底原始算法，并将所获得的车底作业计划表置为初始方案和当前处理方案。

Step 2：检查当前处理方案是否满足以下条件：

(1)车底出入库作业满足时间窗(CT－Window)的限制；

(2)车底在客技站的停留时间满足整备作业时间；

(3)车底所属的列车车次能够按运行图正点运行，即 $\sum w_jD_j = 0$ 。

若满足，则算法终止，输出方案；否则，转下一步。

Step 3：采取不同的解改进优化策略对原始算法进行改进，对当前处理方案进行小范围调整，进而制订新的车底作业计划表。

Step 4：比较新的方案与当前处理方案，选择较优的方案置为下一阶段的处理方案，转 Step 2。

3.3 客车车底作业耦合窗时排序问题

车底在站作业主要包括车底所属列车到发作业、车底出入库或取送作业及整备作业等，涉及行车和调车作业系统，二者之间的干扰问题严重制约我国铁路调度集中系统的快速发展。车底作业计划编制排序问题考虑了车底停留线运用的工件(客车车底)到达时间和交货期的隶属函数，尚未考虑车底取送作业的时间窗问题(如车底停靠股道、车底停留线的时间窗，取送调车作业的时间窗)，现对车底作业耦合窗时排序问题进行研究。基于资源和时间窗的车底作业耦合相关模型与算法不仅是解决铁路客技站车底作业耦合问题和行调车作业干扰问题的关键所在，也是实现铁路客技站分散自律控制的重要内容。利用现代排序理论，构建基于资源和时间窗的车底作业相关模型与算法，快速制订车底在站作业计划(包括车底取送时刻表、股道与调机运用、进路占用计划)，解决车底在站作业耦合问题和行调车作业干扰问题，充分运用车站各项资源。

基于以下2个前提：

(1)1个车底在同一时间只能占用1条股道，一旦占用则直至离去时止，中途不能转到其他股道；

(2)1个车底在同一时间只能占用1台调机，一旦占用则直至完成该项作业时止，中途不能转用其他调机。

3.3.1 车底停靠窗时排序模型

设某日(班)计划内共有 n 个车底需办理始发和终到作业、车底取送作业和整备作业，则车底集合 $J=\{J_1, J_2, \cdots, J_n\}$，所属始发、终到旅客列车集合分别为 J^{sf} 和 J^{zd}。车底 $J_j(j=1, 2, \cdots, n)$ 所属终到旅客列车 J_j^{zd} 到达和离开客运站到发场的时刻为 x_{1j}、y_{1j}，车底 J_j 到达和离开客技站整备场的时刻为 x_{2j}、y_{2j}，车底 J_j 所属始发旅客列车 J_j^{sf} 到达和离开客运站到发场的时刻为 x_{3j}、y_{3j}。车底 J_j 所属列车办理始发和终到作业、车底出库和入库作业、整备作业时间分别为 p_j^{sf}、p_j^{zd}、p_j^{qc}、p_j^{sc} 和 p_j^{zb}；列车 J_j^{sf}、J_j^{zd} 的车底 J_j 到达和离开客运站到发场的时间窗分别为 $[r_j^{sf\_d}{}_j, c_j^{sf\_d}]$、$[r_j^{zd\_f}, c_j^{zd\_f}]$，车底 J_j 到达和离开客技站整备场的时间窗分别为 $[r_j^d, c_j^d]$、$[r_j^f, c_j^f]$。

设客运站到发场用于办理客运业务的到发线有 m_{dfc} 条，客技站整备场内用于办理车底整备作业的车底停留线有 m_{zbc} 条（含虚拟车底停留线，用于停靠立折旅客列车车底），则到发线集合 $M_{dfx}=\{m_1^{dfx}, m_2^{dfx}, \cdots, m_{dfc}^{dfx}\}$、车底停留线集合 $M_{cdx}=\{m_1^{cdx}, m_2^{cdx}, \cdots, m_{zbc}^{cdx}\}$；车底所属始发旅客列车 J^{sf} 与到发线 M_{dfx}、终到旅客列车 J^{zd} 与到发线 M_{dfx}、车底 J 和车底停留线 M_{cdx} 之间的映射关系可形式化地表示为 $\phi^{sf}: J^{sf}\to M_{dfx}$、$\phi^{zd}: J^{zd}\to M_{dfx}$ 和 $\phi^{cd}: J\to M_{cdx}$。设集合 $\overline{J}$ 和 $\overline{M}$ 分别表示由车底及其所属始发终到旅客列车所构成的车次集合、由到发线和车底停留线所构成的股道集合，即 $\overline{J}=J\cup J^{sf}\cup J^{zd}$、$\overline{M}=M_{dfx}\cup M_{cdx}$，二者之间的映射关系可改写为 $\phi^{tk}: \overline{J}\to\overline{M}$，集合 $\overline{J}$ 和 $\overline{M}$ 中元素个数分别为 $n_{tk}=3n$、$m_{tk}=m_{dfc}+m_{zbc}$。

其中，车底 J_j 所属列车 J_j^{sf}、J_j^{zd} 离开和到达客运站到发场时刻 y_{3j}、x_{1j} 依据列车时刻表确定取值；车底 J_j 的最早可能入库时间和最晚可能入库时间 $r_j^{zd\_f}$、$c_j^{zd\_f}$，最早可能到达到发场时间和最晚可能到达到发场时间 $r_j^{sf\_d}$、$c_j^{sf\_d}$ 均依据《车站行车工作细则》、相关文件和车站实际情况确定取值；作业时间参数 p_j^{sf}、p_j^{zd}、p_j^{qc}、p_j^{sc} 和 p_j^{zb} 按《车站行车工作细则》中规定的相关作业时间标准 τ^{sf}、τ^{zd}、τ^{qc}、τ^{sc}、τ^{zb}、τ^{dj}（单机作业时间标准）和车站实际情况确定取值。

车底 J_j 到达和离开客技站整备场的时间窗 $[r_j^d, c_j^d]$、$[r_j^f, c_j^f]$ 可改写为 $[r_j^{zd\_f}+p_j^{sc}, c_j^{zd\_f}+p_j^{sc}]$、$[r_j^{sf\_d}-p_j^{qc}, c_j^{sf\_d}-p_j^{qc}]$；时间参数 y_{1j}、x_{2j}、y_{2j}、x_{3j} 分别按式（3-32）~式（3-35）计算：

$$y_{1j}=x_{1j}+p_j^{zd} \tag{3-32}$$

$$x_{2j}=x_{1j}+p_j^{zd}+p_j^{sc}=y_{3j}-p_j^{sf}-p_j^{qc}-p_j^{zb} \tag{3-33}$$

$$y_{2j}=x_{1j}+p_j^{zd}+p_j^{sc}+p_j^{zb}=y_{3j}-p_j^{sf}-p_j^{qc} \tag{3-34}$$

$$x_{3j}=y_{3j}-p_j^{sf} \tag{3-35}$$

设终到旅客列车 J_j^{zd}、车底 J_j 和始发旅客列车 J_j^{sf} 可占用的到发线或车底停留线的数量即有限度分别为 θ_j^{zd}、θ_j^{cd}、θ_j^{sf}，权重分别为 ω_j^{zd}、ω_j^{cd}、ω_j^{sf}，权重向量 $\boldsymbol{\omega}_j^{tk}=(\omega_j^{zd}, \omega_j^{cd}, \omega_j^{sf})^T$ 的各分量依据列车的等级、类别等信息确定取值；股道 m_k' 的权重

ω_k^{track}，按车站衔接线路与咽喉布置、各方向行车量及映射关系 ϕ^{tk}：$\overline{J}\to\overline{M}$ 等信息确定取值；有限度向量 $\boldsymbol{\theta}_j^{\text{tk}}=(\theta_j^{\text{zd}},\ \theta_j^{\text{cd}},\ \theta_j^{\text{sf}})^{\text{T}}$ 的各分量依据映射关系 ϕ^{tk}：$\boldsymbol{J}\to\boldsymbol{M}$ 确定取值；车站施工维修时间窗为 MT - Window，由车站调度员根据现场实际情况确定。车站联锁表中的进路集合 $R=\{R_1,R_2,\cdots,R_{k'},\cdots,R_{\max 1}\}$，其中，$\max_1$ 为进路的总数量，则车底 J_j 所属列车 J_j^{sf}、J_j^{zd} 占用发车、接车进路 R_j^{fc} 和 R_j^{jc}（$R_j^{\text{fc}}\in R$、$R_j^{jc}\in R$）的时间窗分别为 $[S_j^{\text{fc}},\ E_j^{\text{fc}}]$、$[S_j^{\text{jc}},\ E_j^{\text{jc}}]$。设 $t_z^k(z=1,2,\cdots,\theta_k^{num})$ 表示股道 $m_k'(m_k'\in\overline{M})$ 每次被占用的时间跨度，以加权股道总占用时间的方差 S_{tk}^2 来衡量股道运用的均衡性。则 S_{tk}^2 按式（3-36）计算：

$$S_{\text{tk}}^2=\sum_{k=1}^{m_{\text{tk}}}\left(\sum_{z=1}^{\theta_k^{num}}t_z^k-\frac{1}{m_{\text{tk}}}\sum_{k=1}^{m_{tk}}\sum_{z=1}^{\theta_k^{num}}t_z^k\right)^2 \tag{3-36}$$

设 D_j^{zd}、D_j^{zb}、D_j^{sf} 分别表示终到旅客列车 J_j^{zd}、车底 J_j 和始发旅客列车 J_j^{sf} 是否被安排在合适的股道上。$D_j^{\text{zd}}=0$、$D_j^{\text{zb}}=0$、$D_j^{\text{sf}}=0$ 分别表示 J_j^{zd}、J_j、J_j^{sf} 在时间窗 $[x_{1j},\ y_{1j}]$、$[x_{2j},\ y_{2j}]$、$[x_{3j},\ y_{3j}]$ 内能安排在合适的股道上，且 $y_{1j}\in[r_j^{\text{zd\_f}},\ c_j^{\text{zd\_f}}]$，$x_{2j}\in[r_j^{\text{d}},\ c_j^{\text{d}}]$，$y_{2j}\in[r_j^{\text{f}},\ c_j^{\text{f}}]$，$x_{3j}\in[r_j^{\text{sf\_d}},\ c_j^{\text{sf\_d}}]$；否则 $D_j^{\text{zd}}=1$，$D_j^{\text{zb}}=1$，$D_j^{\text{sf}}=1$。

视车底 J_j 及其所属始发终到旅客列车 J_j^{sf}、J_j^{zd} 为加工工件 $\overline{J}_j$，股道 m_k' 为机器，维修时间窗 MT - Window 和股道与车底的映射关系 ϕ^{tk}：$\overline{J}\to\overline{M}$（以“J - Mapping$_1$”表示）视为工件的加工特性，将制订车底停靠计划看成制订工件在机器上的加工安排方案。设工件到达时间向量、交货期限向量、加工时间和误工向量分别为 $\boldsymbol{r}_j^{\text{tk}}=(x_{1j},\ x_{2j},\ x_{3j})^{\text{T}}$、$\boldsymbol{d}_j^{\text{tk}}=(y_{1j},\ y_{2j},\ y_{3j})^{\text{T}}$、$\boldsymbol{p}_j^{\text{tk}}=(p_j^{\text{zd}},\ p_j^{\text{zb}},\ p_j^{\text{sf}})^{\text{T}}$ 和 $\boldsymbol{D}_j^{\text{tk}}=(D_j^{\text{zd}},\ D_j^{\text{zd}},\ D_j^{\text{sf}})^{\text{T}}$，则以加权总误工数 $\sum\limits_{\forall j}((\boldsymbol{\omega}_j^{\text{tk}})^{\text{T}}\boldsymbol{D}_j^{\text{tk}})$ 最小为第一优化目标，股道均衡使用 S_{tk}^2 为第二优化目标建立车底停靠第3类多目标窗时排序模型即车底停靠窗时排序模型，采用排序理论国际通用的三参数 $\alpha|\beta|\gamma$ 表示法，记为 TDW：

$$Pm_{\text{tk}}\,|\,\boldsymbol{r}_j^{\text{tk}},\ \boldsymbol{d}_j^{tk},\ \boldsymbol{p}_j^{\text{tk}},\ \boldsymbol{\omega}_j^{\text{tk}},\ \text{MT - Window},\ \text{J - Mapping}_1\,|\,f\Big(\sum_{\forall j}((\boldsymbol{\omega}_j^{\text{tk}})^{\text{T}}\boldsymbol{D}_j^{\text{tk}}),\ S_{\text{tk}}^2\Big) \tag{3-37}$$

s. t.

$$f\Big(\sum_{\forall j}((\boldsymbol{\omega}_j^{\text{tk}})^{\text{T}}\boldsymbol{D}_j^{\text{tk}}),\ S_{\text{tk}}^2\Big)=\lambda'_1q'\sum_{\forall j}((\boldsymbol{\omega}_j^{\text{tk}})^{\text{T}}\boldsymbol{D}_j^{\text{tk}})+\lambda'_2S_{\text{tk}}^2\quad \lambda'_1,\ \lambda'_2\geqslant 0\text{ 且 }\lambda'_1+\lambda'_2=1 \tag{3-38}$$

$$r_{J[S_j^{\text{fc}},\ E_j^{\text{fc}}]}^{\text{fc}}\cap R_{j'[S_j^{\text{fc}},\ E_j^{\text{fc}}]}^{\text{fc}}=\varnothing R_j^{\text{fc}},\ R_{j'}^{\text{fc}}\in R,\ i\neq j',\ \forall j,\ \forall j' \tag{3-39}$$

$$R_{j[S_j^{\text{jc}},\ E_j^{\text{jc}}]}^{\text{jc}}\cap R_{j'[S_j^{\text{jc}},\ E_j^{\text{jc}}]}^{\text{jc}}=\varnothing\quad R_j^{\text{jc}},\ R_{j'}^{\text{jc}}\in R,\ i\neq j',\ \forall j,\ \forall j' \tag{3-40}$$

$$R_{j[S_j^{\text{jc}},\ E_j^{\text{jc}}]}^{\text{jc}}\cap R_{j'[S_j^{\text{jc}},\ E_j^{\text{jc}}]}^{\text{fc}}=\varnothing\quad R_j^{\text{jc}},\ R_{j'}^{\text{fc}}\in R,\ \forall j,\ \forall j' \tag{3-41}$$

$$\sum_{k=1}^{m_{ik}}x_{m_k'[\boldsymbol{r}_j^{\text{tk}},\ \boldsymbol{d}_j^{\text{tk}}]}\leqslant 1\quad \forall j \tag{3-42}$$

$$x_{m'_k[\boldsymbol{r}_j^{\mathrm{tk}},\ \boldsymbol{d}_j^{\mathrm{tk}}]} = 0 \text{ or } 1 \quad \forall k,\ \forall j \tag{3-43}$$

其中，式(3－38)表示通过构造权函数把多目标排序转化为单目标排序，其中 q' 表示因工件误工所造成的损失时分数；式(3－39)～式(3－41)分别表示发车进路、接车进路、接发车进路之间不存在敌对进路同时开通；式(3－42)表示车底在同一时间内最多占用一条股道；式(3－43)表示车底停靠股道的 0－1 变量约束，若车底 $\bar{J}_j$ 在时间区段 $[\boldsymbol{r}_j^{\mathrm{tk}},\ \boldsymbol{d}_j^{\mathrm{tk}}]$ 内停靠股道 m'_k，则 $x_{m'_k[\boldsymbol{r}_j^{\mathrm{tk}},\ \boldsymbol{d}_j^{\mathrm{tk}}]}=1$，否则 $x_{m'_k[\boldsymbol{r}_j^{\mathrm{tk}},\ \boldsymbol{d}_j^{\mathrm{tk}}]}=0$。

3.3.2 调车作业窗时排序模型

对于自身具有动力源的车底如动车组，无需额外的调机即可办理车底取送作业，立折旅客列车无需办理车底取送作业，为研究方便，引入适当数量的虚拟调机。设可供车站用于办理车底取送作业的调机(含虚拟调机)有 m_{dc} 台，则调机集合 $M_{\mathrm{dj}}=\{E_1,\ E_2,\ \cdots,\ E_{m_{\mathrm{dc}}}\}$，调机 $E_k(k=1,\ 2,\ \cdots,\ m_{\mathrm{dc}})$ 办理车底取送作业时所消耗的总时间为 χ_k(办理各项作业所耗时间之和)；用 e_k 表示调机 E_k 是否为虚拟调机，若调机 E_k 为虚拟调机，则 $e_k=1$，否则 $e_k=0$。办理车底入库作业 T_{2j} 时，车底入库作业的到达时间和交货期为 y_{1j}、x_{2j}，对应的时间窗分别为 $[r_j^{\mathrm{zd\_f}},\ c_j^{\mathrm{zd\_f}}]$、$[r_j^{\mathrm{d}},\ c_j^{\mathrm{d}}]$；办理车底出库作业 T_{4j} 时，车底出库作业的到达时间和交货期为 y_{2j}、x_{3j}，对应的时间窗分别为 $[r_j^{\mathrm{f}},\ c_j^{\mathrm{f}}]$、$[r_j^{\mathrm{sf\_d}},\ c_j^{\mathrm{sf\_d}}]$。设调机 E_k 在办理车底取送作业时，第 h 次被占用或单机运行的时间区段为 $[S'_{kh},\ E'_{kh}]$，$h=\{1,\ 2,\ \cdots,\ H_k\}$，$H_k$ 为调机 E_k 被占用的总次数；以调机占用总时间 χ_k 的方差 $S_\chi^2\left(S_\chi^2=\sum_{k=1}^{m_{\mathrm{dc}}}\left(\chi_k-\sum_{l=1}^{m_{\mathrm{dc}}}\chi_l/m_{\mathrm{dc}}\right)^2\right)$ 来体现调机使用的均衡性。在办理客车车底 $J_j(j=1,\ 2,\ \cdots,\ n)$ 的入库作业和出库作业时，占用送车进路 $R_{j1}(R_{j1}\in R)$ 和取车进路 $R_{j2}(R_{j2}\in R)$ 的时间区段分别为 $(S_{j1},\ E_{j1})$ 和 $(S_{j2},\ E_{j2})$；调机单机往返客技站与车站时占用进路 $R_{dj}(R_{dj}\in R)$ 的时间区段为 $[S_{dj},\ E_{dj}]$。其中，$j_1,\ j_2\in\{1,\ 2,\ \cdots,\ n\}$，$d_j\in\{1,\ 2,\ \cdots,\ \mathrm{count}\}$，count 为单机运行的最大次数。

设 $D_j^{\mathrm{sc}}=0$、$D_j^{\mathrm{qc}}=0$ 分别表示车底在时间窗 $(y_{1j},\ x_{2j})$、$(y_{2j},\ x_{3j})$ 内能安排在合适的调机上，且 $y_{1j}\in[r_j^{\mathrm{zd\_f}},\ c_j^{\mathrm{zd\_f}}]$，$x_{2j}\in[r_j^{\mathrm{d}},\ c_j^{\mathrm{d}}]$，$y_{2j}\in[r_j^{\mathrm{f}},\ c_j^{\mathrm{f}}]$，$x_{3j}\in[r_j^{\mathrm{sf\_d}},\ c_j^{\mathrm{sf\_d}}]$；否则 $D_j^{\mathrm{sc}}=1$，$D_j^{\mathrm{qc}}=1$。视车底为加工工件，调机为机器，维修时间窗 MT－Window、权重向量 $\boldsymbol{\omega}_j^{\mathrm{dc}}=(\omega_j^{\mathrm{zd}},\ \omega_j^{\mathrm{sf}})^{\mathrm{T}}$、车底与调机之间的映射关系 ϕ^{dj}：$(J^{\mathrm{sf}}\cup J^{\mathrm{zd}})\to M_{\mathrm{dj}}$(以“J－Mapping”表示)视为工件的加工特性，将车底取送作业过程看成工件在机器上的加工过程。设工件到达时间向量、交货期限向量、加工时间和误工向量分别为 $\boldsymbol{r}_j^{\mathrm{dc}}=(y_{1j},\ y_{2j})^{\mathrm{T}}$、$\boldsymbol{d}_j^{\mathrm{dc}}=(x_{2j},\ x_{3j})^{\mathrm{T}}$、$\boldsymbol{p}_j^{\mathrm{dc}}=(p_j^{\mathrm{sc}},\ p_j^{\mathrm{qc}})^{\mathrm{T}}$ 和 $\boldsymbol{D}_j^{\mathrm{dc}}=(D_j^{\mathrm{sc}},$

$D_j^{qc})^{\mathrm{T}}$，则以加权总误工数$\sum_{\forall j}((\boldsymbol{\omega}_j^{dc})^{\mathrm{T}}\boldsymbol{D}_j^{dc})$最小为第一优化目标、调机均衡使用$S_\chi^2$为第二优化目标，建立车底取送作业第3类多目标窗时排序模型即调车作业窗时排序模型，记为CDW：

$$Pm_{dc}\,|\,\boldsymbol{r}_j^{dc},\ \boldsymbol{d}_j^{dc},\ \boldsymbol{p}_j^{dc},\ \boldsymbol{\omega}_j^{tk},\ \mathrm{MT-Window},\ \mathrm{J-Mapping_2}\,|f(\sum_{\forall j}((\boldsymbol{\omega}_j^{dc})^{\mathrm{T}}\boldsymbol{D}_j^{dc}),\ S_\chi^2) \tag{3-44}$$

s. t.

$$f(\sum_{\forall j}((\boldsymbol{\omega}_j^{dc})^{\mathrm{T}}\boldsymbol{D}_j^{dc}),\ S_\chi^2)=\lambda_1 q\sum_{\forall j}((\boldsymbol{\omega}_j^{dc})^{\mathrm{T}}\boldsymbol{D}_j^{dc})+\lambda_2 S_\chi^2\quad \lambda_1,\ \lambda_2\geqslant 0\text{ 且 }\lambda_1+\lambda_2=1 \tag{3-45}$$

$$T_{2j}>T_{4j}\quad \forall j \tag{3-46}$$

$$E_{k[S'_{kh},\,E'_{kh}]}\cap E_{k[S'_{kh'},\,E'_{kh'}]}=\varnothing\quad E_k\in M_{dj},\ h\neq h',\ \forall h,\ \forall h' \tag{3-47}$$

$$R_{j1[S_{j1},\,E_{j1}]}\cap R_{j1'[S_{j1},\,E_{j1}]}=\varnothing\quad R_{j1},\ R_{j1'}\in R,\ j1\neq j1',\ \forall j1,\ \forall j1' \tag{3-48}$$

$$R_{j2[S_{j2},\,E_{j2}]}\cap R_{j2'[S_{j2},\,E_{j2}]}=\varnothing\quad R_{j2},\ R_{j2'}\in R,\ j2\neq j2',\ \forall j2,\ \forall j2' \tag{3-49}$$

$$R_{dj[S_{dj},\,E_{dj}]}\cap{}_{dj'[S_{dj},\,E_{dj}]}=\varnothing\quad R_{dj},\ R_{dj'}\in R,\ dj\neq dj',\ \forall dj,\ \forall dj' \tag{3-50}$$

$$R_{j1[S_{j1},\,E_{j1}]}\cap R_{j2[S_{j1},\,E_{j1}]}=\varnothing\quad R_{j1},\ R_{j2}\in R,\ \forall j1,\ \forall j2 \tag{3-51}$$

$$R_{j1[S_{j1},\,E_{j1}]}\cap R_{dj[S_{j1},\,E_{j1}]}=\varnothing\quad R_{j1},\ R_{dj}\in R,\ \forall j1,\ \forall dj \tag{3-52}$$

$$R_{j2[S_{j2},\,E_{j2}]}\cap R_{dj[S_{j2},\,E_{j2}]}=\varnothing\quad R_{j2},\ R_{dj}\in R,\ \forall j2,\ \forall dj \tag{3-53}$$

其中，式(3-45)表示通过构造权函数把多目标排序转化为单目标排序，其中q表示因工件误工所造成的损失时分数；式(3-46)表示车底出入库作业的先后顺序，即车底入库作业T_{2j}必须在出库作业T_{4j}之前；式(3-47)表示调机在同一时间内只能被同一项作业(包括入库作业、出库作业和单机作业)占用；式(3-48)~式(3-50)分别表示入库、出库和单机作业之间不能存在敌对进路同时开通的情况；式(3-51)~式(3-53)分别表示入库和出库作业之间、入库和单机作业之间、出库和单机作业之间不能存在敌对进路同时开通的情况。

3.3.3 车底取送耦合窗时排序模型

车底在站技术作业过程依次包括车底终到作业T_{1j}、入库作业T_{2j}、整备作业T_{3j}、出库作业T_{4j}和始发作业T_{5j} 5个子过程($T_{1j}>T_{2j}>T_{3j}>T_{4j}>T_{5j}$)。车底停靠和取送作业窗时排序模型TDW、CDW从局部角度描述了车底在站作业问题；现以车站各项设施设备等公共资源为基础，耦合车底在站各项技术作业。车底取送时刻表是制订调车作业计划的依据，行车和调车作业的干扰问题在一定程度上可转化为车底取送和旅客列车时刻表的匹配问题。综合考虑车底作业准时、窗时排序问题，以车底取送时刻表为耦合因子，构造客技站整备场内车底到达时间和交货期满意度的隶属函数，以衡量行车和调车作业之间的干扰程度。

利用3.1.2节中车底取送作业工件(车底)到达时间的隶属函数 $u_j(r_{jls})$、交货期的隶属函数 $u_j(d_{jls})$ 的计算公式(3-1)、式(3-2)来描述客技站整备场内车底到达时间和交货期满意度的隶属函数。

客技站整备场内车底到达时间满意度的隶属函数 $u_j(r_{jls})$ 按公式(3-54)确定:

$$u_j(r_{jls})=\begin{cases}0 & r_{jls}<r_j-e'_{1j}\\ 1+\dfrac{|r_{jls}-r_j|}{e'_{1j}} & r_j-e'_{1j}\leqslant r_{jls}\leqslant r_j\\ 1-\dfrac{|r_{jls}-r_j|}{e''_{1j}} & r_j<r_{jls}\leqslant r_j+e''_{1j}\\ 0 & r_j+e''_{1j}<r_{jls}\end{cases} \tag{3-54}$$

式(3-54)中的 r_j、r_{jls}、e'_{1j} 和 e''_{1j} 分别表示由作业时间标准确定的到达时间、实际到达时间、到达允许提前期和允许延误期, $e'_{1j}=r_j-r_j^{\mathrm{zd\_f}}-p_j^{\mathrm{sc}}$, $e''_{1j}=c_j^{\mathrm{zd\_f}}+p_j^{\mathrm{sc}}-r_j$。

客技站整备场内车底交货期满意度的隶属函数 $u_j(d_{jls})$ 按式(3-55)确定:

$$u_j(d_{jls})\begin{cases}0 & d_{jls}<d_j-e'_{2j}\\ 1-\dfrac{|d_{jls}-d_j|}{e'_{2j}} & d_j-e'_{2j}\leqslant d_{jls}\leqslant d_j\\ 1+\dfrac{|d_{jls}-d_j|}{e''_{2j}} & d_j<d_{jls}\leqslant d_j+e''_{2j}\\ 0 & d_j+e'_{2j}<d_{jls}\end{cases} \tag{3-55}$$

式(3-55)中的 d_j、d_{jls}、e'_{2j} 和 e''_{2j} 分别表示由作业时间标准确定的交货期、实际完工时间、完工允许提前期和允许延误期, $e'_{2j}=d_j-r_j^{\mathrm{sf\_d}}+p_j^{\mathrm{qc}}$, $e''_{2j}=c_j^{\mathrm{sf\_d}}-p_j^{\mathrm{qc}}-d_j$。

将车站股道(到发线、车底停留线、牵出线等)、调机、进路(轨道电路、道岔、信号机等)等车站设施设备看成可再生资源,车底视为工件,到发线、调机和车底停留线视为机器,车底在站技术作业过程看成具有5道工序的工件(车底)在车间的流水作业过程,则工件 J_j 的到达时间 $r_j^{\mathrm{F}}=x_{2j}$,交货期 $d_j^{\mathrm{F}}=y_{3j}$,工件权重 $\boldsymbol{\omega}_j^{\mathrm{F}}$ 为5道工序的平均权重;每道工序加工时间为 p_j^{zd}、p_j^{sc}、p_j^{zb}、p_j^{qc} 和 p_j^{sf} 即工序加工时间向量 $\boldsymbol{p}_j^{\mathrm{F}}=(p_j^{\mathrm{zd}},p_j^{\mathrm{sc}},p_j^{\mathrm{zb}},p_j^{\mathrm{ac}},p_j^{\mathrm{sf}})^{\mathrm{T}}$,流水作业中机器与工件之间的映射关系J-Mapping由映射关系 $\mathrm{J-Mapping}_1$ 和 $\mathrm{J-Mapping}_2$ 组成。综合考虑车底误工、资源均衡使用、行车与调车作业干扰,车底作业耦合问题的目标函数 f' 按式(3-56)确定:

$$f'=f\Big(\sum_{\forall j}((\boldsymbol{\omega}_j^{\mathrm{tk}})^{\mathrm{T}}\boldsymbol{D}_j^{\mathrm{tk}}),S_{\mathrm{tk}}^2\Big)+f\Big(\sum_{\forall j}((\boldsymbol{\omega}_j^{\mathrm{dc}})^{\mathrm{T}}\boldsymbol{D}_j^{\mathrm{dc}}),S_\chi^2\Big)+\varepsilon\sum_{\forall j}(\omega_j^{\mathrm{F}}u_j) \tag{3-56}$$

式(3 - 56)中的 $\varepsilon(\varepsilon<0)$ 表示与单位满意度相当的因工件误工所造成的损失时分数的相反数。结合可再生资源排序问题的特征，构建具有流水作业性质的车底作业耦合窗时排序模型，记为 CRFDW(采用国际使用的三参数 $\alpha|\beta|\gamma$ 表示法)：

$$FF5\,|\,\text{res}\cdots,\ r_j^{\text{F}},\ d_j^{\text{F}},\ \boldsymbol{p}_j^{F},\ \text{MT}-\text{Windows},\ \text{J}-\text{Mapping}\,|\,f' \qquad (3-57)$$

3.3.4　算法设计

单台机器排序问题 $1\,\|\sum D_i$ 和 $1\,\|\sum \omega_i D_i$ 均是 NP 困难的，单台机器的窗时排序问题是强 NP 困难的；可恢复资源问题 $P3\,|\,\text{res}1\cdots,\ p_j=1\,|\,C_{\max}$ 是强 NP 困难的。如果问题 $1\,\|\,f$ 是 NP 困难的，则第 2 类多目标排序问题 $1\,\|\,(g,f)$ 和第 3 类多目标排序问题 $1\,\|\,f_0(g,f)$ 均是 NP 困难的。依据问题和算法之间的归约关系，易知车底作业系列排序模型 TDW、CDW、CRFDW 所表示的排序问题均为 NP - Hard 问题。结合车底在站技术作业过程及其要求，采用基本排序问题的分派规则和解改进优化策略，设计通用、高效的启发式算法求解此问题。

3.3.4.1　分派规则

(1)基本分派规则：①EDD(最早工期 c_i 优先)、②FIFO(最早到达 r_i 优先)、③SPT(最短加工时间 p_i 优先)、④WSPT(单位权值最短加工时间 p_i/ω_i 优先)、⑤WDSPT(加权折扣最短加工时间优先)；

(2)合成分派规则：把基本分派规则组合起来的分派规则，如⑥FIFO + EDD(“ + ”表示同时采用两种规则，且前者优先于后者)、⑦EDD + FIFO、⑧WSPT + EDD、⑨WSPT + FIFO + EDD 等；

(3)θ 规则：考虑有限度的合成分派规则，如⑩θ + FIFO + EDD、⑪$\omega+\theta$ + FIFO + EDD、⑫$\theta+\omega$ + FIFO + EDD 等。

基本分派规则 WDSPT 的度量参数 $P_{\text{I}5\_i}$ 按式(3 - 58)计算：

$$P_{\text{I}5\_i}=(\omega_i\exp(-r_{\text{d}}p_i))/(1-\exp(-r_{\text{d}}p_i)) \qquad (3-58)$$

式(3 - 58)中的 r_{d} 为折扣因子。合成分派规则和 θ 规则的度量参数按所含基本分派规则的度量参数由前到后依次组合而得。

3.3.4.2　资源再生过程

资源再生过程包括资源占用和释放两个环节，车底作业耦合问题的资源再生过程按资源类别分为进路和调机再生过程。

(1)进路再生过程。

进路再生过程是指车站行车与调车作业活动占用和释放的进路资源(主要包括股道、轨道电路、道岔和信号机等)，具体过程如下：

Step 1：结合车底 J_j 完成某道工序的具体要求，从进路集 R 找出符合条件的备选进路集；

Step 2：结合进路资源释放时间窗和进路解锁方式，释放当前未被占用的进路资源，并检测备选进路集中的轨道电路是否空闲有效，确定待检测进路是否被其他作业占用，若空闲则并入空闲进路集合；

Step 3：按尽可能开通平行进路和减少作业冲突的原则，从空闲进路集合中选择合适的进路，并确定该项作业占用的进路资源及其释放时间窗（不包括虚拟车底停留线），返回车底占用的进路和股道编号。

（2）调机再生过程。

调机再生过程与某时刻调机和进路的实迹状态（如单机运行、占用或空闲）、物理位置（如客运站到发场、客技站整备场）等因素相关，具体过程如下：

Step 1：获取调机、车底、进路、时刻表等相关数据。

Step 2：释放当前尚未被占用的资源，判断调机与车底物理位置是否一致，若二者一致则转 Step 3，否则转 Step 4。

Step 3：结合调机和进路的实迹状态和进路再生过程，选择合适的调机和进路被车底占用，确定调车作业所占用的资源，返回取送作业占用调机和进路编号。

Step 4：结合调机和进路的实迹状态和进路再生过程，确定合适的单机作业时间和占用的资源，返回单机作业时间和进路编号。

3.3.4.3 自律耦合优化算法

Step 1：初始化。输入列车时刻表、维修时间窗 MT－Window、集合 J、$\overline{J}$、$\overline{M}$、M_{dj}和 R，各项作业时间标准 τ^{sf}、τ^{zd}、τ^{qc}、τ^{sc}、τ^{ab}、τ^{dj}，到达和离开时间窗等基础数据。

Step 2：分派预排。根据所选择的基本或合成分派规则，计算各规则的度量参数 P_{g_i}，按分派规则的度量参数依次对车次预排，并初步确定列车加工顺序。

Step 3：自律检测。按照 J－Mapping 和资源均衡使用的要求，依次选择合理的股道、调机和进路，并对进路上的所有轨道电路进行自律检查，初次安排车底在站作业计划。

Step 4：再生耦合。结合资源再生过程，统计未安排或具有调整空间的车底，以车底取送时刻表为耦合因子，在时间窗允许范围内，根据自律检查的结果调整车底取送时刻表，再次确定车底在站作业计划。

Step 5：调整优化。综合考虑多种分派规则或采用时间优化、调机优化、股道优化和人机优化 4 种解改进优化策略，适时调整优化当前解，统计各项指标 $\sum_{\forall j}((\boldsymbol{\omega}_j^{\mathrm{tk}})^{\mathrm{T}}\boldsymbol{D}_j^{\mathrm{tk}})$、$S_{tk}^2$、$\sum_{\forall j}((\boldsymbol{\omega}_j^{\mathrm{dc}})^{\mathrm{T}}\boldsymbol{D}_j^{\mathrm{dc}})$、$S_{\chi}^2$、$\sum_{\forall j}(\omega_j^{\mathrm{F}}u_j)$ 和目标函数值 f'，记录当前最优解，若不满足算法终止条件，转 Step 2，否则转 Step 6；

Step 6：结束。输出车底在站作业计划和目标函数值 f'。

3.4 算例

实例一：车底作业计划编制排序问题

在某日18点至次日18点内，车站有21对始发和终到旅客列车需要办理车底出入库作业；始发（终到）旅客列车办理出发（终到）作业时间标准为40 min（30 min）；车底整备作业时间一般不少于30 min；调机往返客技站和车站之间的时间一般不小于10 min（对于单机运行的调机含挂车作业时间）；调机在到达客技站后需作业30 min后才能离开客技站；车站拥有2台调机，专门用于负责车底的取送作业。

客技站拥有15条车底停留线，编号依次为3G、4G、…、17G，其中3G至7G既有电网又有地沟，8G至12G无地沟无电网，13G只有电网，14G至17G只有地沟，17G为机车调头专用线。在18:30—20:00时段内因作业需要禁止办理车底出入库作业；在18:00时刻，D1在客技站，D2在到发场；13G全天封锁维护。采用客技站车底作业计划编制排序模型与算法，便可快速制订出18点至次日18点时段内车底在车站办理各项作业的计划，其安排结果见表3-2、表3-3、表3-4、表3-5。

表3-2 终到旅客列车办理车底入库作业安排方案

车次	T818	T858	T91	T822	T868	T808	00796	T968	T988	T896	00789
到达时间	18:25	19:59	20:28	21:00	21:42	21:51	22:09	22:33	22:46	23:11	23:13
入库时刻	20:00	20:29	20:58	21:30	22:12	22:24	23:57	23:03	23:16	0:09	0:51
入库调机	D2	—	D1	D2	D1	D2	D2	D2	D1	D1	D2
车次	T850	T171	T235	K237	2092	2215	K99	00654	T162	00651	
到达时间	23:38	6:35	8:03	8:10	9:41	10:01	10:51	11:35	12:57	16:01	
入库时刻	0:21	7:00	8:33	8:40	10:11	10:31	11:21	12:05	13:27	16:31	
入库调机	—	D2	D1	D2	D1	D2	D1	D2	D1	D2	

注：终到旅客列车车次及时间信息来源于列车运行图数据；"—"表示办理入库作业的调机为虚拟调机，其对应车底为动车组。

表 3－3　始发旅客列车办理车底出库作业安排方案

车次	T827	00852	T92	T811	T861	T805	T795	T951	T971	00872	T771
出库时刻	20：43	5：04	22：48	7：55	7：13	5：24	12：41	5：56	6：18	5：02	7：35
出发时间	21：23	5：47	23：24	8：35	7：53	6：40	13：21	7：36	6：58	6：42	8：10
出库调机	D1	—	D1	D1	D1	D1	D2	D2	D1	D2	D2
车次	T831	T172	T236	K238	2091	2216	K100	N653	T161	00652	
出库时刻	8：02	17：10	17：35	20：55	12：32	14：37	16：00	16：39	15：20	0：57	
出发时间	8：42	17：50	18：27	21：35	13：12	15：17	17：11	17：19	16：00	5：00	
出库调机	—	D2	D1	D2	D1	D2	D2	D1	D1	D1	

注：始发旅客列车车次及时间信息来源于列车运行图数据；“—”表示负责办理出库作业的调机为虚拟调机，其对应车底为动车组。

表 3－4　调机（单机作业部分）运用计划

作业项目	T868	T808	00796	T968	00789	T236	2092	2215	K99	K100	00654
运行方向	到	到	到	到	到	客	到	到	到	客	到
到发场时间	22：12	22：24	23：57	23：03	0：51	17：25	10：11	10：31	11：21	15：50	12：05
客技站时间	22：02	22：14	23：47	22：53	0：41	17：35	10：01	10：21	11：11	16：00	11：55
调机代码	D1	D2	D2	D2	D2	D1	D1	D2	D1	D2	D2

注：“作业项目”栏中表示调机办理单机作业后需办理车底出入库作业所对应的车次；“运行方向”栏中“到”表示调机由客技站单机运行至车站的到发场，“客”表示调机由到发场单机运行至客技站。

表3－5 客技站车底停留线运用方案

车底	T818 T827	T858 00852	T91 T92	T822 T811	T868 T861	T808 T805	00796 T795	T968 T951	T988 T971	T896 00872	00789 T771
股道安排	3G	4G	8G	5G	14G	6G	15G	9G	10G	16G	11G
车底	T850 T831	T171 T172	T235 T236	K237 K238	2092 2091	2215 2216	K99 K100	00654 N653	T162 T161	00651 00652	
股道安排	7G	12G	3G	8G	9G	10G	14G	5G	11G	6G	

注："车底"栏中第一行表示终到旅客列车车次，第二行表示始发旅客列车车次。

其中，表3－2中的T818次在办理终到作业后未能及时入库，体现了禁止办理出入库作业时间窗的限制；通过解改进优化策略，00652次(见表3－3)的车底出库时刻较早，保证了后续列车车底得以及时出库，列车正点运行；表3－5内的T92、T771次表示旅客列车办理相关作业时间不足(T92和T771办理出发作业的计划时间分别为36 min和35 min，均小于办理出发作业时间标准40 min；T171办理终到作业计划时间为25 min，小于办理终到作业时间标准30 min)，在实际操作过程中完全可以通过加强作业组织，抢出时间；由于车底线13G需全天维护，13G未安排车底作业。

从表3－2～表3－5中的数据可见，车站调机、客技站车底停留线等设备运用基本均衡，利用率较高，列车均能正点运行，能较充分满足现场作业的需要。

实例二：车底作业耦合窗时排序问题

以某铁路客运站的车底作业为例，其日计划18：00至次日18：00内车站有61对始发、终到列车办理车底取送作业；客运站到发场用于办理客运业务的到发线有13条，客技站整备场用于办理整备作业的车底停留线有14条；拥有2台调机，专门用于负责办理车底取送作业。设始发(终到)旅客列车办理出发(终到)作业时间一般取40 min(30 min)，不少于30 min(25 min)且不大于50 min(40 min)，车底到达和离开客技站整备场的允许提前期和延误期均取10 min。车底整备作业时间一般不少于40 min；调机往返到发场和整备场时间一般不小于10 min(对于单机运行的调机含挂车作业时间)；调机在到达客技站后需作业30 min后才能离开客技站。到发线7G在18：30—20：00时段内维护，车底停留线13G全天维护；在18：00时刻，D1在客运站到发场，D2在客技站整备场。

按车底作业耦合窗时排序问题的系列模型与算法，便可快速制订出18：00至次日18：00时段内车底在站各项作业计划。运用不同分派规则所得规则解和近似解的统计结果如表3－6、图3－3所示(横坐标数字表示分派规则编码，详见3.3.4.1小节)。

表 3－6　不同分派规则的规则解和近似解统计表

分派规则	1	2	3	4	5	6	7	8	9	10	11	12
规则解	26.5	17.04	25.17	20.53	22.33	19.84	27.83	18.98	20.62	8.02	14.56	4.01
近似解	16.88	16.41	18.28	15.24	14.99	11.84	6.53	13.94	12.55	3.62	5.01	3.95

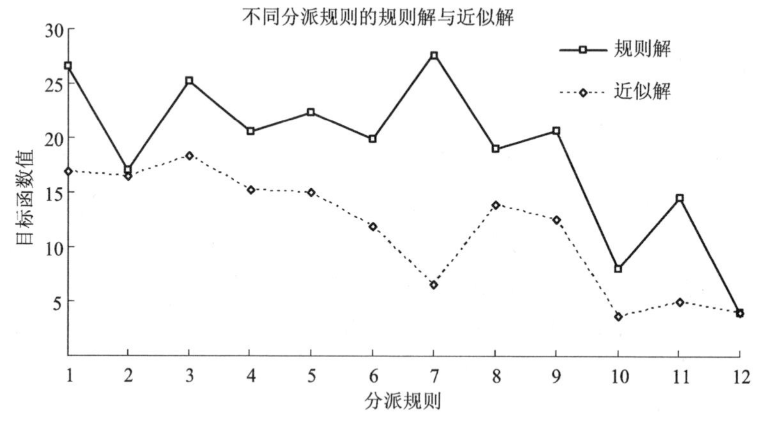

图 3－3　不同分派规则的规则解和近似解

(1)由图 3－3 可知，规则 10、12 下的规则解优于其他规则下的规则解，规则 11 次之；规则 7 和 θ 规则(规则 10、11、12)下的近似解明显优于其他规则下的近似解；规则 2、12 下的近似解与规则解相差无几，但规则 12 下的解明显优于规则 2。因此，车站调度员实时调整车底在站作业计划时，宜直接采用规则 12，满足实时调整的强时效性要求。

(2)规则 2、7、10、11 和 12 下的解收敛过程如图 3－4 所示。θ 规则有利于降低解空间，能快速找到近似解，但规则 7 下的近似解优于 θ 规则。因此，单纯采用一种规则不易找出全局最优解，在制订车底在站作业计划时宜综合多种分派规则，尤其是规则 7 和 θ 规则。

(3)综合考虑规则 7 和 θ 规则制订作业计划，取连续变化的最后 11 次耦合解(简称为耦合解，即模型 CRFDW 的当前最优解解)及行车、调车作业解(即与耦合解对应的 TDW、CDW 的当前解)，目标函数值的变化过程如图 3－5 所示。

由图 3－5 可知，良好的调车作业组织在一定程度上可以缓解行车作业的负面影响(第 6、10 次行车作业解劣于紧前解，但调车作业解明显优于紧前解，耦合解均比紧前解好)；不良的调车作业组织不利于行车作业(第 9 次行车作业解明显

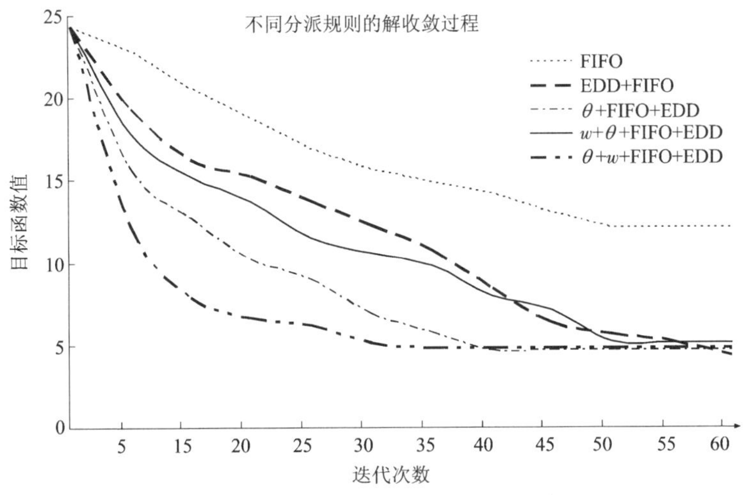

图3-4 解收敛过程示意图

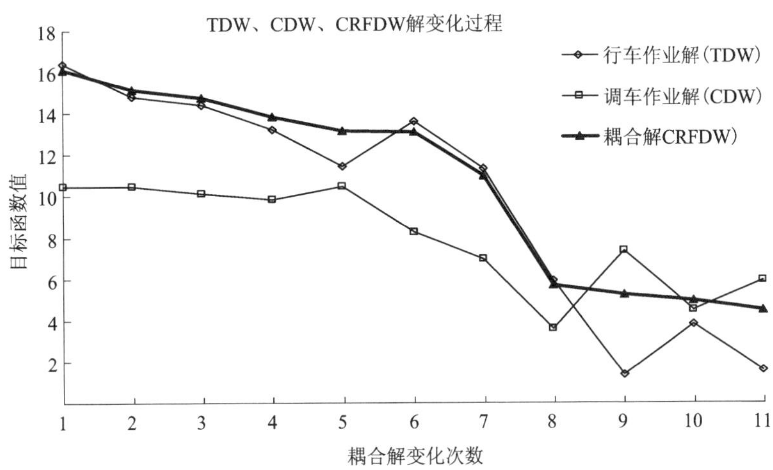

图3-5 耦合解、行车和调车作业解变化过程

优于紧前解，但调车作业解明显劣于紧前解，使得耦合解略优于紧前解）。因此，模型CRFDW的耦合解能充分考虑行调车作业之间的协调性，有效解决行调车作业干扰问题。由此可见，3.3节中所提出模型与算法可以快速找到制订和实时调整车底在站作业计划的最适宜规则，从而全面、合理地制订车底在站作业计划；能有效解决行调车作业干扰问题，充分运用车站各项资源。

第4章
铁路客运站股道运用实时调整优化模型与算法

在铁路客运站股道运用计划执行的过程中，易受到主客观因素的影响，实时计划往往会偏离既有计划，尤其在春运、黄金周和铁路客运站列车到发高峰期间，股道运用的灵活性更高，需及时有效地调整股道运用计划，避免影响客运站正常作业秩序和旅客乘降方便。铁路客运站股道运用影响因素众多，股道运用实时调整涉及客运站众多技术作业环节，应充分考虑各项行车和调车作业活动、各项技术作业时间的波动性，结合客运站股道运用计划编制优化问题和客技站车底作业计划编制优化问题，在分析客运站股道运用耦合窗时排序问题的基础上，提出基于耦合的股道运用实时调整方法，解决常态下股道运用实时调整优化问题。

4.1 问题描述与分析

对于某些客运站(如广州东站)，大量的始发、终到旅客列车需办理车底取送作业，车底取送作业也是铁路客运站股道运用的重要组成部分。客运站旅客列车车底按是否办理车底取送作业可分为取送车底(在客技站与客运站到发场之间办理车底取送作业的始发或终到旅客列车的车底)和非取送车底(通过、经停旅客列车或立折旅客列车，不办理或仅在到发场办理整备作业的车底)，取送车底和立折车底由车底周转计划和车站实际情况确定。

4.1.1 行车与调车作业协调问题

如何提供并有效利用铁路客运站能力，除最大限度地提高客运站各单项作业效率外，使各单项作业之间能很好地协调进行，也是非常重要的一环。对于铁路客运站而言，由于客运站旅客列车到达和离开时间分布上的不均衡性、各项技术作业时间(如始发或终到旅客列车的始发或终到作业时间)的波动性，表现出在旅客列车到发的高峰时段客运站各种设备能力运用紧张，因此，结合客运站行调车作业活动，做好客运站各作业系统内部及作业系统间的协调问题即行车和调车作业系统的协调问题。在客运站日常工作组织中，协调的主要手段是作业计划的预先编制。但是在计划执行的过程中，往往受到客观环境的影响，股道运用计划偏离既有计划，亟需股道运用计划进行实时调整，协调客运站行车和调车作业活动。因此，为了更好地体现或描述客运站各项技术作业时间的波动性，为客运站各项作业的开始、终止时间给定一个特定的时间窗范围(如旅客列车到达客运站到发场的达到时间窗、离开到发场的离开时间窗)，合理制订股道运用实时调整计划，协调客运站各项股道运用技术作业。

在客运站股道运用技术作业过程中，客运站到发场股道、调机、客技站车底停留线之间的协调作业可以通过合理制订车底取送作业计划实现。如在客运站到发场股道运用高峰期或股道运用能力紧张时段，值班员可以通过组织列车所属客车车底提前入库、推迟出库的方法缓解股道运用能力的紧张。在客技站车底停留线能力紧张时，值班员则可以通过组织客车车底所属列车提前出库、推迟入库的方式缓解客技站车底停留线运用能力的紧张。因此，研究客运站股道运用实时调整优化问题时，必须考虑客运站行车与调车作业之间的协调问题，构建面向客运站股道运用技术作业全过程、基于客运站资源整体优化的客运站股道运用实时调整系列相关模型，设计相应的求解算法。即以客车车底和旅客列车为研究对象、车底取送时刻与调机为纽带，整合客车车底在客运站到发场及客技站的各项技术作业，研究客运站股道运用耦合窗时问题和常态下股道运用实时调整优化问题，在此基础上，提出基于耦合的客运站股道运用实时调整方法。

4.1.2　股道运用实时调整优化问题

常态下铁路客运站股道运用实时调整优化问题与股道运用计划编制优化问题的图形表现形式完全相同，但两者的编制原则及其解决或实现方法有所不同，主要是因为实时调整和计划编制在本质上有所区别，主要表现在三个方面：

(1)追求目标不尽相同。后者追求目标主要是尽量提高客运站股道运用效率，方便旅客乘降和车站作业组织，并尽可能地均衡使用车站的各项设施设备资源；而前者追求目标是如何在最短的时间，有效地重新安排已发生变化的工作任务，尽可能减少因到发线、车底停留线等股道和进路编排问题等原因而引起列车晚点数或晚点时分，降低或减少列车晚点对数和总晚点时分，尽量减少客运站股道运用计划的波动性，尽快恢复列车运行图，确保列车安全和正点运行。

(2)工作对象不尽相同。后者主要是基于日(班)计划，工作对象是一张完整相对静态的列车运行图或旅客列车时刻表，有利于实现股道运用的整体优化；前者的工作对象是在尽可能小的时段内，股道运用实时信息会随时发生变动的局部动态运行图或时刻表，以及客运站现场实时情况，既要考虑当前阶段股道、进路、调机等设施设备的实时占用情况，还必须对未来某个时段内的车站各项设施设备的占用信息进行合理推测，减少对紧后作业的影响，工作难度较大。

(3)编制次数不尽相同。后者主要是在全路列车运行图发生变更或运行图进行大规模调整之后，由车站值班员在计划执行之前提前、一次性编制即可；前者则会随着客运站阶段计划的编制、计划执行过程中因决策环境和关键参数发生变化需要多次启动重新制订方案，每次实时调整计划再编制均以上一个阶段计划或实时调整时的实时执行情况为初始条件，并且为下一阶段计划或紧后工作创造有利条件。由后者制订出的股道运用计划是进行股道运用实时调整的参照和依据，前者制订出的计划应尽量使用原股道，确保其他列车的接发作业不受调整车次的影响；若无法满足此要求，有时甚至可以通过变更调整车次相关的各项技术作业时间、变更接发车进路和占用股道等措施进行调整，以满足实时调整的目标。

基于以上的不同，铁路客运站股道运用实时调整方法应考虑以下几条准则：

(1)优先级原则。当出现两列及两列以上的旅客列车争占股道线路或调机时，应优先保证等级较高的旅客列车。一般情况下，正点旅客列车优先于晚点旅客列车，旅客列车优先于货物列车，直达旅客列车、动车组优先于其他类型旅客列车，跨局旅客列车优先于管内旅客列车，固定站台的旅客列车优先于不固定站台的旅客列车，晚点时分多的旅客列车优先于晚点时分少的旅客列车等。

(2)预见性原则。在为晚点旅客列车重新编排和调整股道时，要有一定预见性，应尽量考虑该股道或相关股道在既定计划或原计划中被随后其他占用旅客列车信息，尤其是考虑下一阶段或紧后若干列旅客列车的作业需求，从而避免增加不必要的多次额外调整。

(3)不扩散原则。不扩散原则对于客运站股道运用实时调整来说非常重要，不扩散原则要求把股道运用实时调整的范围尽量限制在本站，尽量不影响前后相邻车站的作业组织；否则，为减少晚点列车对本站日(班)计划和技术作业的影响，可能使已经发生晚点的列车没有合适股道或进路等设施设备供其占用而不得不再次调整已晚点列车的到发时刻，此时会引起二次晚点，股道运用实时调整的效果势必会传播到前、后方相邻车站，不利于作业组织和开展旅客服务，股道运用实时调整优化问题也就变得更复杂、多变，甚至是难以控制。

常态下客运站股道运用实时调整措施归纳起来有以下几种方式：变更列车或车底占用股道、变更到发时刻、变更相关技术作业时间、取消列车等。股道变更是一种最常用的调整手段之一，当既有计划或原计划股道不能按时接发计划旅客列车、车底不能正常停靠车底停留线时，一般会考虑使用其他符合要求的、合适的空闲股道；旅客列车或客车车底到达和离开客运站的时刻一旦发生变化，其占用股道的初始起止时间也必然随之发生改变，可以通过改变某些旅客列车或车底占用股道的起止时间、列车或车底的其他技术作业的起止时间或作业时间长段为其他旅客列车占用股道提供便利和有利条件，有时也可以通过改变股道固定使用方案(如将下行方向的列车接入上行股道)进行实时调整；有时甚至允许取消某些车次进行调整，但车次取消一般多用在货物列车上，即使是取消旅客列车也多为始发旅客列车，不然会严重损害乘客利益，甚至会造成严重后果，一般情况不采用。

在车站股道运用实时调整的过程中不宜过多地改变既有计划或原计划，二者尽量保持一致，避免干扰客运站的日常作业秩序，给旅客乘降和作业组织带来不便。因此，必须从有效性和合理性两个方面选择合适调整措施，并制订客运站股道运用实时调整计划。上述实时调整应遵循的基本原则和可能采取的调整措施是制订和重新调整客运站股道运用实时调整计划的前提和基础。为得到实时调整的最佳效果，应根据客运站作业性质、种类与要求以及客观运营环境等因素设置详细的实时调整原则并选择恰当的实时调整措施，必须综合考虑实时调整的效果、调整方案的实施难易程度等，才能确保以较小的代价获得最佳效果。对于客运站股道运用实时调整而言，变更列车到发客运站、车底离开和到达客技站、占用股道时间时，应在客运站各项作业的开始、终止时刻给定一个特定的时间窗范围内进行调整，以较小的代价获得较好的效果。因此，亟需在前文研究的基础上，充分考虑行调车作业活动，分析铁路客运站股道运用耦合窗时排序问题，研究常态下铁路客运站股道运用实时调整优化问题。

4.2　股道运用耦合窗时排序问题

铁路股道运用计划编制优化问题的研究仅局限于旅客列车时刻表固定和单股道单车次情形、车站能力运用问题，尚未综合考虑基于行调车作业统一协调的单股道多车次情形、维修时间窗、车底周转计划和列车早晚点时间窗；车底作业计划编制优化问题在一定程度上考虑了行调车作业干扰问题，但尚未考虑基于时间窗的非取送车底停靠股道、站台问题。基于此，在结合客运站股道运用计划编制优化问题和客技站车底作业计划编制优化问题的基础上，深入分析客运站股道运用耦合窗时排序问题，以便进一步研究常态下铁路客运站股道运用实时调整耦合窗时排序问题，提出基于耦合的铁路客运站股道运用实时调整方法。

为便于研究，做以下几个定义：

定义 4.1　类早点时间窗。始发旅客列车的车底到达客运站到发场的允许时间范围，与非始发旅客列车到达客运站的早点提前期或时间窗相对应。

定义 4.2 类晚点时间窗。终到旅客列车的车底离开客运站到发场的允许时间范围，与非终到旅客列车到达客运站的晚点延误期或时间窗相对应。

4.2.1 股道运用窗时排序模型

结合客运站股道运用计划编制优化问题，若仅以列车加权误工数最小为目标，利用经典排序理论，构建客运站股道运用的平行机排序模型，记为 PS：

$$Pm \mid r_i,\ c_i,\ \omega_i,\ \theta_i,\ J-J',\ \text{J-Mapping},\ \text{MT-Windows} \mid \sum_{\forall i}\omega_i D_i \tag{4-1}$$

若以列车加权误工数最小、股道运用效率最大为第一、第二个目标函数，将客运站股道运用的平行机排序模型 PS 进一步改造为股道运用第 1 类多目标排序模型，记为 MSI：

$$Pm \mid r_i,\ c_i,\ \omega_i,\ \theta_i,\ J-J',\ \text{J-Mapping},\ \text{MT-Window} \mid (-E/\sum_{\forall i} w_i D_i) \tag{4-2}$$

s. t.

$$R_{k'[S_i,\,E_i]} \cap R_{k'[S_j,\,E_j]} = \varnothing \quad R_{k'} \in R,\ i \neq j,\ \forall i,\ \forall j,\ \forall k' \tag{4-3}$$

$$\sum_{k'=1}^{\max 1} y_{ik'[S_{k'},\,E_{k'}]} = 1 \quad \forall i \tag{4-4}$$

$$\sum_{i=1}^{n} y_{ik'[S_{k'},\,E_{k'}]} \leqslant 1 \quad \forall k' \tag{4-5}$$

$$\sum_{k=1}^{m} x_{ik} = 1 \quad \forall i \tag{4-6}$$

$$\sum_{i=1}^{n} x_{ik[x_i,\,y_i]} \leqslant \beta_k \quad \forall k \tag{4-7}$$

$$\sum_{p=1}^{\text{total}} z_{ip} = 1 \quad \forall i \tag{4-8}$$

$$\sum_{i=1}^{n} z_{ip[x_i,\,y_i]} \leqslant \alpha_p \quad \forall p \tag{4-9}$$

$$x_{ik} = 0 \text{ or } 1 \quad \forall i,\ \forall k \tag{4-10}$$

$$y_{ik'} = 0 \text{ or } 1 \quad \forall i,\ \forall k' \tag{4-11}$$

$$z_{ip} = 0 \text{ or } 1 \quad \forall i,\ \forall p \tag{4-12}$$

$$\beta_k = 1 \text{ or } 2 \quad \forall k \tag{4-13}$$

$$\alpha_p = 1 \text{ or } 2 \quad \forall p \tag{4-14}$$

其中，式(4-2)表示 m 台平行机 n 个工件，具有到达时间、完工期限、权重、有限度、时间窗等加工特性，加权总误工数在满足一定条件下股道运用效率最大的第 1 类多目标排序问题；式(4-3)表示在同一时段内没有敌对进路同时开通，检查敌对进路；式(4-4)、式(4-6)、式(4-8)表示一列列车只能占用一条进路、一条股道、一个站台；式(4－5)表示在某个时段内某一进路最多被一列列车占用；式(4－7)、式(4－9)表示某个时段内某一股道、某一站台的接车数不能超过其最大容许接发列车数；式(4－10)、式(4－11)、式(4－12)为变量约束，分别表示列车占用股道、进路、站台的0－1变量；式(4－13)、式(4－14)为股道、站台的最大容许接发列车数，一般取值为1或2。

股道运用平行机排序模型PS和多目标排序模型MSI综合考虑了单股道多车次、维修时间窗、车底周转计划和能力运用，尚未考虑列车早晚点的时间窗问题。列车发生早点或晚点时，需调整列车实际出发时间，尽快恢复正点运行；因列车图定到开时间的刚性较强，而始发和终到旅客列车需办理车底取送及调车作业，车底抵达和离开客运站到发场的时间具有较大的调整空间。结合准时排序和窗时排序的特征，进一步构建通用的股道运用窗时排序模型。

不同类型的旅客列车早晚点现象对旅客运输组织的影响程度不尽相同。列车早点会影响后续列车的接发车作业，后续列车可能会因无空闲进路或股道供其使用而晚点；列车一般不允许提前发车，允许适当延后出发即晚点，随着晚点程度加重，对车站和后续作业的影响越严重，易造成列车大面积晚点；始发和终到旅客列车(车底)允许在一定时间窗内抵达和离开客运站到发场，为调车作业预留一定的冗余时间，便于客车车底的接续作业，但超出允许时间窗范围，对车站作业会产生不利影响。因此，列车(或车底)的到达和出发时间的提前和延误均应受到一定程度的惩罚。

将旅客列车集合J分为始发旅客列车集合J_{sf}、终到旅客列车集合J_{zd}和通过(含经停)旅客列车J_{tg}集合，满足条件式(4－15)至式(4－18)：

$$J = J_{sf} \cup J_{zd} \cup J_{tg} \tag{4-15}$$

$$J_{sf} \cap J_{zd} = \varnothing \tag{4-16}$$

$$J_{sf} \cap J_{tg} = \varnothing \tag{4-17}$$

$$J_{zd} \cap J_{tg} = \varnothing \tag{4-18}$$

设E_{ai}和T_{ai}、E_{di}和T_{di}分别表示列车J_i的到点提前与延误时间、发点提前与延误时间；β_{ai}、β_{di}、β_{zdi}和β_{sfi}分别表示非始发旅客列车(含通过、经停、立折到达列车)的到达时间、非终到旅客列车(含通过、经停、立折出发列车)的出发时间、终到旅客列车(车底)离开到发场时间和始发旅客列车(车底)到达到发场时间因提前或延误所引起的单位费用。

因列车早晚点所引起的总费用f_{total}分为四个部分：非始发旅客列车的到达费用f_{nonD}、非终到旅客列车的出发费用f_{nonA}、始发旅客列车(车底)的抵达费用f_D和终到旅客列车(车底)的离开费用f_A，即：

$$f_{total} = f_{nonD} + f_{nonA} + f_D + f_A \tag{4-19}$$

$$f_{\mathrm{nonD}} = \sum_{J/J_{\mathrm{sf}}} \beta_{\mathrm{a}i}(\varepsilon E_{\mathrm{a}i} + (1-\varepsilon)T_{\mathrm{a}i}) \tag{4-20}$$

$$f_{\mathrm{nonA}} = \sum_{J/J_{\mathrm{zd}}} \beta_{\mathrm{d}i}(\varepsilon E_{\mathrm{d}i} + (1-\varepsilon)T_{\mathrm{d}i}) \tag{4-21}$$

$$f_{\mathrm{D}} = \sum_{J_{\mathrm{sf}}} \beta_{\mathrm{sf}i}(\varepsilon E_{\mathrm{a}i} + (1-\varepsilon)T_{\mathrm{a}i}) \tag{4-22}$$

$$f_{\mathrm{A}} = \sum_{J_{\mathrm{zd}}} \beta_{\mathrm{zd}i}(\varepsilon E_{\mathrm{d}i} + (1-\varepsilon)T_{\mathrm{d}i}) \tag{4-23}$$

式中，$\varepsilon \in \{0, 1\}$。

单位费用$\beta_{\mathrm{a}i}$、$\beta_{\mathrm{d}i}$、$\beta_{\mathrm{zd}i}$和$\beta_{\mathrm{sf}i}$的取值大小与列车权重成正比关系、有限度成反比关系，且随着提前（早点）或延误（晚点）的加剧，单位费用也逐步增加。结合列车时刻表的特征和股道运用技术作业要求，考虑早晚点时间窗问题，各类单位费用随列车到达或离开车站时间 t 的变化趋势如图 4－1、图 4－2、图 4－3、图 4－4 所示。

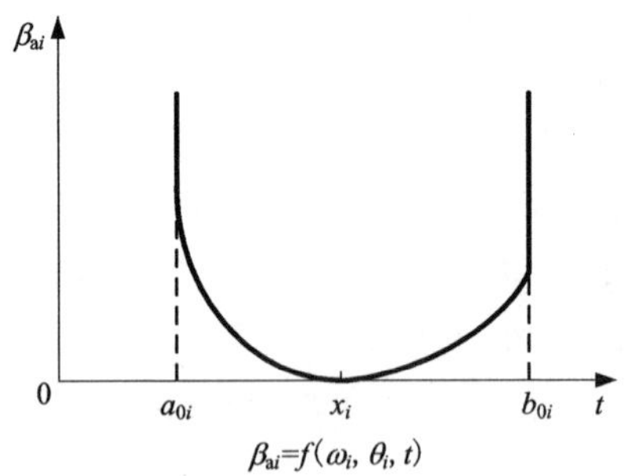

图 4－1　非始发旅客列车单位费用与到达时间关系示意图

［横（纵）坐标单位：min］

图 4－1 中，$[a_{0i}, b_{0i}]$为非始发旅客列车到达时间窗，$x_i - a_{0i}$和 $b_{0i} - x_i$ 为非始发旅客列车到达时间的最大允许早点提前期和晚点延误期。

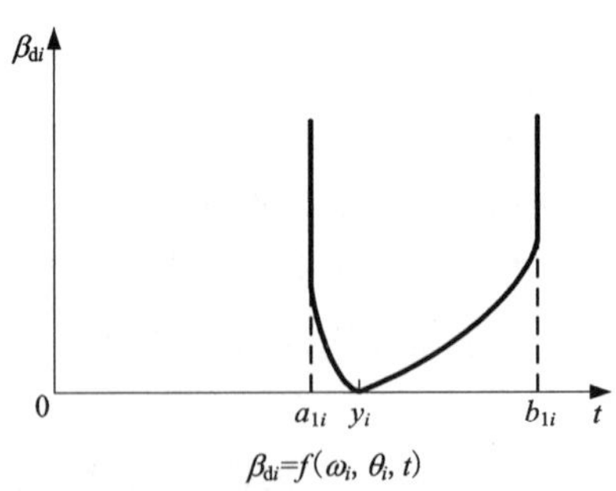

图 4－2　非终到旅客列车单位费用与出发时间关系示意图

（横（纵）坐标单位：min）

图4－2中，$[a_{1i}, b_{1i}]$为非终到旅客列车出发时间窗，$y_i - a_{1i}$和$b_{1i} - y_i$为非终到旅客列车出发时间的最大允许早点提前期和晚点延误期，一般情况下不允许列车先于图定时间开行即$y_i - a_{1i} = 0$，非终到旅客列车出发时间窗转化为$[y_i, b_{1i}]$。

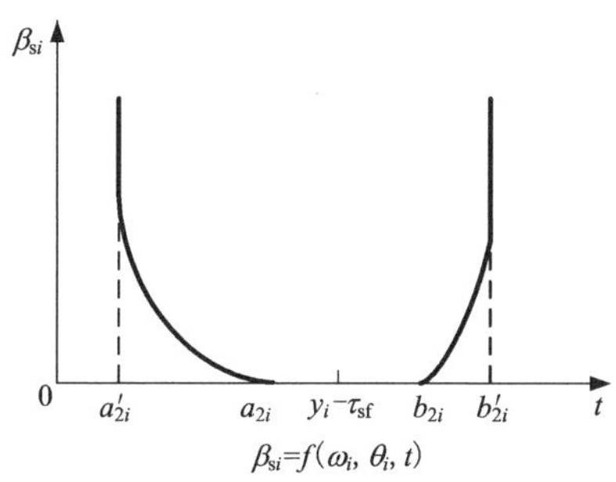

图4－3　始发旅客列车（车底）单位费用与抵达时间关系示意图

（横（纵）坐标单位：min）

图4－3中，$[a_{2i}, b_{2i}]$、$[a'_{2i}, a_{2i}]$和$[b_{2i}, b'_{2i}]$为始发旅客列车（车底）抵达最佳时间窗、允许类早点时间窗和晚点时间窗，始发旅客列车（车底）在最佳时间窗内到达到发场可以确保车底接续作业，不会产生额外费用，$y_i - \tau_{sf}$是由始发作业时间标准和图定出发时间而确定的标准抵达时间。

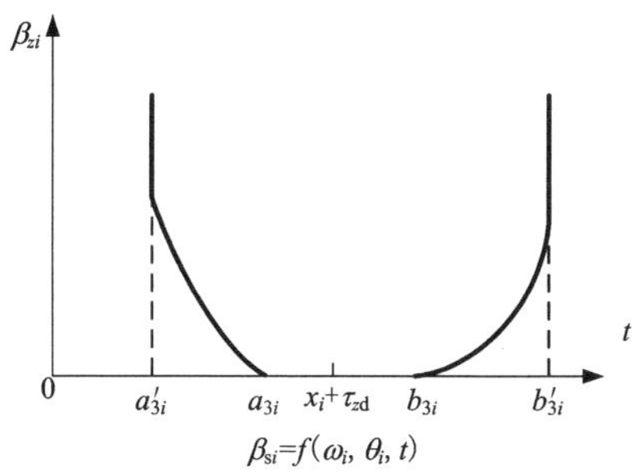

图4－4　终到旅客列车（车底）单位费用与离开时间关系示意图

［横（纵）坐标单位：min］

图4－4中，$[a_{3i}, b_{3i}]$、$[a'_{3i}, a_{3i}]$和$[b_{3i}, b'_{3i}]$为终到旅客列车（车底）离开到发场的最佳时间窗、允许早点时间窗和类晚点时间窗，终到旅客列车（车底）在最佳时间窗内离开到发场可以确保车底接续作业，不会产生额外费用，$x_i + \tau_{zd}$是由终到作业时间标准和图定到达时间而确定的标准离开时间。

从图4－1、图4－2、图4－3、图4－4可知，一旦列车早点或晚点超过时间窗范围，所引起的成本费用将趋于无穷大。四类费用的计算公式[即公式(4-20)至公式(4-23)]可进一步改写为：

$$f_{\text{nonD}}=\begin{cases}\sum\limits_{J/J_{\text{sf}}}\left(\dfrac{A_{\text{nonD1}}\omega_i}{\theta_i}E_{\text{a}i}^2\right) & a_{0i}\leqslant t<x_i\\ +\infty & t<a_{0i},\ t>b_{0i}\\ \sum\limits_{J/J_{\text{sf}}}\left(\dfrac{A_{\text{nonD2}}\omega_i}{\theta_i}T_{\text{a}i}^2\right) & x_i\leqslant t\leqslant b_{0i}\end{cases}\tag{4-24}$$

$$f_{\text{nonA}}=\begin{cases}+\infty & t<y_i,\ t>b_{1i}\\ \sum\limits_{J/J_{\text{zd}}}\left(\dfrac{A_{\text{nonA}}\omega_i}{\theta_i}T_{\text{d}i}^2\right) & y_i\leqslant t\leqslant b_{1i}\end{cases}\tag{4-25}$$

$$f_{\text{D}}=\begin{cases}\sum\limits_{J_{\text{sf}}}\left(\dfrac{A_{\text{D1}}\omega_i}{\theta_i}\right) & a'_{2i}\leqslant t<a_{2i}\\ 0 & a_{2i}\leqslant t\leqslant b_{2i}\\ \sum\limits_{J_{\text{sf}}}\left(\dfrac{A_{\text{D2}}\omega_i}{\theta_i}T_{\text{a}i}^2\right) & b_{2i}<t\leqslant b'_{2i}\\ +\infty & t<a'_{2i},\ t>b'_{2i}\end{cases}\tag{4-26}$$

$$f_{\text{A}}=\begin{cases}\sum\limits_{J_{\text{zd}}}\left(\dfrac{A_{\text{A1}}\omega_i}{\theta_i}E_{\text{d}i}^2\right) & a'_{3i}\leqslant t<a_{3i}\\ 0 & a_{3i}\leqslant t\leqslant b_{3i}\\ \sum\limits_{J_{\text{zd}}}\left(\dfrac{A_{\text{A2}}\omega_i}{\theta_i}T_{\text{d}i}^2\right) & b_{3i}<t\leqslant b'_{3i}\\ +\infty & t<a'_{3i},\ t>b'_{3i}\end{cases}\tag{4-27}$$

式中，A_{nonD1}、A_{nonD2}、A_{nonA}、A_{D1}、A_{D2}、A_{A1}、A_{A2}均表示提前和延误到开时间即列车早晚点引起单位费用变化率的调节数。

综合考虑客车车底接续作业、列车早晚点和因列车(或车底)到开时间提前或延误引起的费用，客运站股道运用问题视为按时完工的窗时排序问题，以总费用最小和股道运用效率最大为目标函数，建立股道运用第1类多目标窗时排序模型，记为DW：

$$Pm\,|\,r_i,\ c_i,\ \omega_i,\ \theta_i,\ J-J',\ \text{J}-\text{Mapping},\ \text{MT}-\text{Window}\,|\,(-E/F_{\text{total}})\tag{4-28}$$

客运站股道运用窗时排序模型DW综合考虑了单股道多车次、维修时间窗和车底周转计划及旅客列车早晚点的时间窗问题，尚未考虑车底取送作业计划自动优化问题。以客车车底为研究对象、车底取送时刻与调机为纽带，结合铁路客运站股道运用计划、车底作业计划编制优化问题，整合客车车底在客运站到发场及客技站的各项技术作业，构建基于行调车进路统一编排的股道运用耦合窗时排序模型，协调客运站行车和调车作业。

4.2.2　股道运用耦合窗时排序模型

设某日(班)计划内，取送车底集合 $J^{QS}=\{J_1^{QS}, J_2^{QS}, \cdots, J_{n_1}^{QS}\}$，非取送车底集合 $J^{FQS}=\{J_1^{FQS}, J_2^{FQS}, \cdots, J_{n_2}^{FQS}\}$，则车底集合 $J^0=J^{QS}\cup J^{FQS}=\{J_1^0, J_2^0, \cdots, J_j^0, \cdots, J_{n_{12}}^0\}$，$n_{12}=n_1+n_2$。车底 J_j^0 的权重为 ω_j^0，到达客运站到发场时间 $r_j^0=x_i$(列车 J_i 的车底是 J_j^0 且为终到旅客列车，记为 $J_j^0\to J_i=1$)，离开到发场时间 $d_j^0=y_i$(列车 J_i 的车底是 J_j^0 且为始发旅客列车，记为 $J_j^0\to J_i=0$)。

取送车底 J_j^{QS}($J_j^{QS}\in J^{QS}$)在站技术作业过程依次包括车底终到作业 J_{1j}、入库作业 T_{2j}、整备作业 T_{3j}、出库作业 T_{4j}和始发作业 T_{5j} 5 个子过程($T_{1j}>T_{2j}>T_{3j}>T_{4j}>T_{5j}$)；非取送车底 J_j^{FQS}($J_j^{FQS}\in J^{FQS}$)在到发线办理相关作业 T_{0j}。若 $J_j^0\in J^{FQS}$，则 $\omega_j^0=\omega_i$(列车 J_i 的车底是 J_j^0，记为 $J_j^0\sim J_i=2$)；若 $J_j^0\in J^{QS}$，则 $\omega_j^0=a\omega_i+b\omega_{i'}$($J_j^0\sim J_i=1$，$J_j^0\sim J_{i'}=0$，$a$、$b$ 为常量，由车底在站各项技术作业及实际情况确定取值)。

设客运站到发线、客技站车底停留线、调机集合分别为 $M_{dfx}^0=\{M_1^{dfx}, M_2^{dfx}, \cdots, M_{m1}^{dfx}\}$、$M_{cdx}^0=\{M_1^{cdx}, M_2^{cdx}, \cdots, M_{m_2}^{cdx}\}$、$M_{dj}^0=\{M_1^{dj}, M_2^{dj}, \cdots, M_{m_3}^{dj}\}$。车底 J_j^0 与到发线、车底停留线、调机之间的映射关系分别为 φ_{dfx}^0：$J^0\to M^{dfx}$、φ_{cdx}^0：$J^0\to M_{cdx}^0$、φ_{dj}^0：$J^0\to M_{dj}^0$，按到发线固定运用方案、车底线类型、调机与车底类型等信息确定。

视车底 J_j^0 为待加工工件，到发线、车底停留线、调机为机器 M_r^0($M_r^0\in M^0$，$M^0=M_{dfx}^0\cup M_{cdx}^0\cup M_{dj}^0$，$m_{123}=m_1+m_2+m_3$)，将车底 J_j^0 在站技术作业过程看成具有6道工序的工件(车底)在车间的流水作业过程，即 $T_{0j}>T_{1j}>T_{2j}>T_{3j}>T_{4j}>T_{5j}$(若 $J_j^0\in J^{QS}$，T_{0j}为虚工序；若 $J_j^0\in J^{FQS}$，$T_{1j}\sim T_{5j}$均为虚工序)。

设加工描述矩阵 $\boldsymbol{D}=(j, s, r)_{n_{12}\times 6\times m_{123}}$，$(j, s, r)$表示工件(车底)$J_j^0$ 的第 s 道工序是在机器 M_r^0 上进行的；与加工描述矩阵 $\boldsymbol{D}$ 对应的加工时间矩阵 $\boldsymbol{T}=(\tau_{jrs})_{n_{12}\times 6\times m_{123}}$，$\tau_{jsr}$由旅客列车时刻表、始发(终到)作业时间标准 τ_{sf}(τ_{zd})、整备作业、车底取送时间、单机往还客技站与客运站到发场时间等信息确定取值。

视车底到达和离开客运站到发场时间 r_j^0、d_j^0 为工件的到达时间和完工期限，车底权重 ω_j^0、维修时间窗 MT - Window、工件与机器之间的映射关系 φ^0：$J^0\to M^0$(由映射关系 φ_{dfx}^0：$J^0\to M_{dfx}^0$、φ_{cdx}^0：$J^0\to M_{cdx}^0$、φ_{dj}^0：$J^0\to M_{dj}^0$共同构成，以 J^0-M^0 表示)视为待加工工件特性，将车站股道(到发线、车底停留线、牵出线等)、调机、进路(轨道电路、道岔、信号机等)等车站设施设备看成可再生资源，以加权总误工数最小为目标，结合车底在站技术作业过程和可再生资源的特征，构建客运站股道运用耦合模型，记为 CSM：

$$FF6 \mid \text{res}\cdots,\ r_j^0,\ d_j^0,\ \boldsymbol{T},\ \text{MT}-\text{Window},\ J^0-M^0 \mid \sum_{\forall j}(\omega_j^0 u_j) \tag{4-29}$$

其中，u_j 表示工件(车底)是否误工，$u_j=1$ 表示工件误工，车底 J_j^0 所属列车无法正点运行，否则 $u_j=0$。

综合考虑客车车底接续作业、列车早晚点和因列车(或车底)到开时间提前或延误引起的费用，客运站股道运用耦合问题视为按时完工的窗时排序问题，以总费用最小和股道运用效率最大为目标函数，建立股道运用第1类多目标、可恢复资源的耦合窗时排序模型，记为CDW：

$$FF6 \mid \text{res}\cdots,\ r_j^0,\ d_j^0,\ \boldsymbol{T},\ \text{MT}-\text{Window},\ J^0-M^0 \mid (-E/f_{\text{total}}) \tag{4-30}$$

s. t.

$$T_{0j}>T_{1j}>T_{2j}>T_{3j}>T_{4j}>T_{5j} \tag{4-31}$$

$$R^{\text{fc}}_{j[S_j^{\text{fc}},\,E_j^{\text{fc}}]} \cap R^{\text{fc}}_{j'[S_j^{\text{fc}},\,E_j^{\text{fc}}]}=\varnothing \quad R_j^{\text{fc}},\ R_{j'}^{\text{fc}}\in R,\ j\neq j',\ \forall j,\ \forall j' \tag{4-32}$$

$$R^{\text{jc}}_{j[S_j^{\text{jc}},\,E_j^{\text{jc}}]} \cap R^{\text{jc}}_{j'[S_j^{\text{jc}},\,E_j^{\text{jc}}]}=\varnothing \quad R_j^{\text{jc}},\ R_{j'}^{\text{jc}}\in R,\ j\neq j',\ \forall j,\ \forall j' \tag{4-33}$$

$$R^{\text{jc}}_{j[S_j^{\text{jc}},\,E_j^{\text{jc}}]} \cap R^{\text{fc}}_{j'[S_j^{\text{jc}},\,E_j^{\text{jc}}]}=\varnothing \quad R_j^{\text{jc}},\ R_{j'}^{\text{fc}}\in R,\ \forall j,\ \forall j' \tag{4-34}$$

$$R_{j1[S_{j1},\,E_{j1}]} \cap R_{j1'[S_{j1},\,E_{j1}]}=\varnothing \quad R_{j1},\ R_{j1'}\in R,\ j1\neq j1',\ \forall j1,\ \forall j1' \tag{4-35}$$

$$R_{j2[S_{j2},\,E_{j2}]} \cap R_{j2'[S_{j2},\,E_{j2}]}=\varnothing \quad R_{j2},\ R_{j2'}\in R,\ j2\neq j2',\ \forall j2,\ \forall j2' \tag{4-36}$$

$$R_{dj[S_{dj},\,E_{dj}]} \cap R'_{dj'[S_{dj},\,E_{dj}]}=\varnothing \quad R_{dj},\ R_{dj'}\in R,\ dj\neq dj',\ \forall dj,\ \forall dj' \tag{4-37}$$

$$R_{j1[S_{j1},\,E_{j1}]} \cap R_{j2[S_{j1},\,E_{j1}]}=\varnothing \quad R_{j1},\ R_{j2}\in R,\ \forall j1,\ \forall j2 \tag{4-38}$$

$$R_{j1[S_{j1},\,E_{j1}]} \cap R_{dj[S_{j1},\,E_{j1}]}=\varnothing \quad R_{j1},\ R_{dj}\in R,\ \forall j1,\ \forall dj \tag{4-39}$$

$$R_{j2[S_{j2},\,E_{j2}]} \cap R_{dj[S_{j2},\,E_{j2}]}=\varnothing \quad R_{j2},\ R_{dj}\in R,\ \forall j2,\ \forall dj \tag{4-40}$$

$$R^{\text{xc}}_{jg[S_j,\,E_{j1}]} \cap R^{\text{dc}}_{j'g[S_j,\,E_J]}=\varnothing \quad R_j^{\text{xc}},\ R_{j'}^{\text{dc}}\in R,\ j\neq j',\ \forall j,\ \forall j' \tag{4-41}$$

$$E_{k[S'_{kh},\,E'_{kh}]} \cap E_{k[S'_{kh},\,E'_{kh'}]}=\varnothing \quad E_k\in M_{dj},\ h\neq h',\ \forall h,\ \forall h' \tag{4-42}$$

$$\sum_{k=1}^{m_{tk}} x_{m'_k[\boldsymbol{r}_j^{\text{tk}},\,\boldsymbol{d}_j^{\text{tk}}]} \leqslant 1 \quad \forall j \tag{4-43}$$

$$\sum_{k'=1}^{\max 1} y_{jk'[S_{k'},\,E_{k'}]} \leqslant 1 \quad \forall j \tag{4-44}$$

$$\sum_{k'=1}^{n_{12}} y_{jk'[S_{k'},\,E_{k'}]} \leqslant 1 \quad \forall k' \tag{4-45}$$

$$\sum_{p=1}^{\text{total}} z_{ip} = 1 \quad \forall i \tag{4-46}$$

$$\sum_{j=1}^{n} x_{m'_k[\boldsymbol{r}_j^{\text{tk}},\,\boldsymbol{d}_j^{\text{tk}}]} \leqslant \beta_k \quad \forall k \tag{4-47}$$

$$\sum_{i=1}^{n} z_{ip} \leqslant \alpha_p \quad \forall p \tag{4-48}$$

$$x_{m'_k[\boldsymbol{r}_j^{\text{tk}},\,\boldsymbol{d}_j^{\text{tk}}]}=0 \text{ or } 1 \quad \forall k,\ \forall j \tag{4-49}$$

$$y_{jk'[S_{k'},E_{k'}]}=0\ \text{or}\ 1\quad \forall j,\ \forall k' \tag{4-50}$$

$$z_{ip}=0\ \text{or}\ 1\quad \forall i,\ \forall p \tag{4-51}$$

$$\beta_k=1\ \text{or}\ 2\quad \forall k \tag{4-52}$$

$$\alpha_p=1\ \text{or}\ 2\quad \forall p \tag{4-53}$$

其中，式(4-30)表示具有 6 道工序、在总费用满足一定条件的股道运用效率最大的第 1 类多目标排序及可恢复资源的耦合窗时排序问题；式(4-31)表示客车车底在站技术作业过程，即依次是车底到发作业 T_{0j}、终到作业 T_{1j}、入库作业 T_{2j}、整备作业 T_{3j}、出库作业 T_{4j}和始发作业 T_{5j}；式(4-32) ~ 式(4-34)分别表示发车进路、接车进路、接发车进路之间不存在敌对进路同时开通；式(4-35) ~ (4-40)分别表示入库、出库和单机作业之间不能存在敌对进路同时开通的情况；式(4-41)表示接发车作业和调车作业进路不能存在敌对进路同时开通的情况；式(4-42)表示调机在同一时间内只能被同一项作业(包括入库作业、出库作业和单机作业)占用；式(4-43)、(4-44)表示车底在同一时间内最多占用一条股道、一条进路；式(4-45)表示同一时间内一条进路最多被一个车底占用；式(4-46)表示一列列车只能占用一个站台；式(4-47)表示同一时间内占用某一股道的车底数不能超过其最大容许占用车底数；式(4-48)表示某个时段内某一站台的接发列车数不能超过其最大容许接发列车数；式(4-49)表示车底停靠股道的 0-1 变量约束，若车底 $\bar{J}_j$ 在时间区段$[\boldsymbol{r}_j^{\mathrm{tk}},\ \boldsymbol{d}_j^{\mathrm{tk}}]$内停靠股道 m'_k，则 $x_{m'_k[\boldsymbol{r}_j^{\mathrm{tk}},\boldsymbol{d}_j^{\mathrm{tk}}]}=1$，否则 $x_{m'_k[\boldsymbol{r}_j^{\mathrm{tk}},\boldsymbol{d}_j^{\mathrm{tk}}]}=0$；式(4-50)表示车底占用进路的 0-1 变量约束，若车底 $\bar{J}_j$ 在时间区段$[S_{k'},\ E_{k'}]$内占用进路 $R_{k'}^{\mathrm{xdc}}$，则 $y_{jk'[S_{k'},E_{k'}]}=1$，否则 $y_{jk'[S_{k'},E_{k'}]}=0$；式(4-51)列车停靠站台的 0-1 约束变量，若列车 J_i 占用站台 P_p，则 $z_{ip}=1$，否则 $z_{ip}=0$；式(4-52)、式(4-53)为股道、站台的最大容许占用车底或接发列车数，一般取值为 1 或 2。

4.2.3　自律优化算法

单台机器排序问题 $1\parallel\sum D_i$ 和 $1\parallel\sum\omega_i D_i$ 均是 NP 困难的，单台机器的窗时排序问题是强 NP 困难的；若排序问题 $1\parallel f$ 是 NP 困难(或强 NP 困难)的，则第 1 类多目标排序问题 $1\parallel(g/f)$ 也是 NP 困难(或强 NP 困难)的。依据问题和算法之间的归约关系，易知股道运用系列排序模型 PS、MSI、DWS 和 CS、CSM、DW 所表示的排序问题均为 NP-Hard 问题。

结合客运站行车和调车作业活动，采用经典排序理论中的基本和合成分派规则，通过对当前解的局部扰乱，运用解改进优化策略使得当前解逐步向最优解靠近，设计通用高效的启发式算法求解此类问题。

4.2.3.1　解改进优化策略

解改进优化策略除了采用 2.4.2 节、3.2.4 节中的策略外，还可考虑以下两

种方式:

(1)分派规则。通过对3.3.4节中不同分派规则的相互组合，调整或固定部分列车占用股道的优先顺序，达到优化的目的。

(2)组内变换。占用同组股道或调机的同类车底之间相互交换各自占用的股道或调机，或调整同类列车占用股道、调机、进路的起止时间和行调车作业时间，达到优化的目的。

4.2.3.2　自律优化算法

采用分派规则和解改进优化策略，结合进路、调机、站台与股道的自律检查和分散控制，设计自律优化算法和三步算法，制订和调整基于耦合的客运站股道运用计划。自律优化算法步骤如下:

Step 1: 初始化。输入列车时刻表 J、车底与到发线、车底停留线及调机之间的映射关系 J^0-M^0、维修时间窗 MT－Window、集合 M^0、P、R、J^0，始发和终到作业时间标准 τ_{sf} 和 τ_{zd}、整备作业、车底取送时间、单机往返客技站与客运站到发场时间、早晚点时间窗等基础数据。

Step 2: 预处理。根据 MT－Window 封锁相关进路，$J-J'$ 确定车次间的套跑关系，计算各次列车的早晚点时间窗和 r_i、c_i、p_i、θ_i、车底到达和离开客运站到发场时间 r_j^0、d_j^0 等参数以及时间的实数转化，并构造加工矩阵 $\boldsymbol{D}=(j,s,r)_{n_{12}\times 6\times m_{123}}$。

Step 3: 分派规则。根据所选择的基本或合成分派规则，按公式(3－58)计算各规则的度量参数 P_{g_i}、列车提前或延误的单位费用。

Step 4: 车底预排。按分派规则的度量参数依次对车底预排，并初步确定待工件加工的加工顺序。

Step 5: 自律检查。结合 J^0-M^0、资源均衡使用的要求、进路解锁方式及释放时间，释放当前未被占用的进路资源，并检测由符合条件的进路所构成备选进路集中的轨道电路是否空闲有效，确定待检测进路是否被其他作业占用，若空闲则并入空闲进路集合；按尽可能开通平行进路和减少作业冲突的原则，从空闲进路集合中选择合适的进路，并确定该项作业占用的进路资源及其释放时间窗，初次确定列车占用股道、站台、调机及作业进路等信息。

Step 6: 分散控制。统计未安排或具有调整空间的车底或列车，在时间窗允许范围内，根据自律检查的结果调整某些车底或列车的相关时间参数，再次确定列车占用股道、站台、调机及作业进路等信息。

Step 7: 调整优化。采用解改进优化策略，适时调整当前解，统计各项指标 $\sum w_iD_i$、$\sum\limits_{\forall j}(\omega_j^0u_j)$、$f_{total}$、$S_\rho^2$、$E$ 和目标函数值，记录当前最优解，若不满足算法终止条件，转 Step 3；否则转 Step 8。

Step 8：输出各次车底及所属旅客列车占用股道、站台、调机、接发车和取送作业进路及目标函数值。

4.3 实时调整耦合窗时排序问题

4.3.1 实时调整耦合窗时排序模型

由上文分析易知，股道运用实时调整主要包括三类：①调整股道或站台、进路；②调整列车到发时刻；③调整作业时间标准、取消列车等。窗时排序模型DW和耦合窗时排序模型CDW虽然在一定程度上能够解决实时调整问题，因优化目标计算过程较为复杂，耗时较长，不能满足实时调整强时效性要求。因此，股道运用实时调整应以既有股道运用计划为参照对象，调整后的计划尽量逼近既有计划，以免影响车站作业的正常秩序和旅客乘车的方便。从以下几个角度评价客运站股道运用实时调整计划：

(1)加权到发总晚点时分最小。

$$\min Z_{10} = \sum_{i=1}^{n'} (\omega_{ia}(|x_i| - |x_{ia}^*|) + \omega_{id}(|y_i|) - |y_{ia}^*|) \tag{4-54}$$

s. t.

$$|x_i| \geqslant |x_{ia}^*| \tag{4-55}$$

$$|y_i| \geqslant |y_{id}^*| \tag{4-56}$$

式中，x_i、y_i 分别表示列车 J_i 的图定到达时刻和图定出发时刻，x_{ia}^*、y_{id}^* 分别表示列车 J_i 的实际到达时刻和实际出发时刻，ω_{ia}、ω_{id} 分别表示适于不同等级的旅客列车到达和出发晚点所引起的严重程度，旅客列车的等级越高，列车所对应的权重 ω_{ia}、ω_{id} 也就越大；n' 表示从第一列晚点列车开始的剩余列车数。

(2)加权早晚点列车数。

为统计旅客列车的早晚点数，确保列车安全正点运行，特定义函数sgn：

$$\mathrm{sgn}(a-b) = \begin{cases} 1 & a \neq b \\ 0 & a = b \end{cases} \tag{4-57}$$

则列车加权到发早晚点数为：

$$Z_{11} = \sum_{i=1}^{n'} \omega_i [\mathrm{sgn}(|x_i| - |x_{ia}^*|) + \mathrm{sgn}(|y_i| - |y_{id}^*|)] \tag{4-58}$$

(3)加权晚点和最小。

综合考虑列车晚点时分、发生早晚点的列车数量，构建列车晚点始发和发生早晚点列车数量即加权晚点和最小的模型，如下所示：

$$\min Z_1 = q_1 Z_{10} + q_2 Z_{11}，或$$

$$\min Z_1 = q_1 \sum_{i=1}^{n'} (\omega_{ia}(|x_i| - |x_{ia}^*|) + \omega_{id}(|y_i|) - |y_{id}^*|)$$

$$+ q_2\omega_i[\operatorname{sgn}(|x_i| - |x_{ia}^*|) + \operatorname{sgn}(|y_i| - |y_{id}^*|)] \tag{4-59}$$

s. t.

$$|x_i| \geqslant |x_{ia}^*| \tag{4-60}$$

$$|y_i| \geqslant |y_{id}^*| \tag{4-61}$$

式中，q_1、q_2 分别表示列车晚点时分加权因子、早晚点列车数加权因子。式中的第一、二项分别对应列车的总到达晚点时分和总出发晚点时分，等级越高的晚点列车的加权系数 ω_{ia}、ω_{id}越大，起到有效惩罚的作用，保证高等级列车的晚点时分尽可能地少；第三、四项分别对应发生早晚点的列车总数量；公式(4－59)中在晚点时分和早晚点列车数量之间额外加入加权因子 q_1、q_2，有利于通过调节这两个加权因子的具体取值，实现调节列车晚点时分和早晚点列车数二者之间的严重程度，由车站值班员综合考虑各种因素给出具体的取值。目标函数 Z_1 的取值越小表示列车的正点率越高，无列车发生早晚点时 Z_1 为最小值 0。

(4)便于旅客乘降。

客运站股道运用实时调整优化问题除了要考虑列车晚点时分和早晚点列车数量以外，还应考虑旅客的满意程度，便于旅客乘降。既考虑列车晚点最少，还要考虑股道运用计划波动和旅客方便程度即尽量使用原股道来接发旅客列车。

股道运用计划波动和旅客方便程度可按式(4－62)衡量，即：

$$Z_2 = \sum_{i=1}^{n} \sum_{k=1}^{m} \omega_i G_{ik} C_{ik} o_{ik} \tag{4-62}$$

式中，$o_{ik}=1$ 表示列车 J_i 占用股道 M_k，否则 $o_{ik}=0$；$C_{ik}=0$ 表示列车 J_i 占用的股道与计划股道一致，否则 $C_{ik}=1$；$G_{ik}=1$ 表示列车 J_i 可以占用股道 M_k，且符合股道固定运用方案，$G_{ik}=0$ 表示列车 J_i 不可以占用股道 M_k，$G_{ik} \in (0, 1)$ 则表示列车 J_i 可以占用股道 M_k，但不符合股道固定运用方案。

由上述分析可知，上述三种目标函数 Z_{10}、Z_{11} 及 Z_1 是三种可供车站值班员自由选择，并表示不同的优化目标如选择目标函数 Z_1 则说明在实时调整时应尽量使列车接入原股道，便于旅客乘降。同时，股道运用调整计划也必须符合股道运用计划自动编排问题的约束条件，但在目标函数的设置上略有不同。

对于不办理大量始发终到旅客列车作业的客运站而言，结合客运站股道运用窗时排序问题、股道运用实时调整优化问题以股道运用实时调整总费用在满足一定条件下，以目标股道运用计划波动和旅客方便程度最大(负的最小)、列车加权晚点和最小分别为第一、二优化目标函数，建立股道运用实时调整可控排序模型，记为 CS：

$$Pm \mid r_i,\ c_i,\ \omega_i,\ \theta_i,\ J-J',\ \text{J-Mapping},\ \text{MT-Window} \mid ((Z_1/(-Z_2))/f_{\text{total}}) \tag{4-63}$$

对于办理大量始发终到旅客列车技术作业的客运站而言，客运站股道运用实时调整优化问题，应结合客运站股道运用耦合窗时排序问题、行调车作业协调、可再生资源的特征，综合考虑客车车底接续作业、列车早晚点和因列车(或车底)到开时间提前或延误引起的费用，客运站股道运用实时调整优化问题视为按时完工的准时排序、可控排序问题。股道运用实时调整总费用在满足一定条件下，以目标股道运用计划波动和旅客方便程度最大(负的最小)、列车加权晚点和最小分别为第一、二优化目标函数，构建铁路客运站股道运用实时调整耦合窗时模型，记为 CCSM：

$$FF6 \mid \text{res}\cdots,\ r_j^0,\ d_j^0,\ \boldsymbol{T},\ \text{MT-Window},\ J^0-M^0 \mid ((Z_1)/(-Z_2))/f_{\text{total}}) \tag{4-64}$$

4.3.2　基于规则的启发式求解算法

分派规则(详见 3.3.4 节)一旦给定，列车在股道上的加工顺序即可确定，在列车占用股道时间不改变的前提下，降低了解的可搜索空间。为扩大解搜索范围，提高解的重量，通过设置如下两种解改进策略，大范围调整解变换过程，以期在期望时间内获得客运站股道运用优化问题的满意解或较优解。

(1)规则组合策略。通过对不同分派规则的相互组合，调整或固定部分列车占用股道的优先顺序，达到优化的目的。

(2)组内变换策略。占用同组股道的同类旅客列车之间相互交换各自占用的股道，或调整同类列车占用股道、进路的起止时间和其他作业时间参数，达到优化的目的。

结合旅客列车在站技术作业过程及特征，采用上述分配规则与解改进优化策略，设计基于规则的启发式求解算法。

算法 1：基于规则的客运站股道运用计划编制与常态调整启发式算法

输入：列车时刻表(列车集合 $\boldsymbol{J}$，到达和离开车站时间 x_i 与 y_i)，车底周转计划 $J-J'$，作业时间窗 O－Window，客运站股道集合 $\boldsymbol{M}$、站台集合 $\boldsymbol{P}$、进路集合 $\boldsymbol{R}$，股道与列车之间映射关系 J－Mapping，股道与站台之间映射关系 $T-P$，始发和终到作业时间 τ_{sf}和 τ_{zd}，其他相关基本参数 γ_{kf}、$\gamma_{kf'}$、$t_{k'}^{\text{fa}}$、t_k^{s}、t_{Kx}以及列车早晚点引起单位费用变化率调节数、延误时间、折扣因子 r_{d}、可选的分派规则等。

输出：最优铁路客运站股道运用计划或实时调整计划，包括旅客列车占用进路、站台、股道、轨道电路编号及其起止时间等。

Step 1：初始化

按公式(2－2)、(2－3)确定列车 J_i 的初始实际到达和离开车站时间，令接发车作业占用进路时间 t_i^{jc}、t_i^{fc} 均为一个大数(i. e. 1440 minutes), $x_{ik}=0$, $y_{ik'}=0$, $z_{ip}=0$, $\rho_k=0$, $D_i=1$, 根据作业时间窗 O – Window 确定股道 M_k、轨道电路 $S_{k'o}$ 及相关进路 $r_{k'}$ 的封锁时间段, 由车底周转计划 $J-J'$ 确定哪些列车共用同一客车车底, 设置算法终止条件, 当前最优解、当前解及目标函数值。

Step 2: 过程参数预处理

计算每条股道、站台最多可容纳的列车数 β_k、α_p, 各列车的等级权重 ω_i 和有限度 θ_i, 计算工件的到达时间 r_i、完工期限 c_i 和初始加工时间 p_i, 确定各列车早晚点引起单位费用变化率函数 $f(w_g, \theta_g, t)$, 到达与出发时间窗 $[a_{gg}, b_{gg}]$。

Step 3: 待加工工件排序

对于每组旅客列车到达和离开客运站的时间, 调用算法 2, 初步确定待工件加工的加工顺序。

Step 4: 自律检查

对于有序的加工顺序表 J' 中的各个列车, 调用算法 3, 初始安排该列车所占用的股道、站台、进路及其起止时间。

Step 5: 分散控制

对于未安排的列车集合 Γ 中的所有列车, 调用算法 4, 再次确定未安排列车占用的股道、站台、进路及其起止时间。

Step 6: 调整优化

Step 6.1: 新解与当前最优解。

以当前解为基础, 采用规则组合策略和组内变化策略, 调用算法 5, 获得新解。若当前解好于当前最优解, 则当前解置为当前最优解, 更新当前最优解所对应的目标函数值(i. e. S_ρ^2、$\sum\omega_i D_i$、$(-E/\sum(w_i D_i))$、$((-E+\xi_l\sum\omega_i D_i)/f_{\text{total}})$ 或 $Z_1/(-Z_2))/f_{\text{total}}$。否则, 以一定概率接收恶化解使之作为当前解。

Step 6.2: 算法终止条件判断。

若满足算法终止条件, 以当前最优解为最终优化解输出, 算法结束, 否则转 6.1。

算法 2: 待加工工件排序算法

输入: 无序的列车集合 $\boldsymbol{J}$。

输出: 有序的工件加工顺序表 $\boldsymbol{J'}$。

Step 1: 计算度量参数

计算各种分派规则所需的度量参数, 包括权重 ω_i、有限度 θ_i、到达时间 r_i、完工期限 c_i、加工时间 p_i、单位权值最短加工时间 p_i/ω_i, 加权折扣最短加工时间优先 P_{15_i}(用">"表示"优先于")。

Step 2: 规则排序(三者取一)

Step 2.1: 基本分派规则排序。

按基本排序问题最优解规则(i. e. EDD、FIFO、SPT、WSPT、WDSPT)、权重大小、有限度大小规则，确定其加工顺序 J'。

对于任意两列旅客列车 J_i 和 $J_j(i \neq j)$ 有：

For rule EDD，若 $c_i \leqslant c_j$，则列车 J_i 优先于列车 J_j，即 $J_i > J_j$；否则 $J_j > J_i$；

For rule FIFO，若 $r_i \leqslant r_j$，则列车 J_i 优先于列车 J_j，即 $J_i > J_j$；否则 $J_j > J_i$；

For rule EDD，若 $p_i \leqslant p_j$，则列车 J_i 优先于列车 J_j，即 $J_i > J_j$；否则 $J_j > J_i$；

For rule WSPT，若 $p_i \omega_j \leqslant p_j \omega_i$，则列车 J_i 优先于列车 J_j，即 $J_i > J_j$；否则 $J_j > J_i$；

For rule WDSPT，若 $\omega_i \geqslant \omega_j$，则列车 J_i 优先于列车 J_j，即 $J_i > J_j$；否则 $J_j > J_i$；

For rule ω，若 $\omega_i \geqslant \omega_j$，则列车 J_i 优先于列车 J_j，即 $J_i > J_j$；否则 $J_j > J_i$；

For rule θ，若 $\theta_i \leqslant \theta_j$，则列车 J_i 优先于列车 J_j，即 $J_i > J_j$；否则 $J_j > J_i$。

Step 2.2：合成分派规则排序。

按合成分派规则排序，确定其加工顺序 $\boldsymbol{J}'$。

对于任意两列旅客列车 J_i 和 $J_j(i \neq j)$ 有：

For rule FIFO－EDD，若 $r_i < r_j$，或 $r_i = r_j$ 且 $c_i \leqslant c_j$，则列车 J_i 优先于列车 J_j，即 $J_i > J_j$；否则 $J_j > J_i$；

For rule EDD－FIFO，若 $c_i < c_j$，或 $c_i = c_j$ 且 $r_i \leqslant r_j$，则列车 J_i 优先于列车 J_j，即 $J_i > J_j$；否则 $J_j > J_i$；

For rule WSPT－EDD，若 $p_i \omega_j < p_j \omega_i$，或 $p_i \omega_j = p_j \omega_i$ 且 $c_i \leqslant c_j$，则列车 J_i 优先于列车 J_j，即 $J_i > J_j$；否则 $J_j > J_i$；

For rule WSPT－FIFO－EDD，若 $p_i \omega_j < p_j \omega_i$，或 $p_i \omega_j = p_j \omega_i$ 且 $r_i < r_j$，或 $p_i \omega_j = p_j \omega_i$ 且 $r_i = r_j$ 且 $c_i \leqslant c_j$，则列车 J_i 优先于列车 J_j，即 $J_i > J_j$；否则 $J_j > J_i$。

Step 2.3：θ 组合规则排序。

按 θ 组合规则排序，确定其加工顺序 $\boldsymbol{J}'$。

对于任意两列旅客列车 J_i 和 $J_j(i \neq j)$ 有：

For rule θ－FIFO－EDD，若 $\theta_i < \theta_j$，或 $\theta_i = \theta_j$ 且 $r_i < r_j$，或 $\theta_i = \theta_j$，$r_i = r_j$ 且 $c_i \leqslant c_j$，则列车 J_i 优先于列车 J_j，即 $J_i > J_j$；否则 $J_j > J_i$；

For rule $\theta-\omega$－FIFO－EDD，若 $\omega_i > \omega_j$，或 $\omega_i = \omega_j$ 且 $\theta_i < \theta_j$，或 $\omega_i = \omega_j$，$\theta_i = \theta_j$ 且 $r_i < r_j$，或 $\theta_i = \omega_j$，$\theta_i = \theta_j$，$r_i = r_j$ 且 $c_i \leqslant c_j$，则列车 J_i 优先于列车 J_j，即 $J_i > J_j$；否则 $J_j > J_i$；

For rule $\omega-\theta$－FIFO－EDD，若 $\theta_i < \theta_j$，或 $\theta_i = \theta_j$ 且 $\omega_i > \omega_j$，或 $\theta_i = \theta_j$，$\omega_i = \omega_j$ 且 $r_i < r_j$，或 $\theta_i = \theta_j$，$\omega_i = \omega_j$，$r_i = r_j$ 且 $c_i \leqslant c_j$，则列车 J_i 优先于列车 J_j，即 $J_i > J_j$；否则 $J_j > J_i$；

For rule ω/θ－FIFO－EDD，若 $\omega_i \theta_j < \omega_j \theta_i$，或 $\omega_i \theta_j = \omega_j \theta_i$ 且 $r_i < r_j$，或 $\omega_i \theta_j = \theta_i \omega_j$，$r_i = r_j$ 且 $c_i \leqslant c_j$，则列车 J_i 优先于列车 J_j，即 $J_i > J_j$；否则 $J_j > J_i$；

算法 3：自律检查算法

输入：目标列车 J_i。

输出：列车占用股道、站台、进路及其起止时间。

Step 1：股道、站台和进路释放检查

若目标列车 $J_i \in \Gamma$，直接转 Step 2；否则：以当前处理列车在站作业时间区段为基础，结合可恢复资源（股道、站台、进路及其轨道电路）的释放时间窗和进路解锁方式，判断所有已处理列车涉及的资源是否可以释放，若可以，则释放相关列车所占用的资源；否则继续封锁相关资源。

Step 2：分配股道

为列车 J_i 分配所占用的股道 M_k，选择的条件如下：

（1）股道 M_k 与列车 J_i 之间的关系必须满足客运站股道与列车之间映射关系 $J-$Mapping，即 $k \wedge i = 1$；

（2）股道 M_k 在列车 J_i 在股道上作业时间段 $[x_i^*, y_i^*]$ 内空闲；

（3）股道 M_k 上停靠列车数量尚未超过其允许最大可停靠列车数 β_k；

（4）股道 M_k 所属站台 z_p 上停靠列车数量尚未超过其允许最大可停靠列车数 α_p；

（5）股道 M_k 被列车占用的总时间 $\sum_z t_z^k$ 最小、次数 ρ_k 最少。

若存在股道 M_k 全部满足上述 5 个条件，则将列车 J_i 安排在股道 M_k，此时 $\rho_k = \rho_k + 1$，$D_i = 0$，$x_{ik} = 1$；若存在股道 M_k 满足上述条件的（1）～（4），也可将列车 J_i 安排在股道 M_k，此时 $\rho_k = \rho_k + 1$，$D_i = 0$，$x_{ik} = 1$；其他情形均视为不存在这样的股道 M_k 供列车 J_i 在区间 $[x_i^*, y_i^*]$ 内使用，应将列车 J_i 放入未安排的列车集合 Γ 中，并记录未安排原因，此时 $J_i \in \Gamma$，$D_i = 1$，$x_{ik=0}$，算法 3 结束。

Step 3：分配进路

Step 3.1：确定备选进路集。

对于列车 J_i 所占用的股道 M_k，从进路集 $\boldsymbol{R}$ 找出符合条件的备选进路集 $\boldsymbol{R}_i$。

Step 3.2：空闲备选进路集。

检测备选进路集 $\boldsymbol{R}_i$ 中进路 $r_{k'}$ 的轨道电路 $s_{k'o}$ 是否空闲有效，确定待检测进路 $r_{k'}$ 是否被其他作业占用，若空闲则并入空闲进路集合 $\boldsymbol{R}_i'$。

Step 3.3：进路占用。

按尽可能开通平行进路和减少作业冲突的原则，从空闲进路集合 $\boldsymbol{R}_i'$ 中选择合适的可行进路 $r_{k'}$，$y_{ik'} = 1$，并确定该项作业占用进路 $r_{k'}$ 的起止时间 $S_i^{k'}$、$E_i^{k'}$，进路 $r_{k'}$ 中轨道电路 $s_{k'o}$ 占有的起止时间，统计列车 J_i 接发车作业占用进路时间 t_i^{jc}、t_i^{fc}，$\sum_z t_z^k = \sum_z t_z^{\mathrm{k}} + t_i^{\mathrm{jc}} + t_i^{\mathrm{fc}} + |y_i^* - x_i^*|$；若无合适的可行 $r_{k'}$，$x_{ik} = 0$，$\rho_k = \rho_k - 1$，$D_i = 1$，返回 Step 2，选择另一股道。

Step 4：分配站台

若 $x_{ik}=1$，则满足股道与站台之间映射关系 $T-P$ 的站台 z_p 被占用，即 $z_{ip}=1$。

算法 4：分散控制算法

输入：未安排的列车集合 $\boldsymbol{\Gamma}$。

输出：可调整的未安排列车占用股道、站台、进路及其起止时间。

Step 1：可调整的未安排列车集合 $\boldsymbol{\Gamma}_i$

若 $\boldsymbol{\Gamma}=\varnothing$，则算法 4 结束，否则，按列车到达和离开车站时间窗 $[a_{gg}, b_{gg}]$ 的时间总跨度 $\sum|b_{gg}-a_{gg}|$ 由小到大依次排序形成调整容量递增的可调整的未安排列车集合 $\boldsymbol{\Gamma}'$，并且通过(含经停)旅客列车优先，即对于集合 $\boldsymbol{\Gamma}'$ 中的任意 2 列列车 $J_{i'}$ 和 $J_{i''}$，若 $J_{i'}\in \boldsymbol{J}_{tg}$，$J_{i''}\in \boldsymbol{J}_{tg}$，则 $J_{i'}>J_{i''}$，否则 $J_{i''}>J_{i'}$。

Step 2：分散控制

按照列车集合 $\boldsymbol{\Gamma}'$ 中列出的顺序，依次安排各列车。在时间窗 $[a_{gg}, b_{gg}]$ 范围内调整旅客列车到达和离开车站时间 x_i^*、y_i^*。调用算法 3，以总够小的时间片(i. e. 1 or 2 minutes)作为目标列车到达或离开车站的递增递减值，对 x_i^*、y_i^* 进行修正，直至找到符合条件的股道、站台、进路或超出时间窗 $[a_{gg}, b_{gg}]$ 范围或超出给定试验次数(i. e. 10 次)。

算法 5：解变换算法

输入：当前解和解改进策略。

输出：新解。

Step 1：获得待检测新解

对于规则组合策略，采用其他形式的分派规则制订出新解，或者将某些列车在不同分派规则下得到的相同的股道占用进行固定，再采用指定分派规则获得新解，算法 5 结束。

对于组内变换策略，若采用调整同类列车占用股道、进路的起止时间和其他作业时间参数，再采用指定分派规则获得新解，算法 5 结束；若通过交换占用同组股道的同类旅客列车之间各自占用的股道或同时采用上述策略，此时获得的新解即为待检测解，转 Step 2。

Step 2：合法性判断

依次调用算法 2、算法 3 检测待检测新解是否合法(所有已安排的股道、站台与进路符合客运站行车安全要求)，若合法则视之为新解，否则转 Step 1，重新获得新解。

基于规则的客运站股道运用计划编制与调整启发式求解算法普遍适用于计划或实时调整模式下客运站股道运用计划编制与实时调整，仅仅目标函数设置不同；可以删除该算法中 Step 6，直接使用分派规则获得规则解，而不通过调整优化去获得优化解，大大降低程序响应时间；调整优化的过程我们还可以直接选取基于解改进优化策略的模拟退火、禁忌搜索、遗传算法等启发式算法框架。另外，在客运站股道运用计划执行的过程中，实时调整时应遵循优先级、预见性与不扩散原则，优先级原则即为 rule ω，而预见性与不扩散性原则通过目标函数 Z_1、Z_2 进行体现。

在股道运用计划执行过程中，车站值班员通常会干预计划的自动决策过程，在股道运用柔性算法、自律优化算法的基础上设计三步算法，求解股道运用的实时调整问题。三步算法的具体过程如下：

Step 1：根据股道运用计划及其执行情况，合理确定实时调整范围；不考虑车站值班员的意见，采用分派规则和解改进优化策略，自动制订股道运用初步调整优化方案。

Step 2：提交方案由车站值班员评判，若满意，则当前方案即为最终股道运用调整方案，算法终止；否则，由车站值班员给出相关干预信息或修正值。

Step 3：在优先考虑干扰信息和保持既有股道运用方案的基础上，由自律优化算法重新制订股道运用调整优化方案，转 Step 2。

4.4 算例

以广州铁路(集团)公司下辖广州东站股道运用计划编制与实时调整为背景，广州东站站场布置示意图如图 4-5 所示。

某日计划 18：00—次日 18：00 内，广州东站到发旅客列车共 264 列，直通旅客列车 86 列，始发、终到旅客列车 89 对，车底周转计划中规定 61 对始发、终到列车需在到发场办理整备作业；办理客运业务的股道 13 条，站台 7 座。设始发(终到)旅客列车办理出发(终到)作业时间一般取 40 min(30 min)，不少于 30 min(25 min)且不大于 50 min(40 min)，除非终到旅客列车不能先于图定时间开行外，其他列车的最大允许早点提前期和晚点延误期时间长分别取 5 min、10 min，车站到发场 7G 在 18：30—20：00 时段内维护。

结合 AutoCAD 二次开发过程，运用.NET、AutoACD 等工具，采用 VB(处理与 Office、AutoCAD 之间的接口)、C#(主体程序开发)开发语言，采用上述所提出的客运站股道运用计划协同编制与实时调整优化技术，开发铁路客运站股道运用决策支持系统。在使用该系统时，调度员导入旅客列车时刻表、车底周转图、车站联锁表以及股道、站台等其他基础数据，运行该系统后，即可输出股道与站台、进路占用等客运站股道运用计划。在对客运站股道运用计划进行调整或实时调整时，调度员可选择在界面图形上直接操作或由窗口进行操作，输入调整参数后，

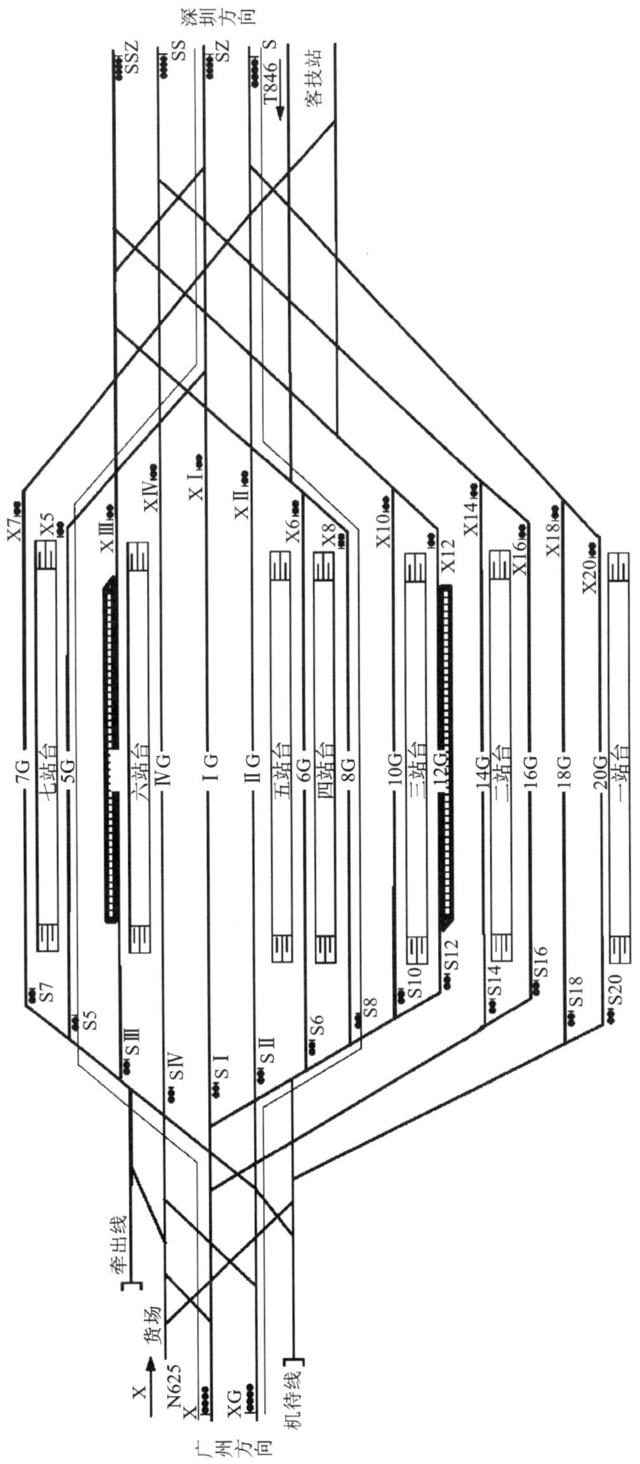

图4-5　广州东站站场布置示意图

运行该系统后即可输出调整后的客运站股道运用计划。

指定日计划内，由系统制订的广州东站当日股道运用计划图如图 4 -6 所示。

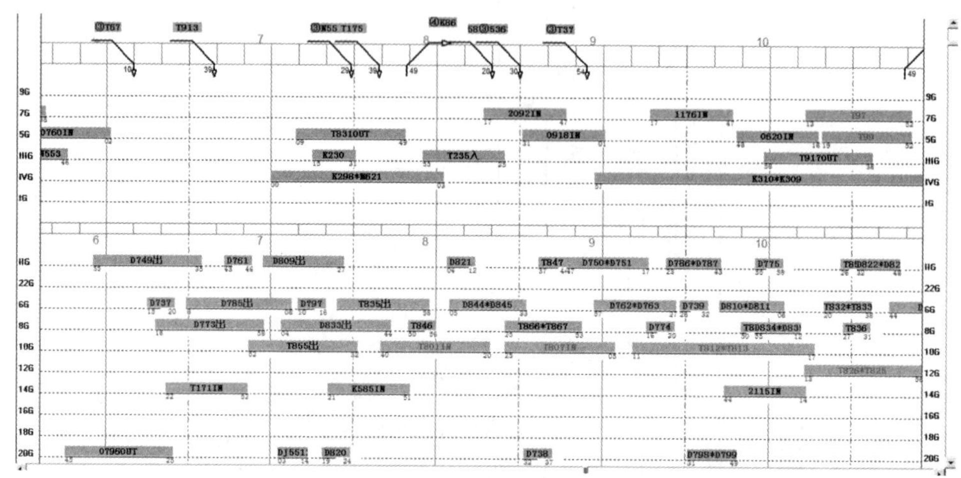

图 4 -6　广州东站股道运用计划图(6：00—11：00)

从图 4 -6 中，横向表示时间轴，纵向表示车站股道。可以直观看出列车到达和离开车站时间、停靠股道等信息，图表上方为正线不停车通过列车，带圈的数字说明列车的运行方向，IN 和 OUT 分别表示其车底需要入库，* 表示两始发终到旅客列车转变成立折旅客列车。选取模型 MSI 和 DW 作为试验对象；测试环境：IBM Thinkpad SL410(2.00 GHz CPU and 1.99 GB 内存)的 XP 系统。

首先分析某一模型在采用不同分派规则、同一算法框架下的解的好坏，以期找出最佳分派规则解决计划模式下常规和带有时间窗的股道运用计划编制问题，然后，比较是否考虑列车到达和离开车站时间窗在同一分派规则下解的不同之处，研究上述两类模型刻画问题的有效性。在时间允许的情况下，启发式算法的近似解不依赖初始解，但为了找出最佳适用规则，快速制订出最好解，给定循环次数(i. e. 20)运用各种分派规则，采用排序算法、基于规则的启发式求解算法，经系统运行后计划模式下广州东站客运站股道运用计划统计结果如表 4 -1 所示。

表4-1　计划模式下客运站股道运用计划统计结果(单位：min)

No.	Dispatch rules	MSI			DW		
		规则解	近似解	优化度/%	规则解	近似解	优化程度/%
1	EDD	335.5	215.0	35.92	290.5	143.0	50.77
2	FIFO	180.5	120.5	33.24	135.5	135.5	0
3	SPT	255.0	197.5	22.55	255.5	212.5	16.82
4	WSPT	217.5	195.0	10.34	197.5	137.5	30.38
5	WDSPT	260.0	217.5	16.35	212.5	172.5	18.82
6	ω	155.0	145.0	6.45	145.5	107.5	26.12
7	θ	117.5	85.0	27.66	120.5	78.0	35.27
8	FIFO-EDD	135.5	135.5	0	93.0	93.0	0
9	EDD-FIFO	335.5	200.0	40.39	290.5	195.5	32.70
10	WSPT-EDD	395.5	178.0	55.00	275.5	158.5	42.47
11	WSPT-FIFO-EDD	162.5	145.0	10.77	135.0	135.0	0
12	θ-FIFO-EDD	62.5	20.0	68.00	62.5	20.0	68.00
13	ω-θ-FIFO-EDD	143.0	65.0	54.55	120.0	62.5	47.92
14	θ-ω-FIFO-EDD	77.5	40.0	48.39	62.5	17.5	72.00
15	ω/θ-FIFO-EDD	55.0	35.0	36.36	57.5	19.5	66.09
最优解的目标函数值		62.5	20.0	68.00	62.5	17.5	72.00

对于MSI来说，不同分派规则获得规则解、近似解不尽相同，如图4-7所示。从横向上看，采用规则12、14、15获得规则解好，规则7、8、13获得的规则解次之，规则1、9、10最差，优先考虑规则EDD、WDSPT获得解较差(i.e. 规则1、5、9、10)；采用基本分派规则、合成分派规则、θ组合规则的平均规则解分别为217.29、257.25、84.5，θ组合规则获得的解最好，分别比前者优化61.11%、67.15%，基本规则优于合成分派规则15.54%。采用规则12、13、14、15获得的近似解最好，规则7次之，规则1、5、9最差，采用基本分派规则、合成分派规则、θ组合规则的平均近似解分别为167.93、164.63、55.63，θ组合规则获得的解最好，分别比前者优化66.87%、66.21%，合成规则优于基本分派规则1.97%。从纵向上看，基于规则10、12、14的近似解较规则解优化程度最高，优化程度均高于50%，规则8下两类解的优化程度未发生变化，最优近似解较最优规则解优化68.00%。

因此，对于 MSI 来说，宜采用优先考虑 θ 的规则，不宜采用优先考虑 EDD、WDSPT 的分派规则获得单次运行的规则解，宜采用优先考虑 θ 的规则，同时兼顾规则 10，剔除规则 8，提高获得较低少有限次运行的近似解质量，缩短铁路客运站股道运用计划的制订时间。

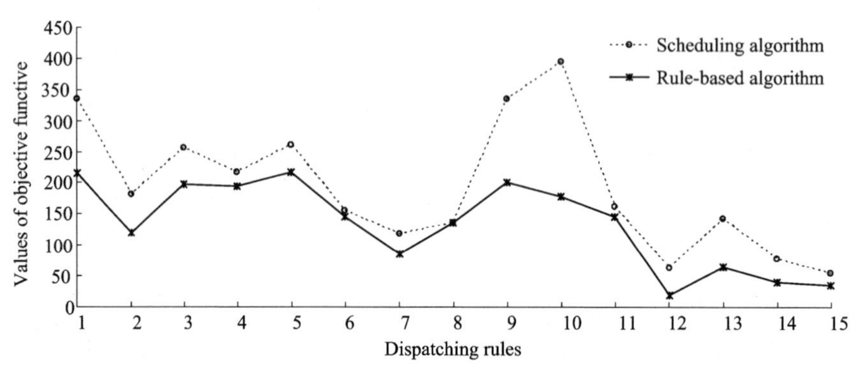

图 4 –7　MSI 的规则解与近似解

对于 DW 来说，不同分派规则获得规则解、近似解不尽相同，如图 4 –8 所示。从横向上看，采用规则 8、12、14、15 获得规则解好，规则 2、7、11、13 获得的规则解次之，规则 1、3、9、10 较差，优先考虑规则 EDD 获得解较差(i. e. 规则 1、9)；采用基本分派规则、合成分派规则、θ 组合规则的平均规则解分别为 193.93、198.5、75.63，θ 组合规则获得的解最好，分别比前者优化 61%、91%，基本规则略优于合成分派规则 2.3%。采用规则 12、14、15 获得的近似解最好，规则 7、13 次之，规则 3、9 最差，采用基本分派规则、合成分派规则、θ 组合规则的平均近似解分别为 140.93、145.5、29.88，θ 组合规则获得的解最好，分别比前者优化 78.8%、79.5%，基本规则优于合成分派规则 3.1%。从纵向上看，基于规则 12、14、15 的近似解较规则解优化程度最高，优化程度 70% 左右，规则 2、8、11 下两类解的优化程度未发生变化，最优近似解较最优规则解优化 72.00%。因此，对于 DW 来说，宜采用优先考虑 θ 的规则、规则 8，不宜采用优先考虑 EDD 的分派规则获得单次运行的规则解，宜采用优先考虑 θ 的规则，同时兼顾规则 7，剔除规则 2、8、11，提高获得较低少有限次运行的近似解质量，缩短制订计划所需时间。

综合考虑 MSI 和 DW，规则 3、7、12、15 获得的规则解优劣程度相差不大，规则 6、13、14 次之，规则 10 相差最大，后者较前者优化程度高达 30%；同一规则下 DW 的解要优于 MSI 的解(如图 4 –9)，这是由于 DW 放宽了对列车到达、离开车站的时间约束，增加了解空间所致。规则 9、12、13 获得的近似解优劣程度相差不大，规则 2、7 次之(如图 4 –10)；同一规则下 DW 解大部分优于 MSI 的

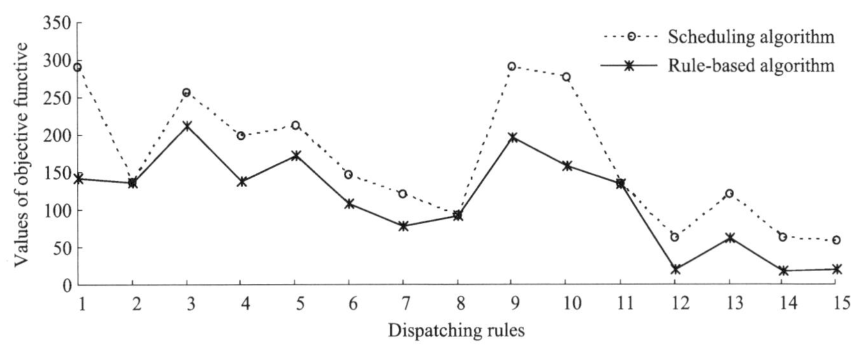

图4-8　DW的规则解与近似解

解，但有时略劣于MSI的解(i.e. 规则2、3)。因此，对于不同因素下客运站股道运用计划的适用规则不相同，需结合车站作业性质选择合适的规则制订计划，在不考虑时间成本的条件下，也可以综合考虑所有分派规则，得到更加优化的解。

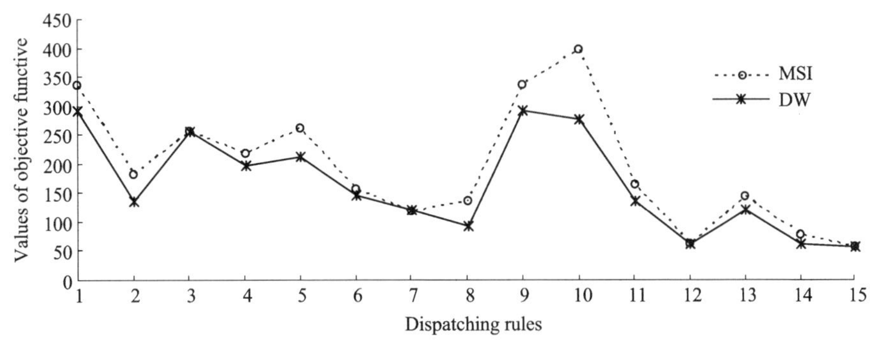

图4-9　MSI与DW的规则解

由表4-1、图4-9、图4-10易知，MSI的近似解较规则解评价优化30.96%，DW的近似解较规则解评价优化31.21%，DW的解总体上优于MSI下的解，规则解平均优化15.03%，近似解平均优化15.34%，虽然DW的解优于MSI，但DW的解收敛速度较缓(如图4-11所示)。因此，在制订长期的客运站股道运用技术作业日(班)计划时，我们最好考虑列车早晚点时间窗这一因素，选择DW及其分派规则制订计划模式下的计划，在制订股道运用技术作业阶段计划时，可考虑选择MSI及其适用的分配规则制订计划。

CS是基于DW进行构建的，采用适宜用DW的规则进行求解实时调整模式下客运站股道运用计划编制问题即常态下客运站股道运用实时调整优化问题，由

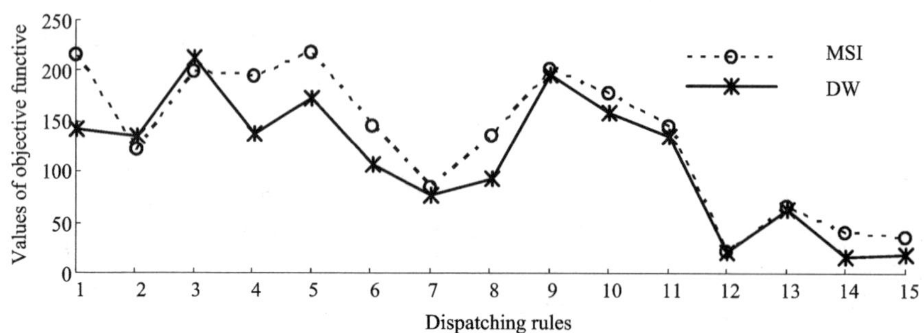

图 4-10　MSI 与 DW 的近似解

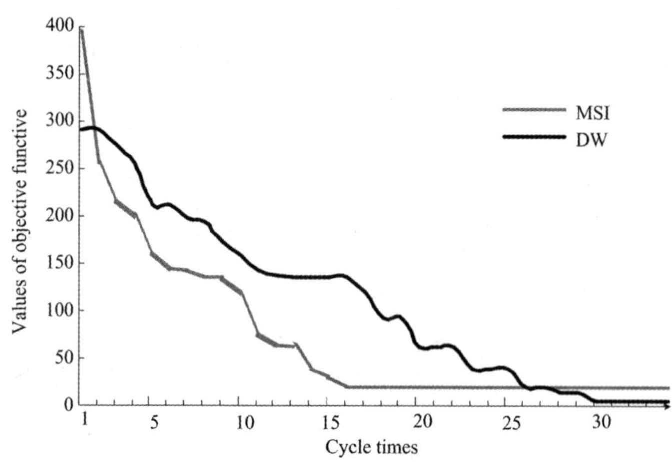

图 4-11　MSI、DW 解收敛速度比较

于在计划执行的过程必须在尽可能短的时间内制订出经调整或考虑调度员决策意见的新计划。在这里直接选取规则 8、12、14、15，以广州东站某阶段计划 18:00—21:00 内的客运站股道运用计划为例，制订四种股道运用实时调整计划，获得的目标函数值依次为 52.5、39.5、44.0、37.5（min），计算时间依次约为：27、33、31、35（s）。选择四种计划中最优解的所对应列车占用的股道、站台、接发车进路情况即客运站实时调整优化方案如表 4-2 所示。

表4－2　客运站股道运用实时调整优化方案(18：00—21：00)

车次	到达时刻	出发时刻	接车进路	发车进路	股道编码	站台
T98	17：28	18：04	J234	F090	7G	7#
T810	18：08	－－	J127	—	10G	3#
T877	18：34	19：11	J023	F219	12G	3#
N619	－－	18：20	—	F303	IIIG	6#
T816	18：51	－－	J127	—	10G	3#
D829	－－	18：53	—	F213	6G	4#
T68	18：35	…	J001	F001	IG	
K85	18：52	…	J108	F108	IIG	5#
D817	－－	18：20	—	F213	6G	4#
D781	－－	19：03	—	F215	8G	4#
T873	－－	19：22	—	F213	6G	4#
K297	－－	19：04	—	F199	IIIG	6#
K229	19：09	19：22	J003	F302	IIIG	6#
T843	－－	19：35	—	F215	8G	4#
T863	－－	19：47	—	F225	20G	1#
D853	19：47	19：56	J017	F213	6G	4#
5364	19：45	…	J109	F109	IIIG	6#
D758	19：51	20：00	J125	F098	8G	4#
D770	19：42	－－	J122	—	IIG	5#
D746	20：02	－－	J123	—	6G	5#
T829	－－	20：13	—	F219	12G	3#
D794	20：26	－－	J122	—	IIG	5#
D759	20：35	20：43	J017	F213	6G	4#
K436	20：40	21：01	J230	F086	IVG	6#
D807	20：58	21：00	J013	F211	IIG	5#
T100	17：28	18：10	J233	F088	5G	7#

续表 4－2

车次	到达时刻	出发时刻	接车进路	发车进路	股道编码	站台
D840	18：13	－－	J122	—	IIG	5#
T805	－－	18：27	—	F219	12G	3#
N622	18：21	－－	J228	—	IIIG	6#
T96	19：14	…	J108	F108	IIG	5#
D828	18：24	－－	J123	—	6G	5#
D841	－－	18：35	—	F211	IIG	5#
T853	18：34	18：45	J028	F225	20G	1#
T236	－－	18：25	—	F104	14G	2#
D780	18：34	－－	J125	—	8G	4#
T872	19：01	－－	J123	—	6G	5#
T830	19：37	－－	J129	—	12G	3#
D852	19：07	19：10	J137	F107	20G	1#
T842	19：20	－－	J125	—	8G	4#
T862	19：27	－－	J137	—	20G	1#
T172	－－	19：37	—	F104	14G	2#
T38	19：29	19：30	J112	F084	IIIG	6#
K238	－－	20：17	—	F105	16G	2#
D771	－－	20：06	—	F211	IIG	5#
D747	－－	20：27	—	F213	6G	4#
D806	20：12	20：23	J122	F094	IIG	5#
D795	－－	20：50	—	F211	IIG	5#
D818	20：39	－－	J125	—	8G	4#
D842	20：47	20：55	J123	F096	6G	5#
T914	20：55	21：17	J112	F084	IIIG	6#

表中到达(出发)时刻栏中的“－－”表示该列车为终到(始发)旅客列车，出发时刻栏中的“…”表示该列车为通过旅客列车；表中接(发)车进路栏中的“/”表示该次旅客列车在车站不办理接(发)车作业，具体分两种情况：一是立折旅客列车(如 T830 次与 T829 次，T830 次旅客列车直接在股道上办理客车车底整备作业

并以 T829 次列车办理出发作业)，另一类是与其他列车共用客车车底且在客车整备所(客技站)办理客车车底整备作业的始发终到旅客列车(如 N619 次和 0620 次，0620 次旅客列车 9：48 进站，经接车进路 J232 进 5 道 7 站台，办理终到作业后由调机(D1)将车底转移至客技站办理整备作业(所停靠的车底停留线股道编号为 15G))。

因此，从 DW、CS 易知宜直接采用 θ 组合规则，尤其是规则 12、14、15 制订常态下铁路客运站股道运用实时调整优化方案，且行车和调车进路不冲突，安全可靠，有效保证列车正点运行，不仅能够保证旅客列车正点运行、满足车站行车技术作业要求，而且便于车站作业组织和旅客上下车，符合常态下铁路客运站股道运用技术作业对实时调整的现实需求。

第5章
铁路客运站股道运用实时决策推理模型与算法

非常态下铁路客运站股道运用实时决策推理优化问题涉及因素众多，是一个半结构化问题，多数决策参数不能以结构化的方式进行描述。客流高峰期间列车大面积晚点，尤其是设备临时故障、突发安全事故及自然灾害等非常态情况下，股道运用实时决策推理优化问题将势必变得更加复杂与非结构化。考虑此问题的结构化与非结构化因素，模拟车站值班员解决非常态下股道运用实时决策的思维过程，采用物元理论，构造基于实例的实时决策推理物元模型，采用优度评价法，设计基于实例的实时决策推理优化算法和基于实例的自学规则算法，提出铁路客运站股道运用实时决策推理方法，解决非常态情况下铁路客运站股道运用实时决策推理优化问题，以期提高铁路客运站股道运用自律决策的智能化水平。

5.1 问题描述与分析

客流高峰期间列车的频繁晚点，尤其是客运站设备临时故障、突发安全事故及自然灾害(如地震、雪灾、冰灾、洪水灾害等)等非常态情况下，在结合车站应急预案的基础上，车站调度员一般会遵循规章并结合过去的经验确定具体车次所占用的进路、调机、站台与股道等股道运用计划的具体内容，解决非常态下铁路客运站股道运用实时决策推理优化问题。

经调研发现，车站值班员有时甚至会突破规章，仅凭个人经验完全能够有效解决非常态下客运站股道运用实时决策推理优化问题。非常态下股道运用实时决策推理优化问题的核心所在即具体车次的安排问题，车站值班员常常会联想到该车次以往是否遇到此种情况；若没有，则联想其所属种类的列车，甚至会联想到其他种类的车次是否遇到过类似情况，它们是如何处理和安排的。车站值班员的这种思维过程即为实例推理，其关键在于运用过去的实例和经验解决新的问题。

实例推理是从基于案例的人工智能推理(Case – Base Reasoning, CBR)衍生而来的，旨在利用以往解决类似案例的经验和知识对新的科学问题展开智能推理，这种推理过程符合相关专家求解新问题的思维过程，专门用来求解单独利用其他技术难以解决的生产实践问题。基于实例推理的核心思想在于：在求解新的科学问题时，人们可以使用以前对该问题相似问题的求解经验即积累的实例进行智能推理。因此，基于实例的股道运用实时决策推理方法的核心是从既有实例库中选择与当前车次实时决策特征属性最为相似的实例信息，并按某种规则对部分特征属性修改而得到最终的实时决策方案。

在运用实例推理的方法解决非常态下的股道运用实时决策推理优化问题过程中，综合考虑以往求解具有相同决策环境的典型问题的经验，并按一定的组织方式存储到实时决策实例集中，经过长时间积累后逐步成股道运用实时决策的实例库。当车站值班员求解某一车次的股道运用计划时，按一定的组织方式输入待求解的新车次信息，即待解实例；根据待解实例特征的描述，通过实例检索技术，从股道运用实时决策的实例库中寻找与待解实例相匹配或近似匹配的相同实例或近似实例集合，并从中选取合适的相似实例作为比照实例。若比照实例和待解实例特征的描述完全一致即比照实例为待解实例的相同实例，则将比照实例直接作为待解实例的解输出即可。否则，根据待解实例的特征描述及其求解环境的刻画，对检索出的相似实例的相关参数进行适当修改和调整(如股道运用实时决策方案的修改依据是推理物元中的各类知识和规则)，产生一个符合待解实例要求的解并输出之。与此同时，还应将该问题的解及其该问题作为一个新的股道运用实时决策实例存储至实时决策的实例库中，为求解后续相似实例的解提供参考。因此，在以后求解与该问题相似的待解实例时，就可以直接利用实例库中已知的实例进行实时决策而不必每次都从头开始进行周密的智能推理和搜索。

基于实例的客运站股道运用实时决策推理过程需要决策系统的支持，在客运站股道运用决策支持系统设计和实现过程中，应具有基于实例的推理功能。一般地，基于实例的推理过程主要包括实例检索、实例库和实例改写三个方面，实例库中存储支持问题求解的全部实例，是过去求解问题的经验积累。基于实例的股道运用实时决策推理过程具有如下特点：

(1)实例学习。这种学习就是指通过股道运用既有实例的学习，找出股道运用实时决策待解实例的解。待解实例的解总是作为新的实例保存在实时决策的实例库中作为知识积累，为今后求相同实例或类似实例的解提供参考依据。

(2)实例检索。股道运用实时决策的实例检索是基于实例推理的核心和关键所在，对从实例库中检索相似实例或相同实例并确定比照实例具有重要的作用。

检索系统一般包括检索、索引这两种机制，后者主要关系到如何很好地将推理出的结果实例即新实例存储至实例库中，再利用检索系统快速查找与匹配。

(3)实例维护。客运站股道运用实时决策的实例维护是基于实例推理能够成功的关键所在。从股道运用实时决策专家和工作人员那里收集的既有实例、通过实例学习所获得的新实例的日积月累，势必形成一个庞大的实时决策的实例库，没有一个完善合理的实例维护机制，股道运用实时决策推理将难以实现。

基于实例的客运站股道运用实时决策推理是一种较为直接的求解方式，直接从以规则或知识为中心的求解方式转移成从实例到实例的求解方式。在股道运用实例推理过程中，不再以规则或知识为中心，虽然会使用到一些知识和规则，但这也仅仅是为了提高非常态下股道运用实时决策推理优化问题求解的效率。由于实例本身包含了大量的知识，直接利用实例进行推理可以降低获取实时决策知识的工作量，并且在一定程度上解决了知识获取的瓶颈问题，且要求实例的形式规范保持一致。采用物元理论，综合考虑其结构化与非结构化因素，模拟车站值班员解决非常态下股道运用实时决策的思维过程，通过构造基于实例的实时决策推理物元模型，研究基于实例的股道运用实时决策推理过程，提出非常态下铁路客运站股道运用实时决策推理方法。

5.2 基于实例的实时决策推理优化模型

物元通过将事物、特征及相应的量值构成一个三元组来描述事物。在解决非常态下股道运用实时决策推理优化问题时，应综合考虑实时调整决策中涉及的各类事物、特征及相应的特征量值，形式化该问题的求解过程。

给定事物的名称 N、关于属性或特征 c 的量值为 v，以有序三元组 $R=(N, c, v)$ 描述事物的基本元。那么，对于含有诸多属性或特征的事物 N，含有 n_c 个属性或特征 c_1、c_2、…、c_{n_c}，其及相应的量值分别为 v_1、v_2、…、v_{n_c}，则对属性或特征事物 N 的物元模型如下所示：

$$\begin{bmatrix} N, & c_1, & v_1 \\ & c_2, & v_2 \\ & \cdots, & \cdots \\ & c_{n_c} & v_{n_c} \end{bmatrix}$$

为准确刻画实时决策实例的基本信息和特性(如标识、各种特征及其量值等)，综合考虑股道运用优化问题的结构化与非结构化因素(详见第 2 章)，模拟车站值班员解决非常态下股道运用实时决策的思维过程，结合多层次物元模型，构建基于实例的实时决策推理物元模型(简称实时决策推理物元)，制订非常态下客运站股道运用实时决策方案，基于实例的客运站股道运用实时决策推理物元模型如下：

$$\begin{bmatrix} Rps\_Rtd, & Id, & \mu_0 \\ & Tn, & \mu_1 \\ & Ar, & \mu_2 \end{bmatrix}$$

其中，Id 表示股道运用实时决策实例的唯一性标识，是计算机存储、管理和检索实例的索引项；Tn、Ar 分别表示实时决策实例的客运站旅客列车、实时决策方案的特征；μ_0、μ_1、μ_2 等表示与特征对应的特征量值，取值既可以是具体的数值或文字，也可以是数值区间或范围、集合，甚至是子物元的形式。本质上来看，特征 Tn、Ar 就是列车及其实时决策方案（含各种决策参数）。为优化实时决策的知识库结构及提高性能，现将基于实例的实时决策推理物元模型即实时决策物元分成列车物元、方案物元和推理物元等三个子部分，分别用于描述列车事物、实时决策方案事物及两者之间的关联规则和知识。

5.2.1 列车物元

客运站旅客列车具有各种属性、特征，如车次、种类（以字母与数字的开头旅客列车，如高铁 G、直达 Z、特快 T、动车组 D、城际 C、快速 K、普通旅客列车）、作业性质（始发、终到、通过与经停 4 大类）、始发站、终到站、权重、有限度、到达时间、离开时间、各种作业的起止时间（如接发车占用进路、列车或车底占用股道、调机起止时间等）及股道固定使用方案等。其中，股道固定使用方案又包括股道的特征信息（股道编号、停靠站台等）。将它们表示为统一的基于多层次的列车物元（子物元）的形式，如图 5－1 所示。

图 5－1 中，在列车物元 TnE 的 1 阶层次中 Tid、Ga、Tif 分别表示此列车物元 TnE 的标识、层及特征属性，对应属性取值依次为 v_{11}、v_{21}、v_{31}；属性 Tif 包括车次 $Tname$、到达时间 $Tatime$、离开时间 $Tptime$ 与股道固定使用方案 $Tgdyy$ 等特征，因此，Tif 的属性值 v_{31} 以 2 阶层次 m 个子物元的形式展开表示；2 阶层次中的股道固定使用方案 $Tgdyy$ 包含若干条具体的股道及其信息，属性值 v_{313m} 以 3 阶层次 n 个子物元 $Trtaq_i$ 的形式表示，而具体股道的信息则以 4 阶层次子物元 $Trtaq_i$ 的形式表示。

5.2.2 方案物元

方案物元 ArE 是对铁路客运站股道运用具体车次的实时决策方案的描述，其结构形式与列车物元 TnE 相似，但两者所包含的特征信息不同。方案物元 ArE 包括具体车次停靠股道、站台、实际到开时间、实际接（发）车作业时间、接发车占用进路、晚点时间等信息，对于始发和终到旅客列车而言，方案物元 ArE 还包括

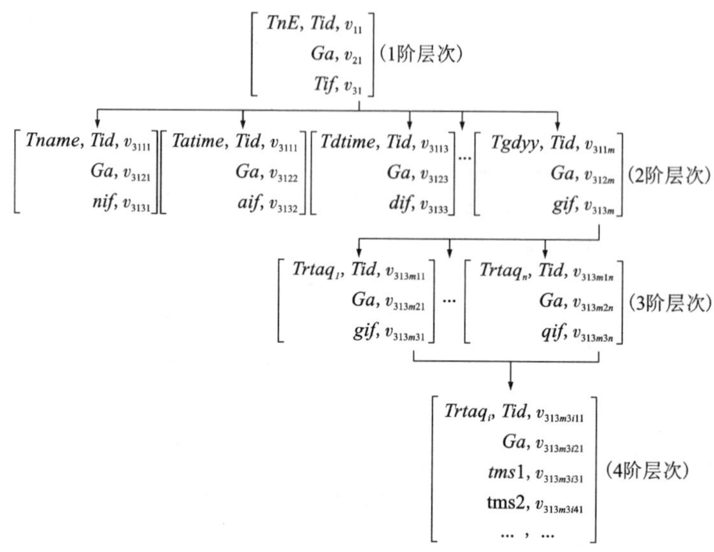

图 5－1　列车物元示意图

办理旅客列车车底出入客技站的取送作业时间、调机、客技站停靠线路、整备作业时间、取送作业进路等信息。其中，股道、进路、调机应以子物元的形式进行描述，如图 5－2 所示。

图 5－2 中，在方案物元 *ArE* 的 1 阶层次中 *Tid*、*Ga*、*Aif* 分别表示此方案物元的标识、层及特征属性，对应属性取值依次为 u_{11}、u_{21}、u_{31}，值得注意的是方案物元的标识 u_{11} 和列车物元的标识 v_{11} 是一一对应的关系；属性 *Aif* 包括列车停靠客运站股道 *Arack*、停靠站台 *Azt*、接发车作业进路 *Ajfcjl*、车底取送作业 *Acdqs* 等特征，因此，*Aif* 的属性值 u_{31} 以 2 阶层次 m' 个子物元的形式展开表示；2 阶层次中股道、站台、接发车进路、车底取送作业又包含若干信息，应继续采用子物元的形式进行描述；对于不办理始发或终到旅客列车作业即车底取送作业的方案物元 *ArE* 的车底取送作业子物元 *Acdqs* 为空，否则不为空。在子物元车底取送作业 *Acdqs* 不为空的条件下即三阶层次中，包括车底由客技站向客运站到发场的实际取车时间 *Acdqt*、由客运站到发场向客技站的实际送车时间 *Acdst*、负责办理车底取送作业的调机 *Adjt*（动车组车底的取送作业时 *Adjt* 为空）、车底取送作业进路 *Acdjl*。调机 *Adjt* 的具体信息 $u_{313m'13}$ 则以 4 阶层次子物元 *Adms* 的形式表示；车底取送作业进路 *Acdjl* 则包括单机运行进路 *Adjl*（无需单机运行时此子物元为空）、非单机运行进路 *Adjjl*，调车作业进路的具体信息 $u_{313m'1n'31}$、$u_{313m'1n'32}$ 则以 5 阶层次子物元 *Arms* 的形式表示。

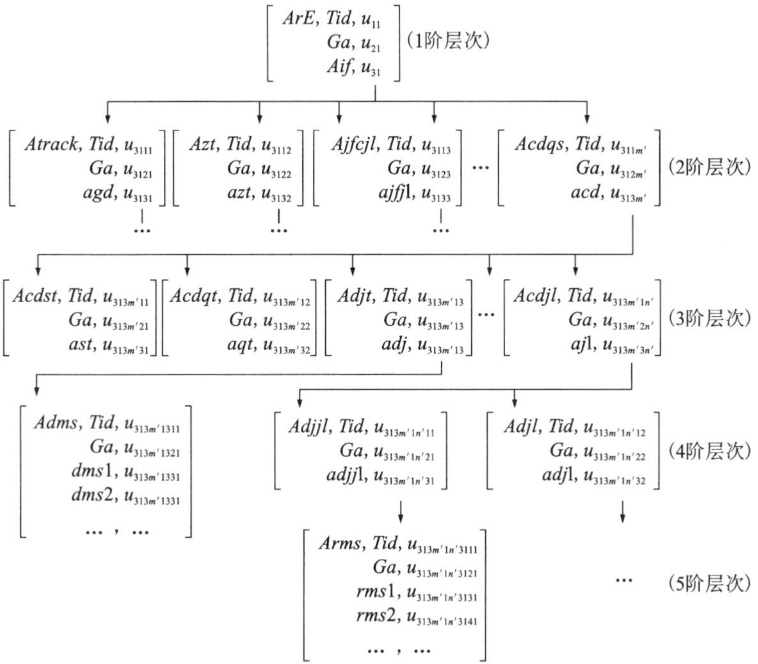

图 5-2　方案物元示意图

5.2.3　推理物元

推理物元 *PE* 用于描述铁路客运站股道运用实时决策推理过程中所涉及的规则和专家知识，其结构形式与列车物元 *TnE*、方案物元 *ArE* 类似，但它们所包含的特征信息各不相同。便于规则与专家知识的描述与推理，以状态集和规则集的形式联合表达诸多与股道运用实时决策有关的各类规则及知识。

铁路客运站股道运用实时决策状态集中的各种状态 *Condition*（含实时决策目标与原则、列车物元属性、方案物元属性、人为因素、含设备临时故障和列车晚点在内的各种客观环境等诸多结构化与非结构化因素所处的各种自然或特殊状态）以三元组的形式表达，即：

$$Condition(ID, Object, Value)$$

其中，*ID*、*Object*、*Value* 分别表示股道运用状态的唯一性标识、状态主体及其属性，且状态主体 *Object* 由其属性 *Value* 进行确定。

股道运用实时决策规则集中的具体规则 *KnowRules* 则采用物元的形式进行描述，即推理物元 *PE*：

$$\begin{bmatrix} KnowRules, & KRulesId, & p_1 \\ & Conditions, & p_2 \\ & Relations, & p_3 \\ & Actions, & p_4 \end{bmatrix}$$

其中，*KRulesId* 表示推理物元 *PE* 的唯一性标识；*Conditions* 表示由此推理物元 *PE* 所包含的各种状态构成的实时决策状态集，以子物元的形式做进一步详细描述；*Relations* 表示状态集 *Conditions* 中各种状态之间的逻辑运算关系，其取值 p_3 与状态集的取值 p_2 相对应；*Actions* 则表示实时决策状态集 *Conditions* 的逻辑运算结果即规则的结论 p_4。

如：规则“当前方线路（上行方向）因故暂时中断，正线通过旅客列车应临时停靠本站”，将其表示为推理物元 *PE* 的形式，则：

Condition（10010011，“设备故障”，“前方线路暂时中断”）

Condition（50010002，“运行方向”，“列车开往上行方向”）

Condition（80040102，“作业性质”，“正线通过旅客列车”）

$$\begin{bmatrix} KnowRules, & KRulesId, & 4001 \\ & Conditions, & [10010011, 50010002, 80040102] \\ & Relations, & [\text{AND}] \\ & Actions, & \text{停靠本站} \end{bmatrix}$$

推理物元中的知识获取一般有两条途径：一是源自《车站行车工作细则》等技术规章与车站值班员的经验，经归纳整理形成知识库中的各类知识；二是源于系统的自我学习，从实践中学习进而获得新的规则与知识。同时，为避免铁路客运站股道运用实时决策推理过程中找不到合适的参照实例对象，必须尽可能扩充与丰富推理物元中所包含的规则，构造全新的股道运用实时决策实例。

5.3 基于实例的实时决策推理优化算法

非常态下铁路客运站股道运用实时调整过程中，列车物元和方案物元中关于列车到达、离开车站时间及相关作业时间在很大程度上会根据具体情况而随机发生改变（如一旦列车发生晚点，则列车实际到达、离开车站时间便会偏移既定列车运行图；为确保列车正点运行，因车站现场实时因素，其他作业时间亦会发生随机改变），但诸多时间因素的波动具有上下限约束。即股道运用实时决策推理物元中的部分特征参数（如时间参数）存在一个合理范围的衡量条件，部分特征参数是固定值（如列车始发站、终到站、有限度等），其物元即为复合物元。结合复合物元的特征，提出实时决策 *K* 算法，评价待解实例与实例集中各实例之间的相似程度，在此基础上，设计基于实例的实时决策推理优化算法，制订铁路客运站股道运用实时决策方案，并提出基于实例的自学规则算法，用于提高客运站股道运用自动决策的智能化水平。

实例检索是基于实例的股道运用实时决策推理方法的关键所在。首先在实例库中进行一次检索，对待解实例执行完全匹配操作，若未检索到相同实例时，继续采用二次检索(或模糊检索)来放大检索的范围；采用优度评价法，计算待解实例和实例库中各实例之间的相似程度，按优度由大至少依次排序获得相似实例集合，为铁路客运站股道运用实时决策推理过程提供选择且可能作为最终决策方案的实例空间。一般情况下，列车属性决定其股道运用方案，有效制订股道运用实时决策方案，列车物元之间的相似程度起着至关重要的作用，因此，通过对列车物元相似程度的计算和评价，经推理物元中规则与知识的运算，最终确定实时决策推理物元的方案物元。

5.3.1　实时决策 *K* 算法

5.3.3.1　物元相似度与优度

设优度 $K_{ii'}$ 表示两个列车物元 TnE_i 和 $TnE_{i'}$ 的相似度，用于衡量两个列车物元 TnE_i 和 $TnE_{i'}$ 对应属性或特征之间的相似程度即相似度用 $\mathrm{Sim}(TnE_{ij}, TnE_{i'j})$ 表示，则 $\mathrm{Sim}(TnE_{ij}, TnE_{i'j}) \in [0, 1]$，$\mathrm{Sim}(TnE_{ij}, TnE_{i'j}) \geqslant 0$(非负性)、$\mathrm{Sim}(TnE_{ij}, TnE_{i'j}) = 1$(自反性)、$\mathrm{Sim}(TnE_{ij}, TnE_{i'j}) = \mathrm{Sim}(TnE_{i'j}, TnE_{ij})$(对称性)。若 $\mathrm{Sim}(TnE_{ij}, TnE_{i'j}) = 1(\forall j)$ 表示两列车物元的各种属性完全一致，该列车物元对应的方案物元可以作为待解实例的解；$\mathrm{Sim}(TnE_{ij}, TnE_{i'j}) = 0(\forall j)$ 表示两列车物元完全不相关。

由此易知，列车物元各属性取值可能是一个具体的固定值，也可能是区间或集合(集合经适当转换为区间对待)，列车物元各属性之间的相似度 $\mathrm{Sim}(TnE_{ij}, TnT_{i'j})$ 计算主要有以下三种情况：

(1)列车物元 TnE_i、$TnE_{i'}$ 的属性或特征 TnE_{ij}、$TnE_{i'j}$ 均为固定值。

设 b 为列车物元 TnE_i 的属性 TnE_{ij} 的检索值，a 为列车物元 $TnE_{i'}$ 对应属性 $TnE_{i'j}$ 的检索值，且 $a, b \in [\alpha, \beta]$，则列车物元 TnE_i、$TnE_{i'}$ 的属性 TnE_{ij}、$TnE_{i'j}$ 之间的相似度按式(5－1)计算：

$$\mathrm{Sim}(TnE_{ij}, TnE_{i'j}) = \mathrm{Sim}(a, b) = 1 - \frac{b-a}{\beta-\alpha} \tag{5-1}$$

(2)列车物元 TnE_i、$TnE_{i'}$ 的属性或特征 TnE_{ij}、$TnE_{i'j}$ 均为区间值。

设 $[b_1, b_2]$ 为列车物元 TnE_i 的属性 TnE_{ij} 的检索区间，$[a_1, a_2]$ 为列车物元 $TnE_{i'}$ 对应属性 $TnE_{i'j}$ 的检索区间，若列车物元 TnE_i 的属性 TnE_{ij} 的检索值 $b \in [b_1, b_2]$，则有：

1）$a_1<b_1<a_2<b<b_2$

如图5－3所示，列车物元 $TnE_{i'}$ 的属性 $TnE_{i'j}$ 的检索上限 a_2 距离列车物元 TnE_i 的属性 TnE_{ij} 的检索值 b 最近。此时，列车物元 TnE_i、$TnE_{i'}$ 的属性 TnE_{ij}、$TnE_{i'j}$ 之间的相似度即检索区间$[a_1, a_2]$、$[b_1, b_2]$的相似度可以转化为2个固定值之间的相似度即 a_2 与 b 之间的相似度，按式(5－2)计算：

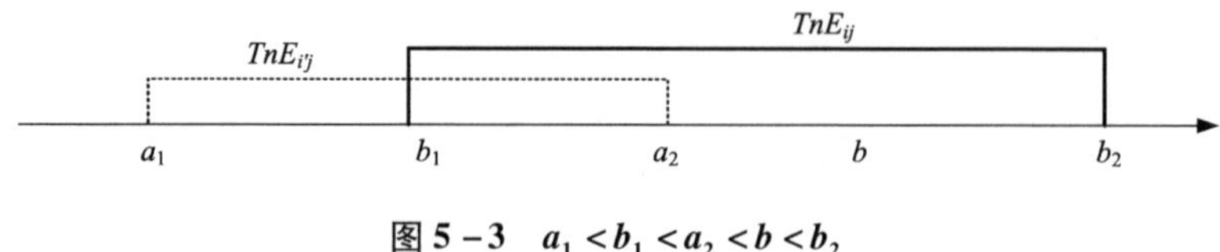

图5－3　$a_1<b_1<a_2<b<b_2$

$$\mathrm{Sim}(TnE_{ij}, TnE_{i'j})=\mathrm{Sim}([a_1, a_2], [b_1, b_2])=\mathrm{Sim}(a_2, b)=1-\frac{|b-a_2|}{|b_2-b_1|} \tag{5-2}$$

2）$a_1<b_1<b<a_2<b_2$

如图5－4所示，检索值 b 位于列车物元 $TnE_{i'}$ 的属性 $TnE_{i'j}$ 的检索上限 a_2 和列车物元 TnE_i 的属性 TnE_{ij} 的检索下限 b_1 之间，即 $b\in[b_1, a_2]$。此时列车物元 TnE_i、$TnE_{i'}$ 的属性 TnE_{ij}、$TnE_{i'j}$ 之间的相似度为1，即如式(5－3)所示：

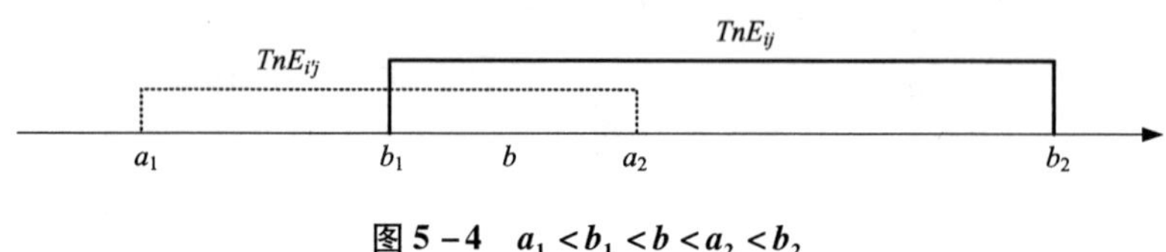

图5－4　$a_1<b_1<b<a_2<b_2$

$$\mathrm{Sim}(TnE_{ij}, TnE_{i'j})=\mathrm{Sim}(TnE_{i'j}, TnE_{ij})=\mathrm{Sim}([a_1, a_2], [b_1, b_2])=1 \tag{5-3}$$

3）$a_1<b_1<b<b_2<a_2$

如图5－5所示，检索值 b 同时位于列车物元 $TnE_{i'}$ 的属性 $TnE_{i'j}$ 的检索区间、列车物元 TnE_i 的属性 TnE_{ij} 的检索区间内，即 $b\in[b_1, b_2]$，$b\in[a_1, a_2]$。此时列车物元 TnE_i、$TnE_{i'}$ 的属性 TnE_{ij}、$TnE_{i'j}$ 之间的相似度为1，即：

$$\mathrm{Sim}(TnE_{ij}, TnE_{i'j})=\mathrm{Sim}([a_1, a_2], [b_1, b_2])=1 \tag{5-4}$$

4）$b_1<a_1<a_2<b<b_2$

如图5－6所示，列车物元 TnE_i 的属性 TnE_{ij} 检索值 b 离列车物元 $TnE_{i'}$ 的属性 $TnE_{i'j}$ 的检索上限 a_2 距离最近。此时，列车物元 TnE_i、$TnE_{i'}$ 的属性 TnE_{ij}、$TnE_{i'j}$

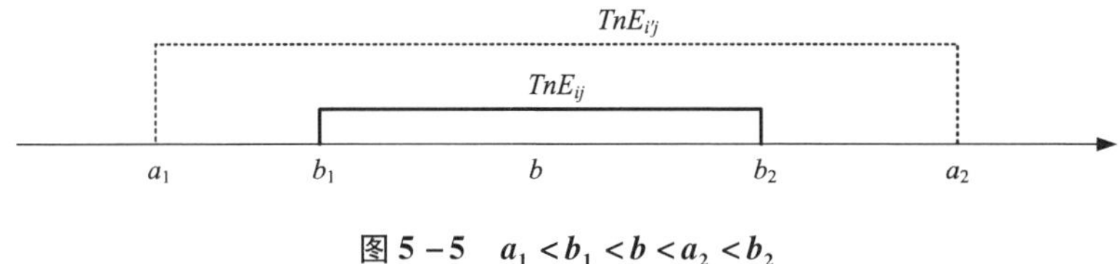

图 5-5　$a_1<b_1<b<a_2<b_2$

之间的相似度即检索区间$[a_1, a_2]$、$[b_1, b_2]$的相似度可以转化为 2 个固定值之间的相似度即 a_2 与 b 之间的相似度，按式(5-5)计算：

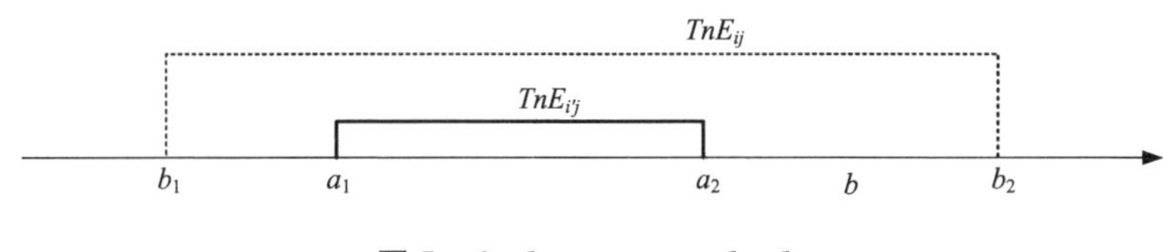

图 5-6　$b_1<a_1<a_2<b<b_2$

$$\text{Sim}(TnE_{ij}, TnE_{i'j})=\text{Sim}([a_1, a_2], [b_1, b_2])=\text{Sim}(a_2, b)=1-\frac{|b-a_2|}{|b_2-b_1|} \tag{5-5}$$

5)$b_1<a_1<b<a_2<b_2$

如图 5-7 所示，由区间的对称性易知，与第三种情况($a_1<b_1<b<b_2<a_2$)类似，列车物元 TnE_i、$TnE_{i'}$的属性 TnE_{ij}、$TnE_{i'j}$之间的相似度为 1，即：

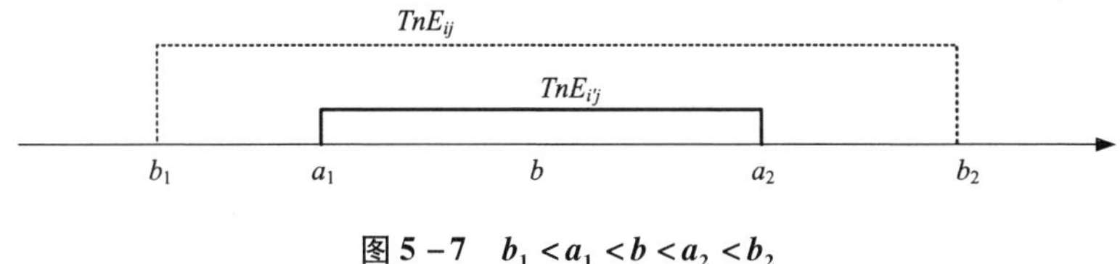

图 5-7　$b_1<a_1<b<a_2<b_2$

$$\text{Sim}(TnE_{ij}, TnE_{i'j})=\text{Sim}([a_1, a_2], [b_1, b_2])=1 \tag{5-6}$$

6)$b_1<a_1<b<b_2<a_2$

如图 5-8 所示，由区间的对称性易知，与第二种情况($a_1<b_1<b<a_2<b_2$)类似。检索值 b 位于列车物元 $TnE_{i'}$的属性 $TnE_{i'j}$的检索下限 a_1 和列车物元 TnE_i的属性 TnE_{ij}的检索上限 b_2 之间，即 $b\in[a_1, b_2]$。此时列车物元 TnE_i、$TnE_{i'}$的属性 TnE_{ij}、$TnE_{i'j}$之间的相似度为 1，即：

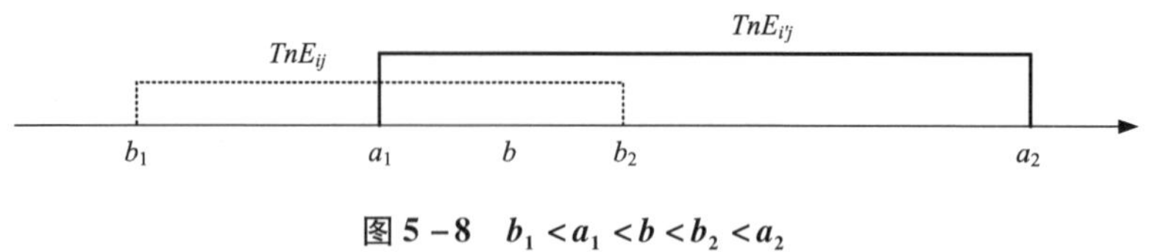

图 5-8 $b_1<a_1<b<b_2<a_2$

$$\mathrm{Sim}(TnE_{ij},\ TnE_{i'j})=\mathrm{Sim}(TnE_{i'j},\ TnE_{ij})=\mathrm{Sim}([a_1,\ a_2],\ [b_1,\ b_2])=1 \tag{5-7}$$

7) $b_1<b<a_1<a_2<b_2$

如图 5-9 所示，与第四种情况（$b_1<a_1<a_2<b<b_2$）类似。列车物元 TnE_i 的属性 TnE_{ij}检索值 b 离列车物元 $TnE_{i'}$的属性 $TnE_{i'j}$的检索下限 a_1 距离最近。此时，列车物元 TnE_i、$TnE_{i'}$的属性 TnE_{ij}、$TnE_{i'j}$之间的相似度即检索区间$[a_1,\ a_2]$、$[b_1,\ b_2]$的相似度可以转化为 2 个固定值之间的相似度即 a_1 与 b 之间的相似度，按式（5-8）计算：

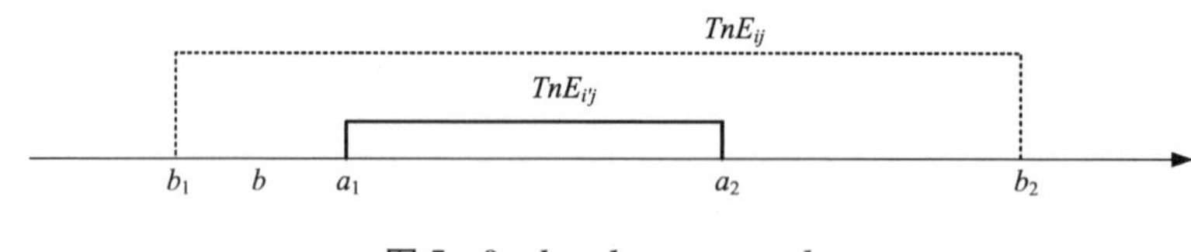

图 5-9 $b_1<b<a_1<a_2<b_2$

$$\mathrm{Sim}(TnE_{ij},\ TnE_{i'j})=\mathrm{Sim}([a_1,\ a_2],\ [b_1,\ b_2])=\mathrm{Sim}(a_1,\ b)=1-\frac{|b-a_1|}{|b_2-b_1|} \tag{5-8}$$

8) $b_1<b<a_1<b_2<a_2$

如图 5-10 所示，与第一种情况（$a_1<b_1<a_2<b<b_2$）类似。列车物元 TnE_i 的属性 TnE_{ij}的检索值 b 离列车物元 $TnE_{i'}$的属性 $TnE_{i'j}$的检索下限 a_1 最近。此时，列车物元 TnE_i、$TnE_{i'}$的属性 TnE_{ij}、$TnE_{i'j}$之间的相似度即检索区间$[a_1,\ a_2]$、$[b_1,\ b_2]$的相似度可以转化为 2 个固定值之间的相似度，即 a_1 与 b 之间的相似度按式（5-9）计算：

$$\mathrm{Sim}(TnE_{ij},\ TnE_{i'j})=\mathrm{Sim}([a_1,\ a_2],\ [b_1,\ b_2])=\mathrm{Sim}(a_1,\ b)=1-\frac{|b-a_1|}{|b_2-b_1|} \tag{5-9}$$

综合以上八种情形，列车物元 TnE_i、$TnE_{i'}$的属性或特征 TnE_{ij}、$TnE_{i'j}$均为区间值时，列车物元 TnE_i、$TnE_{i'}$的属性或特征 TnE_{ij}、$TnE_{i'j}$之间的相似度按公式

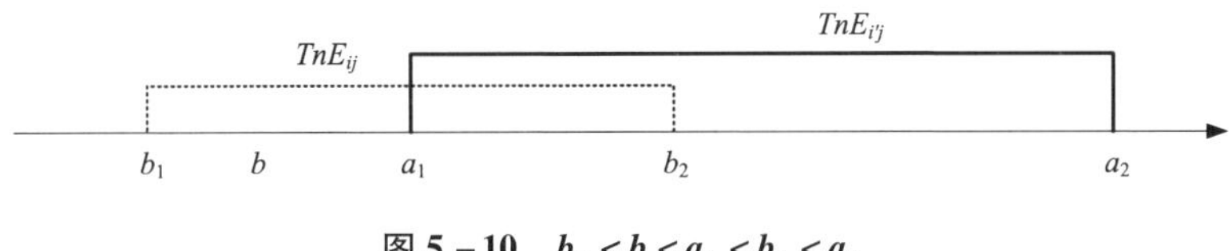

图 5 – 10　$b_1 < b < a_1 < b_2 < a_2$

(5 – 10)计算确定取值：

$$\mathrm{Sim}(TnE_{ij}, TnE_{i'j}) = \mathrm{Sim}([a_1, a_2], [b_1, b_2]) = \begin{cases} 1 - \dfrac{|b - a_1|}{|b_2 - b_1|} & b < a_1 \\ 1 & a_1 \leqslant b \leqslant a_2 \\ 1 - \dfrac{|b - a_2|}{|b_2 - b_1|} & b > a_2 \end{cases} \tag{5-10}$$

(3)列车物元 TnE_i、$TnE_{i'}$ 的属性或特征 TnE_{ij}、$TnE_{i'j}$ 不全为固定或区间值。

不妨设 b 为列车物元 TnE_i 的属性 TnE_{ij} 的检索值，$[a_1, a_2]$ 为列车物元 $TnE_{i'}$ 对应属性 $TnE_{i'j}$ 的检索区间（$[a_1, a_2] \subset [\alpha, \beta]$，$b \in [\alpha, \beta]$），如图 5 – 11 所示。

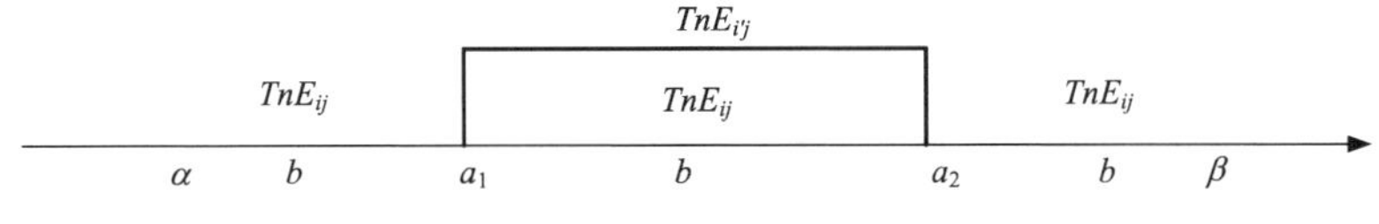

图 5 – 11　检索值 b 与检索区间$[a_1, a_2]$

若 $b < a_1$ 或 $b > a_2$，固定值与区间值之间的相似程度可以转化为两个固定值 b 和 a_1 或 a_2 之间的相似程度进行计算；若 $a_1 \leqslant b \leqslant a_2$，相似程度为 1。即列车物元 TnE_i、$TnE_{i'}$ 的属性或特征 TnE_{ij}、$TnE_{i'j}$ 之间的相似度按公式(5 – 11)计算确定取值：

$$\mathrm{Sim}(TnE_{ij}, TnE_{i'j}) = \mathrm{Sim}(b, [a_1, a_2]) = \begin{cases} 1 - \dfrac{|b - a_1|}{|\beta - \alpha|} & b < a_1 \\ 1 & a_1 \leqslant b \leqslant a_2 \\ 1 - \dfrac{|b - a_2|}{|\beta - \alpha|} & b > a_2 \end{cases} \tag{5-11}$$

若考虑列车物元各属性或特征对方案物元的影响及相互之间的重要程度（$\omega_{ii'}^{j}$，由车站值班员根据在制订和调整股道运用计划时的个人经验、喜好等因素确定取值)，则衡量列车物元 TnE_i 和列车物元 $TnE_{i'}$ 之间相似程度即优度按式(5－12)计算：

$$K_{ii'} = \sum_{\forall j}(\omega_{ii'}^{j}\mathrm{Sim}(TnE_{ij}, TnE_{i'j})) \tag{5-12}$$

5.3.3.2　实时决策 K 算法

基于实例的实时决策推理方法的核心是如何评价两列车物元之间的相似程度即待解实例和相似实例之间的相似程度。综合考虑待解实例与相似实例各属性特征之间的相似程度即属性相似度，在此基础上，结合复合物元(即物元属性不全为固定值或区间值)的特征，采用公式(5－11)评价待解实例和相似实例之间的相似程度。铁路客运站股道运用实时决策 K 算法的主要步骤如下：

Step 1：接收参数。接收实时决策衡量条件、待解实例 e_{dj} 与实例集中某相似实例 e_i 的属性或特征 C_j 及其总数个数 n，各属性或特征 C_j 的权重为 u_j，$0<j\leqslant n$，$u_j\in[0, 1]$，$\sum_{j=1}^{n}u_j = 1$。

Step 2：构造复合物元。结合列车物元的特征、特征值或特征值范围，提取待解实例 e_{dj} 及相似实例 e_i 的特征值 v_j 和 v_{ij}，并构造复合物元(v_j、v_{ij} 可能是固定值，也可能是区间值)：

$$\begin{bmatrix} C_1 & v_1 & v_{i1} \\ C_2 & v_2 & v_{i2} \\ \vdots & \vdots & \vdots \\ C_n & v_n & v_{in} \end{bmatrix}$$

Step 3：计算属性相似度。若待解实例 e_{dj} 及相似实例 e_i 的属性或特征 C_j 的特征值 v_j、v_{ij} 均为固定值，按公式(5－1)计算其相似度；均为区间值，按公式(5－10)计算其相似度；不全为固定值或区间值，按公式(5－11)计算其相似度。

Step 4：计算优度。待解实例 e_{dj} 关于实例集中的该相似实例 e_i 的优度 K_i($K_i = \sum_{\forall j}(\mu_j\mathrm{Sim}(v_j, v_{ij}))$)，返回基于实例的实时决策推理优化算法，K 算法结束。

5.3.2　基于实例的实时决策推理优化算法

结合归纳法和知识导引法，设计基于实例的实时决策推理优化算法，对实例库进行多次检索并评价待解实例与实例库中各实例之间的相似程度，得到相同实例或相似实例集合，构成待解实例决策方案的实例空间，从中选取合适的实例即比照实例作为最终决策方案即方案物元，并结合推理物元中的各种规则和知识，对比照实例相关属性或参数进行修正，进而得到待解实例的解。

基于实例的实时决策推理优化算法步骤如下：

Step 1：初始化。输入列车时刻表、列车、股道、调机、联锁表等基本数据、实时决策背景环境及衡量条件等相关信息。

Step 2：构造待解实例。结合股道运用实时决策物元模型，构建一个待解实例 e_{dj}(即待安排的旅客列车或待定方案物元的列车物元、方案物元，其中，方案物元中非决策变量属性初始化，其他置空)，并提取其关键属性。

Step 3：一次检索和全匹配。综合考虑待解实例的关键属性，一次检索既有实例集中所有实时决策物元(既有实例)。若实例集中存在与待解实例 e_{dj} 相同的实例(两实例中的列车物元特征值及环境完全一致)，以相同实例作为待解实例 e_{dj} 的比照实例，转 Step 7；否则转 Step 4。

Step 4：二次检索和相似匹配。综合考虑待解实例的关键属性、决策背景环境与衡量条件，构造待解实例邻域结构，调整待解实例 e_i 的关键属性取值，扩大实例检索范围，二次检索既有实例集中所有实时决策物元(既有实例)。递归循环调用“实时决策 K 算法”，计算待解实例 e_{dj} 与各相似实例 e_i($\forall e_i \in R$)的优度 K_i，$0 < i \leqslant m$。若实例集中不存在与待解实例 e_{dj} 相似的实例(优度 K_i 满足一固定阀值要求)，则待解实例 e_{dj} 暂无可行方案，算法结束；若实例集中存在与待解实例 e_{dj} 相似的实例(优度 K_i 满足一固定阀值要求)，构造与待解实例 e_{dj} 相似的实例集 R，$R = \{e_1, e_2, \cdots, e_m\}$($m$ 为相似实例集 R 中的相似实例总数)。

Step 5：相似实例优度排序。按优度“由大到小”的排序原则，对相似的实例集 R 中各相似实例 e_i 进行排序得到待解实例解的实例空间，其结果为$\{\varepsilon_1、\varepsilon_2、\cdots、\varepsilon_m\}$，$\forall \varepsilon_i \in R$，$K_{\varepsilon 1} \geqslant K_{\varepsilon 2} \geqslant \cdots \geqslant K_{\varepsilon m}$。

Step 6：比照实例。按相似实例空间$\{\varepsilon_1、\varepsilon_2、\cdots、\varepsilon_m\}$的先后顺序，若存在相似实例使得待解实例的各项特征参数符合既有规章，则以优度最大的相似实例作为比照实例；否则在保证行车安全的前提下，选取与既有规章符合程度最大的相似实例作为比照实例。

Step 7：推理优化。结合推理物元 PE 中各类实时决策规则和知识，确定或调整比照实例的方案物元的相关属性或特征的具体取值。

Step 8：算法结束。以比照实例的决策方案作为待解实例 e_i 的实时决策方案，计算其他相关特征值，进一步完善待解实例 e_i 的列车物元 TnE、方案物元 ArE 各特征值，算法结束。

基于实例的实时决策推理优化算法主要用于制订具体列车的实时决策方案，对于客运站众多列车非常态下的股道运用实时决策推理优化问题，只需多次调用此算法即可。基于实例的实时决策推理优化算法中的 Step 4 若出现“不存在相似实例”的情形，可采用基于实例的自学规则算法丰富股道运用实时决策的实例集和规则集，提高系统性能，减少此类情形的出现，或调整节域物元中特征值的取值范围(如调整待解实例中列车实际的终到作业时间上下限)，使列车均有相应的方案可行。

5.3.3 基于实例的自学规则算法

结合机器学习中众多学习方法的特点，采用基于双空间模型的归纳学习法，构造基于实例的自学规则算法，丰富实例集和规则集，提高铁路客运站股道运用实时决策的智能化水平，改进系统性能。由全体可能的股道运用实时决策实例构成实时决策的实例空间，全体可能的一般规则构成实时决策的规则空间，基于实例的自学规则算法的关键即是实现实例和规则空间二者之间的同时协调搜索及匹配。基于双空间模型的股道运用实时决策的归纳学习过程如下：根据客运站股道运用实时决策的规则空间所提供的一般性规则，通过不断地推理实验完成实时决策的实例空间搜索并选择出合适的实例即活跃实例，然后将选中的活跃实例提交给解释过程，经由解释过程将活跃实例转换成规则空间中的特定概念及表达，进而引导对整个客运站股道运用实时决策规则空间的全局搜索。

客运站股道运用实时决策的规则和实例空间之间最为理想的关系状态：以最少的规则覆盖全部的实时决策正实例，不能覆盖任何实时决策的反实例。这样的规则集一般很难找到，应采取以下方式获得规则集：股道运用实时决策的规则集应尽可能多地覆盖正实例，尽可能少地覆盖实时决策的反实例，且规则集中所含规则数量应尽可能地少；求解该问题的算法具有指数复杂性特征，尤其是实例空间较大的学习效率较低。因此，结合基于双空间模型的归纳学习法，采用启发式优化方法构造基于实例的自学规则算法，实现其学习过程。具体步骤如下：

Step 1：从全部实时决策实例集中取出一组实例集 E，由客运站股道运用决策背景知识库的全部规则及其结论构成规则集 S、结论集 C。

Step 2：从结论集 C 中取出一个未取过的规则结论 $c(c\in C)$。

Step 3：从实例集 E 中取出含结论 c 的全部实例，并构成实时决策的正实例集 PE，而实例集 E 中剩余的实例共同构成实时决策的反实例集 NE，即 $NE=E/PE$，$PE\cup NE=E$，$PE\cap NE=\varnothing$。

Step 4：调用“规则构造子过程”，构造新规则 s，使 s 尽可能多地覆盖实时决策的正实例集 PE 中的正实例，排除实时决策反实例集 NE 中的股道运用实时决策的反实例，并从正实例集 PE 中除去新规则 s 所覆盖的正实例。“规则构造子过程”的具体步骤如下所示：

(1)构造一条股道运用实时决策的新规则 s，使其结论为当前结论 c，M 为当前规则 s 的前提集合。

(2)将规则 s 的前提集合中每个客运站股道运用决策背景的参数集合记为 P，其中 $P_i\in[V_{i1},V_{i2}]$，V_{i1}、V_{i2} 为阀值，根据相关规则及车站值班员的经验统计等确定取值；并计算正实例集 PE、反例集 NE 中出现 P_i 的实例数 PP_i 和 NP_i。

(3)如果存在 P_i，使得不等式 $PP_i\geqslant m_1$ 和 $NP_i\leqslant m_2$ 同时成立(m_1 和 m_2 为正

整数，且不等式 $m_1 \geqslant m_2$ 成立)则由满足条件的所有的 P_i 共同构成新集合 M_k，并将集合 M_k 中的所有元素全部用“或”运算符连接起来，然后将“或运算”的结果同规则 s 的前提集合 M 直接用“与”运算符连接起来进行并运算；如果不存在 P_i 使得不等式 $PP_i \geqslant m_1$ 和 $NP_i \leqslant m_2$ 同时成立，则从所有的 P_i 中取使 $|PP_i - NP_i|$ 值为最大的 P_i，然后将 P_i 和规则 s 的前提集合 M 直接用“与”运算符连接起来，并令当前最大的所有 P_i 置为 M_k。

(4)从正实例集 PE 和反例集 NE 中删去满足规则 s 的前提集合中所有正实例和反实例，进行如下判断：

若 $PE \neq \varnothing$，则 $M = M - M_k$，转(2)；

若 $PE = \varnothing$，将规则 s 加入到规则集 S 中，即 $S = S \cup \{s\}$，返回规则 s，新规则构造子过程结束，转 Step 5。

Step 5：若 $PE \neq \varnothing$，将新规则 s 加入到规则集 S 中，即 $S = S \cup \{s\}$，转 Step 4；否则转 Step 6。

Step 6：若结论集 C 中存在未取过的结论 c，转 Step 2；否则，算法结束。

5.4 算例

以某日(班)计划内 D854 次旅客列车于22：19 到达广州东站的股道运用实时决策为例。

(1)股道运用计划：D854 次旅客列车停靠 6G，停靠 6G 的上一旅客列车 T844/T845(立折旅客列车，图定到开时刻：21：54、22：09)。

(2)实时决策背景：由深圳开往广州东方向的 T844 次旅客列车因樟木头至东莞间线路改造升级施工影响，晚点 12 min，于 22：06 分到达广州东站，停靠五站台 6 道；因列车晚点给旅客带来不便，正和车站工作人员进行交涉，致使立折旅客列车无法准时完成客车车底整备作业，T844/T845 次旅客旅客车底一直占用五站台 6 道，为确保正常车站作业组织，需对 5 min 抵达本站的 D854 次旅客列车的股道运用方案进行实时决策。

(3)D854 次旅客列车基本信息：终到旅客列车、始发站(深圳)、终到站(广州东)、到达时分(22：19)、股道固定使用方案(公交化动车组，股道固定使用方案编号 S001，可占用股道 IIG、6G、8G、20G)、有限度(4)。设 D854 次旅客列车的接车占用进路、终到作业占用股道、往返客技站与到发场的时间范围(或期望时间)即检索区间(或检索值)分别为：2 ~ 4min(或 3 min)、18 ~ 30 min(或 25 min)、7 ~ 10 min(或 8 min)。

结合 D854 次旅客列车属性、《车站行车工作细则》、车站值班员经验，构建 D854 次旅客列车实时决策推理物元的衡量条件即：

条件 SC_1：待解实例 D854 占用接车进路时间[2，4]；

条件 SC_2：待解实例 D854 占用客运站到发场股道时间[18，30]；

条件 SC_3：待解实例 D854 入库作业时间[7，10]。

待解实例 D854 的实时决策推理过程大致如下：

(1)一次检索。结合 D854 次旅客列车属性、作业的期望时间，构造待解实例，通过对实例库中所有实例的检索，尚未找到与待解实例 D854 完全一致的相同实例。

(2)二次检索。结合实时决策推理物元的衡量条件，分析待解实例邻域结构，调整待解实例 D854 的列车物元的属性接车占用进路、终到作业占用到发场股道、入库作业时间的取值(以区间值代替股道值)，通过对实例库中所有实例进行检索，找到 5 个相似实例，构成待解实例 D854 的相似实例集合。待解实例 D854 的相似实例集合如表 5－1 所示。

表 5－1　二次检索得到的相似实例集合(仅列出关键属性)

实例标识	作业性质	客车种类	固定使用方案	到达时间	接占进路/min		占用股道/min		入库作业/min	
					下限	上限	下限	上限	下限	上限
S10048	终到	动车	S001	22：29	2	5	30	50	7	12
S10053	终到	特快	S002	22：14	4	6	40	70	8	15
S10104	终到	动车	S001	22：41	3	5	20	40	6	8
S10152	终到	特快	S012	21：49	3	5	30	70	8	14
S10205	终到	回空	S007	22：17	3	6	50	—	10	15

注：作业性质栏中“终到”表示需办理车底入库作业的终到旅客列车；客车种类栏中“回空”表示回空客车车底；股道固定使用方案 S001 可占用股道依次是：IIG、6G、8G、20G，S002 可占用股道依次是 10G、12G，S007 可站用股道依次是 14G、16G、6G、8G、10G、10G、12G、IIG，S012 可占用股道依次是 5G、7G、16G、14G、6G、IIG、10G、12G、20G、8G 等；占用股道上限为“－”表示旅客占用股道时间没有上限约束。

采用实时决策 K 算法，计算待解实例 D854 与相似实例集合中各相似实例的相似程度即优度，如表 5－2 所示。

表 5－2　待解实例关于相似实例的优度列表

实例标识	S10104	S10048	S10152	S10205	S10053
优度	0.937	0.885	0.837	0.792	0.642

由表5－2易知，选取相似实例S10104的股道运用方案作为待解实例D854的比照实例，即：待解实例D854应占用客运站到发场股道8G、客技站车底停留线4G、虚拟调机送车底(即无须另行安排调机办理车底取送作业)。最后，根据推理物元中各类实时决策规则和知识，确定或调整比照实例的方案物元的相关属性或特征的具体取值，如接发车占用进路及其起止时间(J123、－104～－101即22：16—22：19)、列车占用站台(四站台)等。若遇到相关设备临时故障、安全事故等非常态情形，可继续利用推理物元中各类实时决策规则和知识做出最终决策。

由上分析易知，本章提出的客运站股道运用实时决策推理方法不仅能为解决常态下股道运用计划制订和实时调整提供决策支持，还能有效地辅助车站值班员解决非常态下客运站股道运用实时决策推理优化问题。

第6章 铁路客运站候车室运用计划编制优化模型与算法

候车室是铁路客运站的重要组成部分，也是旅客聚集密度最大、停留时间最长、检票上车前的最后场所，候车室运用的好坏直接关系到客运设备利用及旅客服务质量的好坏。以铁路客运站候车室运用优化问题为研究对象，以旅客走行距离最短为第一优化目标、候车能力利用最大为第二优化目标，构建铁路客运站候车室运用优化模型，设计基于区、室、时刻和交互优先策略的解改进优化策略，提出了启发式算法制订候车室运用和候车区运用计划，将客运站候车大厅内诸多候车室合理安排给不同旅客列车的乘客供其占用。

6.1 问题描述与分析

铁路客运站候车大厅和候车室是客运站站场布局的重要组成部分，是旅客进站检票、安检、候车、上车、休息等重要场所，也是旅客对客运站站场布局好坏的最直接感受之地。候车室是旅客聚集密度最大、停留时间最长、检票上车前的最后场所，客运站候车室运用优化问题直接关乎铁路客运站服务质量和水平的好坏。近年来，因铁路客流量上升，许多大型客运站常年超负荷运转，站前广场人流、车流交叉，站房内流线混乱，尤其是旅客出行高峰期的突发性客流，给铁路客运站技术作业组织和站场布局带来了一系列亟待解决的难题。目前，中国相继建成诸多大型客运站（如武汉站、上海南站），建设过程中凸显新建和改扩建客运站投资大、有限用地限制等缺点，完全依靠新技术、新装备来提升客运服务质量又具有一定的局限性。因此，在铁路客运站建成运营后，如何合理利用既有客运站各项设备资源，提出铁路客运站候车室运用优化技术尤为重要，直接关系着铁路客运服务质量的提升。国外学者对铁路客运站运营管理的研究主要集中在站场运用计划编制与调整层面，如站台运用计划编制、股道分配、车站径路选择、调车作业和实时调整、考虑的站场布局鲁棒性问题等，较少涉及候车室运用优化层面。在国内，既有研究主要集中在站场布局与布局评价两个层面。杜文研究了高速铁路客运站咽喉区平面布置问题，马擎等采用灰色关联度系数评价方法对铁路客运站综合交通枢纽设施布局方案进行选优；罗毅等设计了运用博弈论对站场方案进行比选的方法，马芳采用层次分析法与熵值法研究了枢纽内铁路客运站布局方案评价问题。此外，王南和朱志国等初步探讨了客运专线车站候车室运用问题，尚未考虑既有线的列车种类繁多、等级差异大等特征，旨在综合考虑高速和既有线铁路客运站候车室运用的不同特征，构建候车室运用计划编制优化模型与算法，提出一种通用的铁路客运站候车时运用计划编制优化方法。

一般情况下，既有线客运站具有若干候车室，每个候车室被划分若干候车区，每个候车区对应一个检票口；高铁客运站则直接将候车大厅划成若干候车区，每个候车区对应一组检票闸机。便于研究，我们将高铁客运站的一个候车大厅对应看成一个候车室、一组检票闸机看成一个检票口。客运站候车室运用优化问题是在铁路客运站候车室容量或候车大厅总容量一定的前提下，为每个候车区安排一列合适的旅客列车，供该列列车的旅客候车，使旅客检票进站流线与列车合理匹配，确保旅客进站的走行距离最短、合理均衡使用候车空间。

6.2　候车室运用计划编制优化模型构建

铁路客运站候车室运用优化问题与列车种类及数量、客流流向及流量、候车大厅的布局、各候车室的候车能力、候车区与候车室之间的关系、列车到达和离开车站时间、候车区与站台之间的距离、站场布局、车站工作细则、旅客进站流线等因素有关。客运站候车室运用优化问题追求的旅客进站走行距离最短目标和候车区与站台之间的距离密切相关，需要同时考虑列车站台与股道占用方案，在铁路客运站日常作业组织过程中，车站股道与站台一般按既定方案或计划固定使用。客运站候车室运用优化问题的约束主要有：

(1)每个候车区同一时间内最多被一列列车占用，供其旅客进行检票作业；

(2)一列列车同一时间内最多占用一个候车室，可同时占用多个候车区，一旦占用直至其离开时为止，中途不能再转到其他候车室和候车区；

(3)同一时刻在同一候车室候车的人数不能超过候车室的最大候车能力。

设一定时间段内某客运站办理客运业务的旅客列车集合 $J=\{J_1, J_2, \cdots, J_n\}$，$n$ 为一定时间段内该站办理客运业务的旅客列车总数，列车 $J_i(i=1, 2, \cdots, n)$的图定到达和离开车站时刻分别为 x_i、y_i，该列车实际到达和离开车站的时间

分别为 x_i'、y_i'，列车 J_i 在该站的平均客流量为 N_i（由车站售票情况确定取值）；考虑母婴、茶座等通用候车室和其他因素对候车室客流流量大小的影响，设其客流转移系数为 η_i，表示该列车 J_i 的客流不在指定候车室的比例，则其有效客流量为 $\eta_i N_i$。设站内候车室集合 $R=\{R_1, R_2, \cdots, R_m\}$（不含母婴、茶座等特殊的通用候车室），$m$ 为候车室总数，C_j 表示第 j 个候车室 R_j 的最大候车能力；该站内全部候车区集合 $S=\{S_{10}, S_{11}, S_{12}, \cdots, S_{1d_1}, \cdots, S_{m0}, S_{m1}, S_{m2}, \cdots, S_{md_m}\}$，其中 $S_{jk}(k\neq 0)$ 表示第 j 个候车室 R_j 的第 k 个候车区（$k=1, 2, \cdots, d_j$, $j=1, 2, \cdots, m$），S_{j0} 表示第 j 个候车室 R_j 的快速、绿色通道（检票口），d_j 表示候车室 R_j 的候车区数量，w_{jk} 表示乘客由候车区 S_{jk} 至站台的平均走行距离。决策变量 $z_{ijk}=1$ 表示列车 J_i 占用候车室 R_j 内候车区 S_{jk}，否则 $z_{ijk}=0$；x_{ijk}^*、y_{ijk}^* 分别表示候车区 S_{jk} 被列车 J_i 占用的起止时间。

列车 J_i 在客运站的平均客流量为 $\eta_i N_i$，旅客在列车开车前一定时间段内随机到达车站候车区域，进站旅客站平均客流量的比例服从与到站客流同样的分布函数，设旅客进站比例概率函数为 $q(t)$，不妨设列车 J_i 的旅客陆续抵到车站的时间段为 $[T_i-\sigma, T_i]$，旅客很少会在列车开车后或停止检票后到达车站（即使到了车站，也无法顺利乘坐本次列车，只能办理改签手续乘坐其他列车或办理退票手续），T_i 的取值与列车 J_i 的图定开车时间 y_i 和提前停止检票时间 γ 有关，即：

$$T_i = |y_i| - \gamma \tag{6-1}$$

上式中 $|\,|$ 表示将时间转换成对应的分钟数，其取值范围为 0 ~ 1440 min。

在铁路客流高峰期间（如春运、十一黄金周等），车站会限制旅客的提前进站时间 σ（如提前 2 h 进站即候车区域），σ 的取值一般由车站工作人员根据实际情况确定取值（σ min），将客流截流在车站站场广场或其他区域，这也在一定程度上限制了车站候车大厅和候车室的客流量，在此不考虑截流对候车区客流的影响。

列车 J_i 于 t 时刻（0 ~ 1440 min）在候车区的客流量按式（6-2）计算确定取值：

$$N_i(t) = \begin{cases} 0 & t < T_i - \sigma \\ \eta_i N_i \int_{T_i-\sigma}^{t} q(t)\,\mathrm{d}t & T_i - \sigma \leqslant t < T_i \\ \eta_i T_i & t \geqslant T_i \end{cases} \tag{6-2}$$

设列车 J_i 的候车区开放时间较列车开车时间提前 β_i（min），列车早晚点时分 ε_i（min）。则列车 J_i 在候车区 S_{jk} 的起止时间 x_{ijk}^*、y_{ijk}^* 按式（6-3）、式（6-4）确定取值：

$$|x_{ijk}^*| = |x_i'| - \beta_i \tag{6-3}$$

$$|y_{ijk}^*| = |y_i'| - \gamma \tag{6-4}$$

受各种主客观环境的影响，列车可能会先于图定到达时间提前到达本站（早

点）或晚于图定达到时间到达、离开本站（晚点），但列车不允许其先于图定开车时间提前离开车站。列车 J_i 没有出现早晚点情况下，$x_i'=x_i$、$y_i'=y_i$；列车 J_i 晚点时，其实际到达和离开车站时间为 $|x_i'|=|x_i|+\varepsilon_i$、$|y_i'|=|y_i|+\varepsilon_i$；列车 J_i 早点时，其实际到达和离开车站时间为 $|x_i'|=|x_i|-\varepsilon_i$、$y_i'=y_i$。

在一定时期内一个特定候车区只能被一列列车占用，故在该列车占用该候车区的时间段内，该候车区不能再被其他列车占用，约束条件如式（6－5）所示：

$$\sum_i z_{ijk[x_{ijk}^*,\ y_{ijk}^*]} \leqslant 1 \quad \forall j,\ \forall k \tag{6-5}$$

为确保在站旅客能够顺利进站乘车，必须给每列列车安排候车室和候车区供其使用，且至少安排一个候车区，这是可行性前提，约束条件如式（6－6）所示：

$$\sum_k z_{ijk[x_{ijk}^*,\ y_{ijk}^*]} \geqslant 1 \quad \forall i,\ \forall j \tag{6-6}$$

为便于车站工作组织的展开和旅客乘降，每列列车的乘客除有特殊需求的乘客（如孕妇、带小孩的乘客可以进去母婴候车区等）外，必须安排在一个候车室内，即一列列车同一时间内最多占用一个候车室（针对一列列车占用两个不同候车室的情形：如某趟列车为16辆编组，可以将1～8、9～16节车厢的乘客划分至两个不同相对的候车室，可以考虑将其开成两列相同性质的虚拟列车进行处理），约束条件如式（6－7）所示：

$$Num|j \in \{j|z_{ijk}=1\}|=1 \quad \forall i \tag{6-7}$$

上式中 $Num||$ 表示集合中不重复元素的个数。

每列列车一旦占用某个具体的候车室，最多占用候车室中的全部候车区，不能跨越其他不同候车室内的候车区，即候车室内候车区数量上限约束为：

$$\sum_k z_{ijk[x_{ijk}^*,\ y_{ijk}^*]} \leqslant d_j+1 \quad \forall i,\ \forall j \tag{6-8}$$

任意时刻候车室内的全部客流总量均不能超过该候车室的最大候车能力，即：

$$\sum_i \sum_k (z_{ijk}N_i(t)) \leqslant C_j \quad \forall j,\ \forall t \tag{6-9}$$

候车室内的候车区除绿色通道外在同一时间内均不能被不同的列车同时占用，即候车区占用不兼容约束条件如式（6－10）所示：

$$[x_{ijk}^*,\ y_{ijk}^*] \cap [x_{i'jk}^*,\ y_{i'jk}^*]=\varnothing \quad \forall i,\ \forall i',\ \forall j,\ \forall k,\ i\neq i' \tag{6-10}$$

结合约束条件式（6－5）～式（6－10），以全部旅客在站走行总距离最短为目标，构建基于距离的客运站候车室运用计划编制优化模型 M1：

$$\min S_1 = \sum_{\forall i} \sum_{\forall j} \sum_{\forall k} (z_{ijk}w_{jk}N_i) \tag{6-11}$$

s. t.

$$\sum_{i} z_{ijk[x_{ijk}^{*}, y_{ijk}^{*}]} \leqslant 1 \quad \forall j, \forall k \tag{6-12}$$

$$\sum_{k} z_{ijk}[x_{ijk}^{*}, y_{ijk}^{*}] \geqslant 1 \quad \forall i, \forall j \tag{6-13}$$

$$Num|j \in \{j|z_{ijk}=1\}|=1 \quad \forall i \tag{6-14}$$

$$\sum_{k} z_{ijk[x_{ijk}^{*}, y_{ijk}^{*}]} \leqslant d_j + 1 \quad \forall i, \forall j \tag{6-15}$$

$$\sum_{i} \sum_{k} (z_{ijk} N_i(t)) \leqslant C_j \quad \forall j, \forall t \tag{6-16}$$

$$[x_{ijk}^{*}, y_{ijk}^{*}] \cap [x_{i'jk}^{*}, y_{i'jk}^{*}] = \varnothing \quad \forall i, \forall i', \forall j, \forall k, i \neq i' \tag{6-17}$$

$$z_{ijk} \in \{0, 1\} \quad \forall i, \forall j, \forall k \tag{6-18}$$

根据铁路客运站站场布局情况，我们很容易发现候车区和候车室存在映射关系即候车区在候车室内；在求解模型 M1 时，可以先直接求出候车区和列车之间的占用关系，再根据候车室和候车区之间的匹配关系，确定列车和候车室之间的关系。但在实际生产过程中，一般按不同运行方向大致划分候车室的占用，然后再细分其中候车区的占用计划。直接采用候车区，可以将模型 M1 的三维决策变量转变成二维决策变量，有利于问题的快速求解。

设客运站全部候车区集合 $S' = \{S_1, S_2, \cdots, S_d\}$，其中：$d = m + d_1 + d_2 + \cdots + d_m$，$S_{k'}(k'=1, 2, \cdots, d)$ 表示第 k' 个候车区，可以是绿色通道（视为虚拟候车区），也可以是现实候车区；候车区 $S_{k'}$ 到站台的平均走行距离为 $w_{k'}$，候车区与候车室之间的映射关系为 SR。设该问题的决策变量 $z_{ik'}=1$ 表示列车 J_i 占用候车区 $S_{k'}$，否则 $z_{ik'}=0$；$x_{ik'}^{*}$、$y_{ik'}^{*}$ 分别表示候车区 $S_{k'}$ 被列车 J_i 占用的起止时间。同时，考虑旅客在候车室内的自行走动行为，可能会占用其他列车旅客的候车区域，将候车室的候车能力均分至各个候车区，则该候车区的能力差额函数如式（6 - 19）所示：

$$u_{k'} = \underbrace{C_j/(d_j+1)}_{j \in \{j | S_{k'} \in \{S_{j0}, S_{j1}, \cdots, S_{jd_j}\}\}} - \underbrace{\sum_{i} (z_{ik'} N_i(\bar{t})) / \sum_{i} \sum_{k'} z_{ik'}}_{S_{k'} \in \{S_{j0}, S_{j1}, \cdots, S_{jd_j}\}} \tag{6-19}$$

式（6 - 19）表示列车 J_i 占用候车区 $S_{k'}$ 的该区仍未被占用的能力，其中的第一部分表示将特定候车室的候车能力均分至各候车区，第二部分表示将特定候车室的客流分配至其占有的候车区内，$N_i(\bar{t})$ 表示列车 J_i 在候车室的平均客流量。

综上，以旅客走行距离最短为第一优化目标、候车能力利用最大为第二优化目标，构建客运站候车室运用计划编制优化模型 M2：

$$\min S = r_1 \sum_{\forall i} \sum_{\forall k'} (z_{ik'} w_{k'} N_i) + r_2 \sum_{k'} u_{k'} \tag{6-20}$$

s. t.

$$\sum_{i} z_{ik'[x_{ik'}^*, y_{ik'}^*]} \leqslant 1 \quad \forall k' \tag{6-21}$$

$$\sum_{k'} z_{ik'[x_{ik'}^*, y_{ik'}^*]} \geqslant 1 \quad \forall i \tag{6-22}$$

$$\sum_{k' \in K'} z_{ik'} + \sum_{k'' \in K''} z_{ik''} \leqslant \min\left\{\sum_{k' \in K'} z_{ik'}, \sum_{k'' \in K''} z_{ik''}\right\} \quad \forall i \tag{6-23}$$

$$\sum_{k'} z_{ik'[x_{ik}^*, y_{ik'}^*]} \leqslant | SR_{k'} | \quad \forall i \tag{6-24}$$

$$\sum_{i} \sum_{k'} (z_{ik'} N_i(\bar{t})) \leqslant C_j / | SR_{k'} | \quad \forall j, \forall t \tag{6-25}$$

$$[x_{ik'}^*, y_{ik'}^*] \cap [x_{i'k'}^*, y_{i'k'}^*] = \varnothing \quad \forall i, \forall i', \forall k', i \neq i' \tag{6-26}$$

$$z_{ik'} \in \{0, 1\} \quad \forall i, \forall k' \tag{6-27}$$

其中，式(6－21)表示一个候车区在同一时段内最多被一列列车占用，式(6－22)表示一列列车在其特定时间段内必须有且至少有一个候车区供其占用，这是方案的可行性约束；式(6－23)表示一列列车占用的候车区隶属于一个候车室，特定候车室内的候车区下标集合记为 $K' = \{k' | S_{k'} \in S, S_{k'} \to SR_{k'}\}$，则其他候车区下标集合记为 $K'' = \{k'' | S_{k'} \in S, S_{k''} \to SR - SR_{k'}\}$，$SR_{k'}$ 表示候车区 $S_{k'}$ 所在的候车室(候车区和候车室之间满足映射关系 SR，用符号→表示)的所有候车区集合 $SR_{k'}$；式(6－24)表示一列列车最多占用特定候车室的全部候车区，即不能超过特定候车室的候车区总数 $SR_{k'}$；式(6－25)表示任意时刻候车区的候车能力约束(将候车室能力均分至各候车区)；式(6－26)表示任意候车区在同一时刻不能被两不相同的列车同时占用；式(6－27)表示列车占用候车区的决策变量 0－1 约束。

6.3　候车室运用计划编制优化算法设计

针对某个具体的客运站而言，其候车室和候车区的数量有限且已知，列车到达时刻 x_i 和出发时刻 y_i 可以依据列车时刻表和《车站行车工作细则》确定其具体的数值，客运站候车室运用优化问题中的诸多参数也是可以事先由《车站行车工作细则》和车站值班员的经验确定取值(如候车室与候车区的映射关系 SR、旅客提前进站时间 σ、提前停止检票时间 γ、旅客平均行走距离、候车室候车能力等)；铁路客流可根据车站售票情况确定，客流在站分布情况可经由车站安检口的安检情况进行调研得知；同时按旅客列车的运行方向大致划分候车室的占用，然后再细分各次列车对候车区的占用、起止时间等。

统筹考虑旅客进站流线和候车室运用计划编制优化问题的现实需求，利用启发式算法设计模型求解算法步骤，制订候车室运用初始结果，设计合适的多种解改进策略对候车室运用计划编制的初始结果进行改进、优化，继而获得客运站候车室运用计划编制优化方案，达到合理利用既有客运站候车室、候车区布局等站场布局的目标，即设计启发式算法求解该问题。

铁路客运站候车室运用计划编制优化算法具体步骤如下：

Step 1：初始化。输入列车时刻表集合 J、列车 J_i 的图定到达、离开车站时刻和晚点时分 x_i、y_i 和 ε_i，列车 J_i 的平均客流 N_i 等列车 J_i 有关的属性及参数；输入候车室集合 R、候车区集合 S 及其二者之间的映射关系 SR，候车能力 C_j 等候车室、候车区有关的参数；输入旅客提前进站时间 σ、提前停止检票时间 γ、候车区所属旅客平均行走距离 $w_{k'}$、客流转移系数 η_i 等其他参数和系数取值；输入候车区开放时间较列车开车时刻提前时间 β_i、列车 J_i 停靠的站台与股道，$z_{ik'}=0$。

Step 2：参数预处理。计算列车 J_i 实际到达和离开车站时刻 x'_i、y'_i，预先计算列车占用候车区的起止时刻 $x^*_{ik'}$、$y^*_{ik'}$；结合旅客进站比例概率函数 $q(t)$、客流转移系数 η_i、平均客流量 N_i 等，将 0～1440 min 换分成若干小的时间片，确定各时间片内列车在站客流；将时刻 x'_i、y'_i、$x^*_{ik'}$、$y^*_{ik'}$ 均转化成 0～1440 min 之间的自然数 $|x'_i|$、$|y'_i|$、$|x^*_{ik'}|$、$|y^*_{ik'}|$。

Step 3：列车划分。结合列车运行方向、种类、在本站的作业类型（始发、终到、经停、立折）、客流量、达到和离开车站时间等属性及其参数，对待安排的列车集合进行聚类分析，将若干相同或相似类型的列车视为一个整体，考虑候车室能力和客流情况，将其全部分配至各候车室，初步确定所属列车停靠的候车室。

Step 4：候车占用预决策。对于任意一列列车，按以下几个原则安排列车的候车室和候车区：①优先考虑客流量大的列车安排其占用旅客平均走行距离短的候车区；②列车的客流量大于候车区候车能力的整数倍时，考虑安排多个候车区供该列列车占用；③一列列车必须安排在一个候车室，同类列车尽可能安排在同属一个候车室的候车区；④按列车实际到达车站时刻的先后顺序（列车实际到达时间相同时，按列车的实际发车先后顺序）安排列车所占用候车区；得到列车占用候车区情况、起止占用时间，若列车 J_i 占用候车区 $S_{k'}$ 则 $z_{ik'}=1$，否则 $z_{ik'}=0$，将未安排的列车置于待处理列车集合 J_{rest}，若 $J_{\text{rest}}=\varnothing$，计算其目标函数值，列车占用候车区的预决策结束，转 Step 5；否则调整列车占用的候车区、占用个数及其起止占用时间，直至全部列车均有可行的候车室供其占用。

Step 5：候车占用调整优化。①设定调整优化循环终止条件；②将上一步得到的解（即候车室运用初始计划）置为当前解和当前最优解；③采用解改进优化策略，获得新解，计算新解的目标函数值；④若新解目标函数值优于当前解，则将其置为当前解，否则一定概率接受恶化解，将其置为当前解；⑤若新解目标函数值优于当前最优解，则将其置为当前最优解；⑥更新调整优化终止条件；⑦判定是否满足终止条件，若满足则转 Step 5，否则继续执行③~⑦。

Step 6：输出结果，算法结束。将当前最优解置为候车室运用优化过程的最终优化解或满意解，计算其目标函数值，并确定各次列车占用的候车区、候车室(由映射关系确定)、起止占用时刻等候车室运用计划，输出最终结果，算法结束。

铁路客运站候车室运用计划编制优化算法中的解改进优化策略可采用以下四种策略即区优化策略、室优化策略、时刻优化策略和交互优先策略。

(1)区优化策略，是指减少列车占用候车区数量或改变列车所占用候车区。在既有解(即当前候车室运用计划)的基础上，减少占用多个候车区的列车所占用的候车区数量，将部分占用候车区释放成空闲候车区；或者局部交换两列同类列车占用的候车区(2-置换、全置换)进而达到获得新解的目的。

(2)室优化策略，是指交换不同类的旅客列车所占用的候车区。不同类的旅客列车停靠在不同候车室的候车区域，考虑列车属性、客流、候车室特征，交换既有解中不同候车室的相似列车所占用的候车区进而达到获得新解的目的。

(3)时刻优化策略，是指列车早晚点或调整列车起止占用候车区的时间。列车发生早晚点时，列车占用候车区的起止时间会发生改变，如列车晚点时会延长列车占用候车区的时间，延长的时间与列车晚点时分有关。一旦调整既有解中局部列车占用候车区的起止时间，势必影响其他列车占用该候车区，可以通过改变候车区起止占用时间获得新解，以期获得更加优化的解。

(4)交互优先策略。在现代管理与决策中，决策者的作用更加突出，他们的参与、经验和政策取向，已成为影响制订客运站候车室运用计划的重要因素。将车站值班员的参与、经验和政策取向等信息反馈至优化算法中，将某些列车强制安排在某些有特殊需求的候车区，处理时必须优先考虑车站值班员的意见，再考虑为其他列车安排候车区，旨在制订出更加符合值班员期望的计划。车站值班员对既有解中的某次列车占用的候车区有不同意见，提供接口供其修改，同时更新其他相关列车占用候车区的信息，获得新解的同时更容易获得满意解。

6.4 算例

设某客运站配有候车室4个、母婴候车室和商务候车室各1个，母婴候车室和商务候车室的旅客来自全部列车，不影响列车占用其他候车室；3个候车室设有5个检票口、1个设有6个检票口，每个候车室均设有1个通用、绿色检票口，按检票口将候车室化成对应的候车区；1楼候车室经由地道抵达车站站场的股道与站台，该站的候车区平面布局关系示意图如图6-1所示。

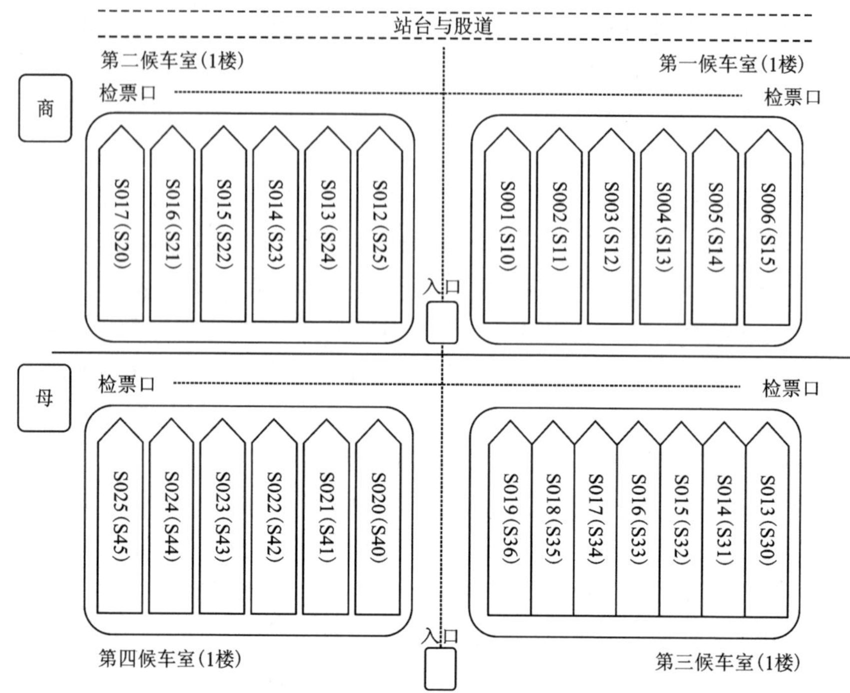

图 6－1　候车区平面布局关系示意图

该站候车室集合、候车区集合、候车室与候车区之间的映射关系、候车能力、平均走行距离(安检进站口至站场中心股道)等参数取值如表 6－1 所示。

表 6－1　候车室与候车区参数取值

候车室集合	候车区数量	候车能力/人	候车区集合	平均走行距离/m	备注
No. S1	5＋1	480	S002/S11	430	通用检票口候车区 S001/S10
			S003/S12	430	
			S004/S13	430	
			S005/S14	440	
			S006/S15	450	
No. S2	5＋1	450	S008/S21	410	软席候车 S007/S20
			S009/S22	420	
			S010/S23	430	
			S011/S24	440	
			S012/S25	450	

续表 6－1

候车室集合	候车区数量	候车能力/人	候车区集合	平均走行距离/m	备注
No. S3	6＋1	530	S014/S31	420	通用检票口候车区 S013/S30
			S015/S32	420	
			S016/S33	400	
			S017/S34	400	
			S018/S35	420	
			S019/S36	420	
No. S4	5＋1	480	S021/S41	400	通用检票口候车区 S020/S40
			S022/S42	410	
			S023/S43	420	
			S024/S44	435	
			S025/S45	450	

该站办理客运业务的列车主要有动车组、特快、快速等类型，在日常作业组织中，旅客提前进站时间一般取 120 min、动车组的提前停止检票时间 5 min、其他非动车组的普通列车提前停止检票时间 4 min；该客运站某日在 8：30—18：30 之间有 38 列旅客列车办理客运业务，列车始发站、终到站、图定到达和离开车站时刻、晚点时分、日常平均客流量、列车停靠站台与股道(采用第 2 章所提出的铁路客运站股道运用计划编制优化模型与算法进行确定)等信息如表 6－2 所示。

表 6－2　特定时间段内列车参数取值

编号	到达时刻	出发时刻	晚点时分	平均客流	停靠站台	停靠股道
No. 01	8：35	8：43	17	170	4#	8G
No. 02	8：24	8：49	—	180	2#	3G
No. 03	9：06	9：36	—	270	1#	IG
No. 04	9：52	10：00	32	80	3#	6G
No. 05	10：07	10：13	133	70	2#	3G
No. 06	10：21	10：27	—	80	3#	5G
No. 07	9：15	10：35	—	280	1#	1G
No. 08	10：30	10：41	—	150	3#	5G

续表 6－2

编号	到达时刻	出发时刻	晚点时分	平均客流	停靠站台	停靠股道
No. 09	10：24	10：54	—	320	4#	7G
No. 10	10：30	11：00	—	200	2#	4G
No. 11	10：50	11：19	—	190	3#	5G
No. 12	11：25	11：33	—	150	4#	8G
No. 13	11：31	11：48	2	250	4#	7G
No. 14	11：20	11：50	—	260	1#	1G
No. 15	11：55	12：01	36	50	2#	4G
No. 16	12：32	12：46	10	70	2#	4G
No. 17	12：44	12：56	—	50	2#	3G
No. 18	13：03	13：13	16	170	2#	4G
No. 19	13：32	13：40	16	140	2#	4G
No. 20	13：50	14：01	13	150	2#	3G
No. 21	14：06	14：20	6	90	3#	5G
No. 22	14：13	14：28	—	140	2#	4G
No. 23	14：05	14：35	—	120	1#	1G
No. 24	14：37	14：55	—	130	4#	7G
No. 25	14：52	15：01	—	170	2#	4G
No. 26	15：18	15：48	—	260	4#	7G
No. 27	16：34	16：40	84	40	4#	7G
No. 28	16：44	17：00	—	50	4#	7G
No. 29	16：59	17：07	10	150	4#	8G
No. 30	16：52	17：22	—	200	2#	3G
No. 31	17：10	17：40	—	230	3#	6G
No. 32	17：30	17：47	4	120	3#	5G
No. 33	17：37	17：53	15	200	4#	7G
No. 34	17：56	18：02	24	80	3#	6G
No. 35	17：49	18：08	8	80	2#	3G
No. 36	18：03	18：16	—	150	3#	5G
No. 37	18：06	18：36	—	200	2#	4G
No. 38	18：12	18：30	—	180	4#	8G

利用本章提出的客运站候车室运用优化模型与算法，制订该时段内客运站办理客运业务的旅客列车占用候车室和候车区的计划，其优化结果如表 6－3 所示。

表 6－3　客运站候车室运用优化结果

候车室集合	候车区集合	列车占用情况
No. S1	S002/S11	No. 04、No. 18、No. 25、No. 34、…
	S003/S12	No. 10、No. 18、No. 25、No. 30、…
	S004/S13	No. 10、No. 13、No. 23、No. 30、…
	S005/S14	(Other)、No. 13、No. 23、…
	S006/S15	(Other)、No. 13、No. 23、…
No. S2	S008/S21	No. 01、No. 07、No. 27、…
	S009/S22	No. 01、No. 07、No. 37、…
	S010/S23	No. 07、No. 12、No. 37、…
	S011/S24	No. 12、No. 22、No. 33、…
	S012/S25	No. 05、No. 22、No. 33、…
No. S3	S014/S31	No. 02、No. 11、No. 20、No. 36、…
	S015/S32	No. 02、No. 11、No. 20、No. 36、…
	S016/S33	No. 14、No. 21、No. 29、…
	S017/S34	(Other)、No. 06、No. 14、No. 21、No. 29、No. 38、…
	S018/S35	No. 08、No. 14、No. 24、No. 38、…
	S019/S36	No. 08、No. 16、No. 24、No. 38、…
No. S4	S021/S41	No. 09、No. 17、No. 35、…
	S022/S42	No. 09、No. 19、No. 28、…
	S023/S43	No. 03、No. 09、No. 15、No. 19、No. 26、No. 31、…
	S024/S44	No. 03、No. 26、No. 31、…
	S025/S45	No. 03、No. 26、No. 32、…

表 6－3 中 Other 表示该候车区已经有其他列车占用。以候车室 No. S2 为例，说明列车占用的候车区的起止时间(含检票时间)，具体如表 6－4 所示。

表 6－4　候车室 No. S2 中各候车区起止占用时间及其中的列车检票时间

候车区	项目	候车室 No. S2 的列车							
		No. 01	No. 05	No. 07	No. 12	No. 22	No. 27	No. 33	No. 37
S008	检	8:50	—	10:15	—	—	17:48	—	—
	起	8:30	—	8:43	—	—	10:35	—	—
	终	8:43	—	10:35	—	—	18:00	—	—
S009	检	8:50	—	10:15	—	—	—	—	18:15
	起	8:30	—	8:43	—	—	—	—	10:35
	终	8:43	—	10:35	—	—	—	—	18:30
S010	检	—	—	10:15	11:25	—	—	—	18:15
	起	—	—	8:30	10:35	—	—	—	11:33
	终	—	—	10:35	11:33	—	—	—	18:30
S011	检	—	—	—	11:25	14:09	—	17:55	—
	起	—	—	—	8:30	11:33	—	14:28	—
	终	—	—	—	11:33	14:28	—	18:08	—
S012	检	—	12:20	—	—	14:09	—	17:55	—
	起	—	8:30	—	—	12:27	—	14:28	—
	终	—	12:27	—	—	14:28	—	18:08	—

表 6－4 中，“检、起、终”分别表示列车开始检票时间、列车开始占用候车区的起始时刻和终止时刻。采用本章构建的客运站候车室运用优化模型与算法即基于站内候车室运用的客运站站场布局优化技术，能够快速合理地制订出候车室和候车区占用计划，在满足客运站正常作业组织、便于旅客乘降的同时，提高客运站既有站场布局条件下的客运资源利用效率。

第 7 章 铁路客运站站场布局绿色评估优化模型与算法

铁路客运站站场布局是影响铁路客运站整体布局风格、运输组织模式，以及投资建设规模和运营管理成本，乃至铁路运输服务质量的最关键因素，构建科学合理的铁路客运站站场布局评价指标体系，有利于更好地完成客运站新建任务，评价既定站场布局下的股道运用运营管理水平。给出客运站站场布局评价指标体系构建目标与原则，构建基于绿色交通的客运站站场布局评价指标体系，设计客运站站场布局评价模型与算法，从客运站建设与运营管理两个角度提出基于当代客站设计理论的客运站站场布局对策及建议。

7.1 评价指标体系

铁路客运站站场布局规划设计、建设及运营过程中，应充分与当地社会、经济、生态环境相协调，与区域空间布局和土地利用相适应，能够以最小的社会成本满足合理的交通需求，最大程度地节约资源，保护环境和减少污染。铁路客运站站场布局评价指标体系构建目标在于合理评价客运站站场布局及其运营过程中对周边环境造成的影响，给出站场布局的绿色水平，辅助站场布局规划设计、建设和运营管理工作。铁路客运站站场布局评价指标体系构建原则主要包括：科学性、系统性、层次性、独立性、实用性以及定量与定性相结合原则。具体如下：

(1)科学性。构建的客运站站场布局评价指标能够抓住评价对象的实质，具有专门的针对性，抽取的指标必须是客观对象的科学描述，符合实际情况。

(2)系统性。客运站站场布局评价指标体系要完整，尽可能覆盖客运站站场布局规划设计、工程建设和运营管理的各个方面，考虑站场布局的所有因素。

(3)层次性。明确评价指标之间的内在联系，分类处理客运站站场布局评价指标，概括性强的指标放在第一层次，从属性指标置于第二层次，以此类推。

(4)独立性。铁路客运站站场布局评价指标体系中的各项指标要尽量独立，避免明显的包含关系，力求评价指标体系所提供的信息量达到最大化。

(5)实用性。铁路客运站站场布局评价指标体系中的各项指标含义明确，尽量采用现行统计指标，数据资料易于收集，计算简便，实用性强。

(6)定量与定性相结合原则。客运站站场布局评价体系中各项指标应以定量为主，对于难以量化的指标，采用定性的方法以弥补单纯量化评价的不足。

(7)贯穿客运站整个生命周期。客运站完整的生命周期应包括规划设计、建设、运营以及拆迁各阶段；站场布局评价指标设计应考虑上述各个阶段，由于拆迁是客运站生命周期中遥不可及的，暂不考虑拆迁阶段的指标。

铁路客运站作为城市交通系统的重要节点，从客运站站场布局设计、建设和运营期间既有站场布局下客运站股道运用两个层面构建基于绿色交通的铁路客运站站场布局评价指标体系。前者可以用于辅助选择最佳铁路客运站站场布局方案，便于客运站新建工程；后者可以用于评价车站运营管理水平，便于找出车站作业组织出现的问题，找出既有布局缺陷不足之处，为客运站站场布局改造提供对象支持，便于铁路客运站站场布局的可持续发展。

基于绿色交通的铁路客运站站场布局评价指标体系如表 7 - 1 所示。

如表 7 - 1 所示，基于绿色交通的客运站站场布局绿色评价具有四级评价体系，规划设计方面具有 6 个三级绿色评价指标(19 个四级指标)，工程建设方面具有 8 个三级绿色评价指标(13 个四级指标)，运营管理方面具有 9 个评价指标(36 个四级指标)，涉及客运站站场布局规划设计、工程建设与营运管理三个方面。接着讨论各级指标的获取途径及方法，一级、二级、三级指标均可由其下级指标经一定处理后得到取值，四级指标量值的获取途径与方法如下：

(1)站场布局规划设计层面：城市总体规划的相容性 X111、城市交通系统的相容性 X112、既有铁路布局的相容性 X113、客流吸引能力 X114、有无灾害隐患 X115 等布局合理性方面的下级指标可根据客运站规划报告、城市交通规划报告、车站站场布局、场地地形图、场址检测报告及相关文件由专家打分获取；土地集约利用程度 X121、耕地占用比例 X122、土地总占用面积 X123 等节地指标可由客运站规划报告计算土地集约利用程度；绿地景观设计水平 X131、广场绿化率 X132 等绿地指标通过分析客运站设计图纸及景观设计文件获取；新能源利用水平 X141、站房隔热设计 X142、候车室窗墙比 X143、候车室外窗可开启面积比 X144、站场抗震水平 X161、站房防噪防震设施配备 X162 和车站隔音隔振墙 X163 等节能规划和防噪防震指标通过分析客运站设计图纸及说明书获取；节水型给水系统设计 X151、污水资源化利用系统设计 X152 等节水指标根据客运站水系统规划报告、设计图纸及说明书，由专家分析打分获取。

表7-1　铁路客运站站场布局评价指标体系

一级指标	二级指标	三级指标	四级指标
铁路客运站站场布局绿色评价X	规划设计X1	布局合理性X11	城市总体规划的相容性X111
			城市交通系统的相容性X112
			既有铁路布局的相容性X113
			客流吸引能力X114
			有无灾害隐患X115
		土地规划X12	土地集约利用程度X121
			耕地占用比例X122
			土地总占用面积X123
		绿地布局X13	绿地景观设计水平X131
			广场绿化率X132
		节能能力X14	新能源利用水平X141
			站房隔热设计X142
			候车室窗墙比X143
			候车室外窗可开启面积比X144
		节水能力X15	节水型给水系统设计X151
			污水资源化利用系统设计X152
		防噪防震能力X16	站场抗震水平X161
			站房防噪防震设施配备X162
			车站隔音隔振墙X163
	工程建设X2	水资源消耗X21	实际用水量与预算用水量比X211
			非传统水资源利用水平X212
			漏损率X213
		能源消耗X22	实际综合能耗与预算能耗比X221
		建材消耗X23	近距离建材使用比例X231
			绿色材料使用比例X232
			可循环材料使用比例X233
		绿地保护X24	绿地恢复率X241
		施工噪音X25	场界噪声强度X251
			敏感点噪声强度X252
		施工粉尘X26	场界周围空气总悬浮颗粒物浓度X261
		废水X27	废水排放达标情况X271
		建筑垃圾X28	建筑垃圾清运情况X281

续表 7－1

一级指标	二级指标	三级指标	四级指标
铁路客运站站场布局绿色评价 X	运营管理 X3	节水节能 X31	废水资源循环再利用比例 X311 节水率 X312 实时能耗与节能标准的规定值比 X313 新能源占总能耗比 X314
		列车噪音振动 X32	站线周边噪声强度 X321 站线周边振动级别 X322
		广场热岛效应 X33	广场与周边平均温差 X331
		空气质量 X34	候车室空气质量指数 X341 办公室空气质量指数 X342 车场空气质量指数 X343 站前广场空气质量指数 X344
		废弃物管理 X35	固体废弃物处理情况 X351 污水排放达标情况 X352
		站场能力利用 X36	候车室能力利用水平 X361 到发线能力利用水平 X362 车站咽喉能力利用水平 X363 整备场能力利用水平 X364
		股道运用协同 X37	流线分离程度 X371 平行进路数量 X372 行车作业交叉数量 X373 行调作业交叉数量 X374 调车作业交叉数量 X375 候车室与站台运用匹配水平 X376 股道运用计划波动程度 X377 造成列车晚点数量 X378
		客流集散效率 X38	旅客进出站便捷程度 X381 市内交通换乘距离 X382 市内交通换乘类型 X383 高峰期车流通畅程度 X384 高峰期候车室人均面积 X385 高峰期站前广场客流量 X386 高峰期站内外客流比例 X387 集散方式对周边环境的影响 X388
		应急预案管理 X39	大客流疏导应急预案 X391 客运行车事故应急预案 X392 列车大面积晚点应急预案 X393

(2)既定规划设计的工程建设层面：实际用水量与预算用水量比 X211、非传统水资源利用水平 X212、漏损率 X213、实际综合能耗与预算能耗比 X221、近距离建材使用比例 X231、绿色材料使用比例 X232、可循环材料使用比例 X233、绿地恢复率 X241 等水资源、能源和建材消耗与绿地恢复指标可通过查阅竣工文件及图纸获取；场界噪声强度 X251、敏感点噪声强度 X252、场界周围空气总悬浮颗粒物浓度 X261、废水排放达标情况 X271 等噪音、粉尘和废水指标可通过环境影响因子达标证明获取；建筑垃圾清运情况 X281 指标可查阅客运站垃圾集运整体规划并在客运站工程建设施工过程进行现场核实，由专家打分获取。

(3)既定站场布局的运营管理层面：废水资源循环再利用比例 X311、节水率 X312、实时能耗与节能标准的规定值比 X313、新能源占总能耗比 X314 等节水节能指标可通过现场调研、分析设计图纸及说明书获取；站线周边噪声强度 X321、站线周边振动级别 X322 等列车噪音振动指标通过现场检测并查阅环境评价报告获取；广场与周边平均温差 X331、候车室空气质量指数 X341、办公室空气质量指数 X342、车场空气质量指数 X343、站前广场空气质量指数 X344 等指标通过现场检测的方法确定取值；固体废弃物处理情况 X351、污水排放达标情况 X352 指标可查阅客运站垃圾集运整体规划并在客运站工程建设施工过程进行现场核实，由专家打分获取；候车室能力利用水平 X361、到发线能力利用水平 X362、车站咽喉能力利用水平 X363、整备场能力利用水平 X364 等能力利用指标可根据车站日常作业组织情况确定实际利用能力，再除以对应的设计能力即可获得；流线分离程度 X371、平行进路数量 X372、行车作业交叉数量 X373、行调作业交叉数量 X374、调车作业交叉数量 X375、候车室与站台运用匹配水平 X376、股道运用计划波动程度 X377、造成列车晚点数量 X378 等协同性指标可根据一段时期内客运站运营管理过程(如股道运用计划与执行情况)统计分析可得；旅客进出站便捷程度 X381、市内交通换乘距离 X382、市内交通换乘类型 X383、高峰期车流通畅程度 X384、高峰期候车室人均面积 X385、高峰期站前广场客流量 X386、高峰期站内外客流比例 X387、集散方式对周边环境的影响 X388 等客流集散指标可通过现场调研、分析设计图纸和城市交通规划报告等方式获取；大客流疏导应急预案 X391、客运行车事故应急预案 X392、列车大面积晚点应急预案 X393 可通过现场调研由专家打分获取。

7.2　评价模型构建

铁路客运站站场布局绿色评价指标体系中涉及 68 个四级指标，这些指标有些是定量指标，也有些是难以定量表述的定性指标，选择一种适于定性定量指标、规模大的多指标综合评价方法，是客运站站场布局绿色评价问题的关键。

在经典的评价决策模型中，各种数据和相关信息都会被假定为确定或绝对精确，目标和约束也都是假定被严格定义并有良好的属性表示。因此，经典的评价决策模型在理论上存在着一个分明的解空间，能寻找并求解出最优解，而铁路客运站站场布局评价问题中涉及诸多模糊、不宜准确表述的因子，分析时难以实现精确化。美国控制之父的专家 L. A. Zadeh 和享有“动态规划之父”盛誉的南加州大学教授 R. E. Bellman 于 20 世纪 60 年代一起提出了模糊决策的基本模型，并于 1965 年在杂志 *Information and Control* 上发表著名的论文，标志着模糊理论的诞生。模糊理论打破了形而上学的束缚，即认识事物的“非此即彼”的明晰性形态，同时考虑事物的“亦此亦彼”的过渡性形态，具有广泛的应用空间，适应于解决铁路客运站站场布局绿色评价问题。因此，在构建铁路客运站站场布局评价模型时，应建立一种不同于经典决策的评估模型，以便更好地刻画在客运站站场布局评价指标体系中出现的思维、判断、推理的非量化和不精确现象，即通过构建基于多级模糊综合评价方法的客运站站场布局绿色评价模型即客运站站场布局模糊评价模型，设计出相应的评价算法，提出用于解决铁路客运站站场布局绿色评价问题的模糊不确定性的方法和基础原理。其中，模糊综合评价方法是以模糊数学为基础，通过构造等级模糊子集将反映被评事物的模糊指标进行量化（即确定其隶属度），利用模糊变换原理对各个指标进行综合，将边界不清、不易定量的因素定量化，进行综合评价的一种方法。

设客运站站场布局绿色评价等级论域为 $V=\{v_1, v_2, \cdots, v_p\}$；将客运站站场布局绿色评价的因素论域即一级指标 X 分成 s 个子集即二级指标 $X_1, \cdots, X_s$，即 $X=\bigcup_{i=1}^{s}X_i$；将二级指标 X_i 分成 s_i 个子集即三级指标 $X_{i1}, X_{i2}, \cdots, X_{is_i}$，即 $X_i=\bigcup_{j=1}^{s_i}X_{ij}$；三级指标 X_{ij}再细分为 s_{ij}个子集即四级指标 $X_{ij1}, X_{ij2}, \cdots, X_{ijs_{ij}}$，即 $X_{ij}=\bigcup_{k=1}^{s_{ij}}X_{ijk}$。设 X_{ij}中各因素即四级指标的模糊权向量为 $\boldsymbol{W}_{ij}=(\omega_{ij1}, \omega_{ij2}, \cdots, \omega_{ijs_{ij}})$，且 $\sum_{k=1}^{s_{ij}}\omega_{ijk}=1$；$X_i$ 中各因素即三级指标的模糊权向量为 $\boldsymbol{W}_i=(\omega_{i1}, \omega_{i2}, \cdots, \omega_{is_i})$，且 $\sum_{j=1}^{s_i}\omega_{ij}=1$；$X$ 中各因素即二级指标的模糊权向量为 $\boldsymbol{W}=(\omega_1, \omega_2\cdots, \omega_s)$，且 $\sum_{i=1}^{s}\omega_i=1$。

采用多级模糊综合评价方法，构建铁路客运站站场布局绿色评价系列模型即铁路客运站站场布局绿色评价单级模糊综合评价模型Ⅰ、二级模糊综合评价模型Ⅱ和三级模糊综合评价模型Ⅲ。站场布局绿色评价单级模糊综合评价模型Ⅰ为：

$$\boldsymbol{W}_{ij} \circ \tilde{\boldsymbol{R}}_{ij} = (\omega_{ij1}, \omega_{ij2}, \cdots, \omega_{ijs_{ij}}) \circ \begin{pmatrix} r_{11}^{ij} & r_{12}^{ij} & \cdots & r_{1p}^{ij} \\ r_{21}^{ij} & r_{22}^{ij} & \cdots & r_{2p}^{ij} \\ \vdots & \vdots & & \vdots \\ r_{s_{ij}1}^{ij} & r_{s_{ij}2}^{ij} & \cdots & r_{s_{ij}p}^{ij} \end{pmatrix}$$

$$= (b_{ij1}, b_{ij2}, \cdots, b_{ijp}) = \tilde{\boldsymbol{B}}_{ij}, \ \forall i, \ \forall j \tag{7-1}$$

其中，$\tilde{\boldsymbol{R}}_{ij}$为三级指标 X_{ij}经模糊单因素评价后得到的隶属关系矩阵（s_{ij}行，p 列），隶属关系矩阵 $\tilde{\boldsymbol{R}}_{ij}$中第 a 行第 b 列元素 r_{ab}^{ij}表示被评事物 X_{ij}从因素 X_{ijk}来看对 v_b（$v_b \in V$）等级模糊子集的隶属度，即 X_{ij}在因素 X_{ijk}方面的表现是通过模糊向量（$\tilde{\boldsymbol{R}}_{ij} | X_{ijk}$）=（$r_{k1}^{ij}$，$r_{k1}^{ij}$，$\cdots$，$r_{kp}^{ij}$）来刻画的，即：

$$\tilde{\boldsymbol{R}}_{ij} = \begin{pmatrix} \tilde{\boldsymbol{R}}_{ij} | X_{ij1} \\ \tilde{\boldsymbol{R}}_{ij} | X_{ij2} \\ \vdots \\ \tilde{\boldsymbol{R}}_{ij} | X_{ijs_{ij}} \end{pmatrix} = \begin{pmatrix} r_{11}^{ij} & r_{12}^{ij} & \cdots & r_{1p}^{ij} \\ r_{21}^{ij} & r_{22}^{ij} & \cdots & r_{2p}^{ij} \\ \vdots & \vdots & & \vdots \\ r_{s_{ij}1}^{ij} & r_{s_{ij}2}^{ij} & \cdots & r_{s_{ij}p}^{ij} \end{pmatrix}_{s_{ij} \times p} \tag{7-2}$$

将 X_{ij}看成一个综合因素，综合因素 X_{ij}（$i=1, 2, \cdots, s$; $j=1, 2, \cdots, s_i$）的模糊权向量为 $\boldsymbol{W}_i = (\omega_{i1}, \omega_{i2}, \cdots, \omega_{is_i})$。用 $\tilde{\boldsymbol{B}}_{ij}$作为它的模糊单因素评价结果，可得隶属关系矩阵 $\tilde{\boldsymbol{R}}_i$：

$$\tilde{\boldsymbol{R}}_i = \begin{pmatrix} \tilde{\boldsymbol{B}}_{i1} \\ \tilde{\boldsymbol{B}}_{i2} \\ \vdots \\ \tilde{\boldsymbol{B}}_{is_i} \end{pmatrix} = \begin{pmatrix} b_{11}^{i} & b_{12}^{i} & \cdots & b_{1p}^{i} \\ b_{21}^{i} & b_{22}^{i} & \cdots & b_{2p}^{i} \\ \vdots & \vdots & & \vdots \\ b_{s_i1}^{i} & b_{s_i2}^{i} & \cdots & b_{s_ip}^{i} \end{pmatrix} = \begin{pmatrix} r_{11}^{i} & r_{12}^{i} & \cdots & r_{1p}^{i} \\ r_{21}^{i} & r_{21}^{i} & \cdots & r_{2p}^{i} \\ \vdots & \vdots & & \vdots \\ r_{s_i1}^{i} & r_{s_i2}^{i} & \cdots & r_{s_ip}^{i} \end{pmatrix} \tag{7-3}$$

那么，铁路客运站站场布局绿色评价二级模糊综合评价模型Ⅱ为：

$$\boldsymbol{W}_i \circ \tilde{\boldsymbol{R}}_i = (\omega_{i1}, \omega_{i2}, \cdots, \omega_{is_i}) \circ \begin{pmatrix} r_{11}^{i} & r_{12}^{i} & \cdots & r_{1p}^{i} \\ r_{21}^{i} & r_{22}^{i} & \cdots & r_{2p}^{i} \\ r_{s_i1}^{i} & r_{s_i2}^{i} & \cdots & r_{s_ip}^{i} \end{pmatrix}$$

$$= (b_{i1}, b_{i2}, \cdots, b_{ip}) = \tilde{\boldsymbol{B}}_i, \ \forall i \tag{7-4}$$

同理，将 X_i 继续看成一个综合因素，综合因素 X_i（$i=1, \cdots, s$）的模糊权向量为 $\boldsymbol{W} = (\omega_1, \omega_2 \cdots, \omega_s)$。用 $\tilde{\boldsymbol{B}}_i$ 作为它的模糊单因素评价结果，可得隶属关系矩阵 $\tilde{\boldsymbol{R}}$：

$$\tilde{\boldsymbol{R}} = \begin{pmatrix} \tilde{\boldsymbol{B}}_1 \\ \tilde{\boldsymbol{B}}_2 \\ \vdots \\ \tilde{\boldsymbol{B}}_s \end{pmatrix} = \begin{pmatrix} b_{11} & b_{12} & \cdots & b_{1p} \\ b_{21} & b_{22} & \cdots & b_{2p} \\ \vdots & \vdots & & \vdots \\ b_{s1} & b_{s2} & \cdots & b_{sp} \end{pmatrix} = \begin{pmatrix} r_{11} & r_{12} & \cdots & r_{1p} \\ r_{21} & r_{22} & \cdots & r_{2p} \\ \vdots & \vdots & & \vdots \\ r_{s1} & r_{s2} & \cdots & r_{sp} \end{pmatrix} \tag{4-5}$$

则铁路客运站站场布局绿色评价三级模糊综合评价模型Ⅲ为：

$$\boldsymbol{W} \circ \tilde{\boldsymbol{R}} = (\omega_1, \omega_2, \cdots, \omega_s) \circ \begin{pmatrix} r_{11} & r_{12} & \cdots & r_{1p} \\ r_{21} & r_{22} & \cdots & r_{2p} \\ \vdots & \vdots & & \vdots \\ r_{s1} & r_{s2} & \cdots & r_{sp} \end{pmatrix}$$

$$= (b_1, b_2, \cdots, b_p) = \tilde{\boldsymbol{B}} \tag{7-6}$$

铁路客运站站场布局绿色评价的单级模糊综合评价模型Ⅰ中的模糊权向量 $\boldsymbol{W}_{ij} = (\omega_{ij1}, \omega_{ij2}, \cdots, \omega_{ijs_{ij}})$、二级模糊综合评价模型Ⅱ中的因素 $X_{ij}(i=1, 2, \cdots, s; j=1, 2, \cdots, s_i)$ 的模糊权向量为 $\boldsymbol{W}_i = (\omega_{i1}, \omega_{i2}, \cdots, \omega_{is_i})$、三级模糊综合评价模型Ⅲ中的因素 $X_i(i=1, \cdots, s)$ 的模糊权向量为 $\boldsymbol{W} = (\omega_1, \omega_2 \cdots, \omega_s)$ 的确定方法均可采用专家估计法和集值迭代法确定取值。

一般地，设站场布局绿色评价因素论域 $X' = \{X'_1, X'_2, \cdots, X'_n\}$，$X'$ 模糊子集 T = {对评价内容重要的因素}，因素 X'_t 对 T 的隶属度为 ω''_t，则模糊权向量为：

$$\boldsymbol{W}' = (\omega'_1, \omega'_2, \cdots, \omega'_n) \tag{7-7}$$

其中，$\omega'_t = \omega''_t / (\sum_{t=1}^{n} \omega''_t)$ $(t = 1, 2, \cdots, n)$。

铁路客运站站场布局模糊评价模型中各模糊权向量的确定采用专家估计法，即请业内专家分别估计出 X'_t 对 T 的隶属度，然后对不同专家的估计结果求取平均值，经归一化处理即可得到模糊权向量 $\boldsymbol{W}' = (\omega'_1, \omega'_2, \cdots, \omega'_n)$ 即 $\boldsymbol{W} = (\omega_1, \cdots, \omega_s)$、$\boldsymbol{W}_i = (\omega_{i1}, \omega_{i2}, \cdots, \omega_{is_i})$ 以及 $\boldsymbol{W}_{ij} = (\omega_{ij1}, \omega_{ij2}, \cdots, \omega_{ijs_{ij}})$。客运站站场布局绿色评价模型Ⅰ、Ⅱ、Ⅲ中"∘"为模糊合成算子。"∘"为模糊合成算子 $M(\otimes, \oplus)$，$\otimes$，$\oplus$ 为模糊变换的两种运算，其具体形式为[以式(7-1)为例进行说明]：

$$b_{ijb} = (\omega_{ij1} \otimes r^{ij}_{1b}) \oplus (\omega_{ij2} \otimes r^{ij}_{2b}) \oplus \cdots \oplus (\omega_{ijs_{ij}} \otimes r^{ij}_{s_{ij}b}) \quad \forall i, \forall j, \forall b \tag{7-8}$$

即：

$$b_{ijb} = \min\{1, \sum_{k=1}^{s_{ij}} (\omega_{ijk} \otimes r^{ij}_{kb})\} \quad \forall i, \forall j, \forall b \tag{7-9}$$

其中，$\omega_{ijk} \otimes r^{ij}_{bk} (\forall i, \forall j, \forall k, \forall b)$ 按式(7-10)计算：

$$\omega_{ijk} \otimes r^{ij}_{bk} = \mu_{\omega_{ijk} \otimes r^{ij}_{bk}}(X_{ijk}) = \max\{0, \mu_{\omega_{ijk}}(X_{ijk}) + \mu_{r^{ij}_{bk}}(X_{ijk}) - 1\} \tag{7-10}$$

由上易知，铁路客运站站场布局模糊评价模型中的模糊合成算子 $M(\otimes, \oplus)$ 由2步运算构成，第一步运算是 $\otimes$，主要用于 ω_{ijk} 对 r^{ij}_{bk} 的修正；第二步运算是 $\oplus$，主要用于对修正后的 r^{ij}_{bk} 进行综合。客运站站场布局模糊评价模型中还可使用其他四种模糊合成算子即 $M(\wedge, \vee)$ 算子、$M(g, \vee)$ 算子、$M(\wedge, \oplus)$ 算子和 $M(g, \oplus)$ 算子，其中符号 $\vee$ 和 $\wedge$ 分别表示取大和取小的广义模糊算子[以式(7-1)为例]：

1) $M(\wedge, \vee)$算子

$$b_{ijb} = \bigvee_{k=1}^{s_{ij}} (\omega_{ijk} \wedge r_{kb}^{ij}) = \max_{1 \leqslant k \leqslant s_{ij}} \{ \min \{ \omega_{ijk}, r_{kb}^{ij} \} \} \quad \forall i, \forall j, \forall b \qquad (7-11)$$

2) $M(g, \vee)$算子

$$b_{ijb} = \bigvee_{k=1}^{s_{ij}} (\omega_{ijk} \cdot r_{kb}^{ij}) = \max_{1 \leqslant k \leqslant s_{ij}} \{ \omega_{ijk} \cdot r_{kb}^{ij} \} \quad \forall i, \forall j, \forall b \qquad (7-12)$$

3) $M(\wedge, \oplus)$算子

$$\begin{aligned} b_{ijb} &= (\omega_{ij1} \wedge r_{1b}^{ij}) \oplus (\omega_{ij2} \wedge r_{2b}^{ij}) \oplus \cdots \oplus (\omega_{ijs_{ij}} \wedge r_{s_{ij}b}^{ij}) \\ &= \min\left\{1, \sum_{k=1}^{s_{ij}} \min \{ \omega_{ijk}, r_{kb}^{ij} \} \right\} \quad \forall i, \forall j, \forall b \end{aligned} \qquad (7-13)$$

4) $M(g, \oplus)$算子

$$\begin{aligned} b_{ijb} &= (\omega_{ij1} \cdot r_{1b}^{ij}) \oplus (\omega_{ij2} \cdot r_{2b}^{ij}) \oplus \cdots \oplus (\omega_{ijs_{ij}} \cdot r_{s_{ij}b}^{ij}) \\ &= \min\left\{1, \sum_{k=1}^{s_{ij}} \min \{ \omega_{ijk}, r_{kb}^{ij} \} \right\} \quad \forall i, \forall j, \forall b \end{aligned} \qquad (7-14)$$

以上四种模糊算子在体现模糊权向量 $\boldsymbol{W}_{ij} = (\omega_{ij1}, \omega_{ij2}, \cdots, \omega_{ijs_{ij}})$ 的作用、综合程度、利用矩阵 $\tilde{\boldsymbol{R}}_{ij}$ 的信息方面所起的作用不尽相同，如表7－2所示。

表7－2　客运站站场布局绿色评价模糊合成算子比较

合成算子	$M(\wedge, \vee)$算子	$M(g, \vee)$算子	$M(\wedge, \oplus)$算子	$M(g, \oplus)$算子
体现权向量作用	不明显	明显	不明显	明显
综合程度	弱	弱	强	强
利用矩阵信息	不充分	不充分	比较充分	充分
模糊评价类型	主因素决定型	主因素突出型	不均衡平均型	加权平均型

由表7－2易知，在铁路客运站站场布局绿色评价过程中，应结合铁路客运站站场布局实际情况，选择合适的模糊合成算子，更好地评估基于站场布局规划设计、工程建设和运营管理的铁路客运站站场布局绿色评价等级。

基于多级模糊综合评价的客运站站场布局绿色评价结果是各等级模糊子集的隶属度，是一个模糊向量 $\tilde{\boldsymbol{B}}$，并不是一个具体的点值。因此，此种方法所提供的信息远比其他方法丰富。基于站场布局规划设计、工程建设和运营管理的客运站站场布局绿色评价水平或等级的最终确定还需采用最大隶属度原则或最大接近度原则，对基于多级模糊综合评价的客运站站场布局绿色评价结果进行分析。

原则一：最大隶属度原则

铁路客运站站场布局模糊评价模型的解是一个评价向量 $\widetilde{\boldsymbol{B}}=(b_1, b_2, \cdots, b_p)$。若 $b_{qs}=\max\limits_{1\leqslant q\leqslant p} b_q$，则客运站站场布局绿色评价等级总体上来看隶属于第 qs 等级，即为最大隶属度原则。直接采用最大隶属度原则确定站场布局绿色评价等级可能会损失较多信息，有时甚至得不到合理的评价，使得客运站站场布局绿色评价等级失效，不能满足“环境友好型、资源节约型”客运站绿色建设与运营管理的需求。因此，最大隶属度原则的使用具有一定的条件，下面我们分析最大隶属度原则求解客运站站场布局绿色问题的有效性，首先做如下几个定义：

定义 6.1 模糊评价最大比例。指客运站站场布局绿色评价的模糊综合评价向量 $\widetilde{\boldsymbol{B}}$ 中最大分量 $\max\limits_{1\leqslant q\leqslant p}\{b_q\}$ 占各分量总和的比例，按式(7－15)计算确定取值。

$$\beta_{\max}=\frac{\max\limits_{1\leqslant q\leqslant p}\{b_q\}}{\sum\limits_{q=1}^{p} b_q} \tag{7-15}$$

定义 6.2 模糊评价次大比例。指客运站站场布局绿色评价的模糊综合评价向量 $\boldsymbol{B}$ 中次大分量 $\sec\limits_{1\leqslant q\leqslant p}\{b_q\}$ 占各分量总和的比例，按式(7－16)计算确定取值。

$$\beta_{\sec}=\frac{\sec\limits_{1\leqslant q\leqslant p}\{b_q\}}{\sum\limits_{q=1}^{p} b_q} \tag{7-16}$$

则 $\beta_{\max}\in\left[\frac{1}{p}, 1\right]$，$\beta_{\sec}\in[0, 0.5]$。令：

$$\beta=\frac{\beta_{\max}-\frac{1}{p}}{1-\frac{1}{p}}=\frac{p\beta_{\max}-1}{p-1} \tag{7-17}$$

$$\gamma=\frac{\beta_{\sec}-0}{0.5-0}=2\beta_{\sec} \tag{7-18}$$

则 $\beta\in[0, 1]$，$\gamma\in[0, 1]$。令有效性因子 α 按式(7－19)计算确定取值：

$$\alpha=\frac{\beta}{\gamma}=\frac{p\beta_{\max}-1}{2\beta_{\sec}(p-1)} \tag{7-19}$$

因 $\beta_{\max}\in\left[\frac{1}{p}, 1\right]$，易知 $p\beta_{\max}\in[1, p]$，即 $p\beta_{\max}-1\geqslant 0$；显然 $p\geqslant 1$，则 $\alpha\geqslant 0$。

有效性因子 α 的值越大，采用最大隶属度原则确定的客运站站场布局绿色评价结果的有效性越强。因此，采用有效性因子 α 的取值来衡量最大隶属度原则在铁路客运站站场布局绿色评价中的有效性程度，如表 7－3 所示。

表 7-3　最大隶属度原则的有效性判定

有效性因子 α 取值	模糊综合评价向量 $\widetilde{\boldsymbol{B}}$	有效性判定
$+\infty$	$(0,\cdots,0,1,0,\cdots,0)$	完全有效
$[1,+\infty]$	$(b_1,b_2,\cdots,b_p)$	非常有效
$[0.5,1]$	$(b_1,b_2,\cdots,b_p)$	比较有效
$(0,0.5)$	$(b_1,b_2,\cdots,b_p)$	效果较差
0	$\left(\frac{1}{p},\frac{1}{p},\cdots,\frac{1}{p}\right)$	完全失效

原则二：最大接近度原则

按以下两个规则进行判断铁路客运站站场布局绿色评价结果：

1）不妨设 $b_{qs}=\max\limits_{1\leqslant q\leqslant p}b_q$。若 $\sum\limits_{q=1}^{qs-1}b_q<\frac{1}{2}\sum\limits_{q=1}^{p}b_q$ 且 $\sum\limits_{q=qs+1}^{p}b_q<\frac{1}{2}\sum\limits_{q=1}^{p}b_q$，则客运站站场布局绿色评价等级按 b_{qs} 所属评价等级进行判断；若 $\sum\limits_{q=1}^{qs-1}b_q\geqslant\frac{1}{2}\sum\limits_{q=1}^{p}b_q$，则客运站站场布局绿色评价等级按 b_{qs-1} 所属评价等级进行判断；若 $\sum\limits_{q=qs+1}^{p}b_q\geqslant\frac{1}{2}\sum\limits_{q=1}^{p}b_q$，则客运站站场布局绿色评价等级按 b_{qs+1} 所属评价等级进行判断。

2）若 $(b_1,b_2,\cdots,b_p)$ 中有 q 个相等的最大数 $(q\leqslant p)$，按 1）分别先做移位计算，移位后的客运站站场布局绿色评价等级若仍离散，则取移位后的中心等级评定客运站站场布局绿色评价等级；若中心判定等级有 2 个，则取权系数大的所在位置评定客运站站场布局绿色评价等级。

7.3　评价算法设计

综合考虑模糊综合评价的一般步骤和多级模糊综合评价过程，设计铁路客运站站场布局绿色模糊评价算法，具体步骤如下：

Step 1：初始化。结合客运站站场布局评价指标体系及其指标取值的获取途径与办法，确定并输入各级评价对象的因素论域 X，X_1，$\cdots$，X_s，X_{i1}，X_{i2}，$\cdots$，X_{is_i}，X_{ij1}，X_{ij2}，$\cdots$，$X_{ijs_{ij}}$，铁路客运站站场布局绿色评价等级论域为 $V=\{v_1,v_2,\cdots,v_p\}$，评价等级 p 取大于 3 的整数（其取值视具体情况而定）。

Step 2：模糊权向量确定。确定各级指标的模糊权重向量，即四级相对于三级指标的模糊权向量 $\boldsymbol{W}_{ij}=\{\omega_{ij1},\omega_{ij2},\cdots,\omega_{ijs_{ij}}\}$、三级指标相对于二级指标的模糊权向量 $\boldsymbol{W}_i=(\omega_{i1},\omega_{i2},\cdots,\omega_{is_i})$、二级指标相对于一级指标的模糊权向量 $\boldsymbol{W}=$

$(\omega_1, \cdots, \omega_s)$。

Step 3：单级模糊综合评估。采用模糊单因素评价方法，确定客运站站场布局绿色评价的四级指标相对三级指标的隶属关系矩阵 $\tilde{\boldsymbol{R}}_{ij}$，并结合四级指标相对三级指标的模糊权重向量 $\boldsymbol{W}_{ij}=(\omega_{ij1}, \omega_{ij2}, \cdots, \omega_{ijs_{ij}})$，采用模糊合成算子或常规矩阵乘规则，运用式(7－1)计算单级模糊综合评价值 $\tilde{\boldsymbol{B}}_{ij}$。

Step 4：二级模糊综合评估。将 X_{ij} 看成一个综合因素，用 $\tilde{\boldsymbol{B}}_{ij}$ 作为它的模糊单因素评价结果，运用式(7－3)确定隶属关系矩阵 $\tilde{\boldsymbol{R}}_i$，并结合三级指标相对二级指标的模糊权重向量 $\boldsymbol{W}_i=(\omega_{i1}, \omega_{i2}, \cdots, \omega_{is_i})$，采用模糊合成算子或常规矩阵乘规则，运用式(7－4)计算二级模糊综合评价值 $\tilde{\boldsymbol{B}}_i$。

Step 5：三级模糊综合评估。将 X_i 看成一个综合因素，用 $\tilde{\boldsymbol{B}}_i$ 作为它的模糊单因素评价结果，运用式(7－5)确定隶属关系矩阵 $\tilde{\boldsymbol{R}}$，并结合二级指标相对一级指标的模糊权向量 $\boldsymbol{W}=(\omega_1, \cdots, \omega_s)$，采用模糊合成算子或常规矩阵乘规则，运用式(7－6)计算三级模糊综合评价值 $\tilde{\boldsymbol{B}}$。

Step 6：输出客运站站场布局绿色评价结果，算法结束。分别采用最大隶属度原则、最大接近度原则对基于多级模糊综合的铁路客运站站场布局绿色评价结果进行分析，对客运站站场布局绿色评价做出最终评估，算法结束。

采用上述模型与算法即可获得客运站站场布局绿色评价结果，其结果形式为绿色等级，可作为衡量客运站股道运用协同和站场布局水平，为绿色客运站建设与运营管理提供参考，也是发展绿色铁路客运交通的重要内容；同时，我们可以根据客运站站场布局绿色评价的结果对客运站站场布局进行局部改造和完善，促进铁路客运站绿色建设与运营管理。经由上述分析易知，铁路客运站站场布局评价模型与算法的关键在于各项评价指标的获取，涉及客运站规划、设计、建设、工程管理、运营管理、铁路及城市交通管理部门等各个环节和部门；同时客运站站场布局绿色评价指标的获取也是一项长期的过程，基本囊括了铁路客运站整个生命周期。因此，铁路客运站站场布局评价工作是一项极其复杂的系统工程。

7.4 对策与建议

7.4.1 站场布局规划设计理念

铁路客运站站场布局规划与设计必须攻克站场设计、建筑、交通，以及客流、结构设计、节能环保、施工、客服、消防安全、运营管理等方面的多项技术难题，力求达到“功能性、系统性、先进性、文化性和经济性”的最佳平衡，同时也映射了当代铁路客运站规划设计的核心技术及设计理念。

(1)功能性。客运站站场布局规划与设计必须以旅客为本，以方便旅客使用为前提，尽力为旅客提供方便舒适的乘车环境、快捷便利的换乘条件和人性化的优质服务，其功能性集中体现在以下三个方面：

1）具备综合交通枢纽功能。从城市的整体功能出发，应结合城市轨道交通规划，将地铁线路和市郊铁路引入车站内，形成集铁路、地铁、市郊铁路，以及公交、出租车等多种交通方式为一体的大型综合交通枢纽，实现铁路与城市地铁、公交、出租车等其他交通工具的高效衔接。

2）客流组织方案的合理性。一般来说，现代化的大型客运站通常采用“上进下出”和“下进下出”相结合的客流组织方案、清晰的内部功能设置及流线组织，将庞大的客流合理组织到站房内部、且互不交叉干扰，使旅客通过清晰便捷的流线快速到达目的地，满足了旅客日益提高的“舒适、便捷”的乘车需求。

3）空间设计的人性化。在现代化客运站的规划设计中，要充分重视高架候车厅、进站厅、站台及地下空间的设计，更加注重和关心旅客在使用上的感受，通过开敞自然的空间元素运用、室内温度环境、室内声环境及光环境的研究及控制，提升车站室内空间品质，体现以人为本的设计理念。

（2）系统性。客运站站场布局的规划与设计，要具备基本的集成和整合的设计理念，使车站形成了一个高效、有机、和谐的系统，主要包括：

1）多种交通方式的系统性。统筹考虑，把国铁、市郊铁路、地铁等轨道交通，与公交、出租车等城市交通体系综合形成交通枢纽，铁路车场内部把普速铁路、城际铁路和高速铁路以及其他应该具备的不同运输标准组合在一起整体设计，站内设备也应做到系统协调整合。

2）车站功能的自然开放性。在规划设计层面，应与城市道路交通进行缜密结合，除了车站内部的交通组织方案以外，应把站内道路在多个方向上通过高架道路和匝道通向城市道路，使车站与城市路网紧密联系在一起。同时，设置的地下换乘空间也应该与车站广场建立便捷的联系，从而使车站在各方向都向城市开放，使车站自然地融入到城市之中。

（3）先进性。客运站的建设不仅是铁路系统的重大项目，同时也是所在都市的标志性工程，另外也是体现规划设计水平、经济水平、文化发展水平等诸多方面多元化内涵的综合体。因此，大型客运站的规划设计必须想前人所未想、创前人未创之新，无论是在设计理念、设计标准、设计方法、设计手段等方面，均应具有高度的前瞻性、先进性。作为整项工程设计的基础，铁路客运车场的方案设计至关重要，直接影响到后续的所有设计。因此，客运车场的方案设计要具有高度的适应性，一定要杜绝因为设计前瞻性不足而带来的改造工程。采用先进的站房结构设计理念，创建新型站房结构体系；构建完善的标识系统，实现以人为本的设计立足点；完善的消防性能化设计是站房设计的重中之重。

（4）文化性。所处地域文化和城市特点提供了大型客运站特有的文化内涵，无一例外，现有大型客运站的设计都是当地文化的浓缩和体现。总的来说，为了体现作为城市标志性建筑的特色，应主要考虑：采用适宜的建筑形态，消除铁路站场布置方向与城市格局的矛盾，使站房各个方向均呈现良好的视觉效果；利用现代技术手段，实现站房（尤其是站房外屋面）的特殊地域造型和形象，加入大众化和现代化特色，使其成为同时具有文化性和时代感的公共建筑；实现多种体量的组合，使站房的屋面、高架进站厅、雨篷、进出站匝道浑然一体，过目不忘。

(5)经济性。客运站站场布局要系统考虑建筑全寿命成本，合理把握客站规模及建设标准，注重近远期结合，使之成为资源节约型、环境友好型车站。

1)采用立体化的集约设计。优先考虑立体化设计，统筹国铁、地铁、轻轨的立面关系，具备条件的应采用重叠复合的立体式布局，通过立体化设计，将检票口、停车场、地铁站台、车站广场等尽量内置到国铁车站内，节省大量土地。

2)采用新标准优化设计方案。结合实际情况，对工程投资（站房设计体量）可能会产生较大影响的技术参数（如站台宽度、线间距等），应进行充分的分析论证，与站房的结构方案进行有机结合，选择适宜的标准，充分必要时可在满足车站使用功能前提下，适当突破规范要求，体现以人为本的设计理念的同时减少整体规模和工程投资。

3)采用新型节能环保技术提高能源利用率。客运站作为交通枢纽工程，一般具有电力负荷大、供暖容量大、污水处理量大、环保要求高的基本特征，这就要求在规划设计中必须响应国家节能减排政策要求，采用诸如热电冷三联供、太阳能光伏发电、大空间自然采光、真空卸污等先进的节能环保技术，实现对能源的高效梯级利用和可再生能源的利用，最大程度减少对周边环境的破坏和影响，减少对能源的简单使用，实现绿色、环保、可持续性发展的目标。

7.4.2 对策与建议

铁路客运站站场布局是影响铁路客运站整体布局风格、运输组织模式，以及投资建设规模和运营管理成本，乃至铁路运输服务质量的最关键因素。铁路客运站站场布局应遵循集中与分散相结合的原则，结合我国交通换乘模式的要求，综合考虑城市总体规划、方便旅客集散及各种运输方式自身的特点，以及地形、地质条件和环保等因素的影响。基于客运站规划设计与建设层面，具体有以下建议：

(1)铁路客运站站场规划设计与建设应符合当代铁路客运站规划设计的核心技术及设计理念，总体站场规划布局因势利导，内部空间组织化繁为简，建筑造型浑然天成，空间造型丰富多彩，建筑空间开敞通贯，造型流畅，与地域特点相呼应，彰显其标志性建筑的定位，并在一定程度上反映地域历史与文化特色，倡导绿色规划与设计；同时遵循与城市空间的适应性、空间模式的弹性与可塑性、生态性、经济性等可持续建设设计原则，达到客运站规划、设计与建设“功能性、系统性、先进性、文化性和经济性”的最佳平衡，扩大经济效益与社会效益。

(2)铁路客运站站场布局应配合旅客乘降，方便旅客出行，有利于保障车站行车作业安全。一般情况下，在中、小城市的交通运输枢纽中，设置一个客运站，其位置尽可能地设在靠近城市居民区，与城市交通运输系统联系方便，且有利于客运站今后发展的地带。在大城市或特大城市，或客流量大、客流性质复杂、城区分散、既有客运站无发展余地的情况下，可考虑设置2个或2个以上的客运站，其中一个为各衔接方向共用，既方便市内交通，又有发展余地的地区；另一个客运站的位置应考虑各自客流的吸引范围，设在有利于客运分流、旅客就近乘降、疏解城市交通的城市另一隅，或在枢纽内符合以上条件且有一定数量旅客列车通过的中间站上，可以考虑加强既有车站的客运设备，改建成第二客运站；客运站站场布局必须尽量减少中、低速旅客列车、货物列车的作业干扰，尽量避免列车接发车作业与站内调车作业干扰，绝对避免高速列车与其他列车作业和调车作业的进路交叉冲突，便于车站行车技术作业组织，确保铁路运输安全。

(3)铁路客运站站场布局应配合城市规划，与各铁路线路引入方向有便捷的通路，并与市区主要干道以及办理客运业务的车站间有便利的交通联系；按线路别设置客运站车场。尤其是第二客运站或新建客运站时，应该考虑城市规划的布局，使得新建客运站既能诱导客流，又能促进城市布局的拓展，反过来，城市的发展又会新增客流量，促进铁路客运事业健康有力发展；就高速铁路客运站来说，随着高速铁路的发展、建设，客运站按线路别设置独立车场已经成为适应高速铁路特点、方便运营管理、提高列车运行安全可靠性的基本设计原则。

(4)铁路客运站站场布局必须满足城市社会经济发展和交通运输的需求，还要考虑从全国路网性出发满足全国经济发展、产业布局和对外开放对全国综合交通运输网的需要；客运站站场布局必须考虑衔接线路方向及其类型、数量等特征，科学设置不同线路进站方式，合理规划设计客运站候车大厅和候车室布局。

(5)铁路客运站站场布局要符合规划区域总体发展规划，在土地利用方面与城市用地功能保持一致，并留有发展余地，做到“新旧兼容、节省投资”，适度超前原则。强调多交通方式的综合协调，充分考虑铁路客运交通枢纽在整个地区综合交通网的地位以及和其他交通方式的相互协调、相互依托，从而保证整个运输过程的连续性，提高整个运输效率。

(6)铁路客运站站场布局必须有利于车站日常作业组织与管理。客运站站前广场、进出站口、售票厅和候车室的设计必须有利于乘客快速乘降，旅客引导标识设置合理；客运站站内设施(如餐饮、卫生等)必须体现以人为本的理念，切实为旅客提供高品质服务，地下通道、天桥、候车区域、站台等站场布局的设计必须考虑旅客进出站流线，便于旅客乘降，有利于车站日常作业组织与管理。

(7)铁路客运站站场布局规划应结合既有客运业务车站的布局，考虑到将有客运专线及干线的引入等影响。在铁路客运专线引入的情况下，应该如何选择各种交通方式的引入、衔接和疏解模式，应该从如下几个方面考虑：①客运站的交通功能特点。在进行站场布局规划时应该以为铁路中转换乘旅客创造最良好的换乘条件为第一目标，其次再考虑与城市轨道交通的衔接；②客运站的规划建设特点。铁路客运站的规划建设特点包括新建车站和引入既有车站两种。新建时，站场布局方案选择较简单；引入既有车站时就会受到既有车站布局的影响和限制，若前期有规划预留，就要处理好施工与运营的矛盾，若没有预留，则在引入、衔接时就要受到具体情况的限制；③客运站在城市中的位置。这是客运站选址的问题，首先铁路客运站不应该远离城市；其次从国外情况来看，铁路客运站往往深入城市，成为城市的一个交通服务区；④客运站的投资规模。不同布局、衔接所产生的投资规模、经营成本会有较大差异，因此，应该进行系统的综合效益评价，选择最优方案，由此突出铁路客运站建设的"经济性"原则。

前面我们就客运站总体规划布局方面给出了一些建议，下面就客运站站场设计规划方面提取一些具体的建议和对策。铁路客运站站场布局最关键因素、规划施工最复杂的区域便是车站咽喉区。铁路客运站咽喉区具有高速列车通过速度高、咽喉区高速列车与中速列车行车作业并存、通过列车和停站列车通过咽喉的速度差异大、行车和调车作业交叉等特征，是诸多行车作业、调车作业发生冲突、交叉的集中地，也是客运站站场布局最重要的组成部分。铁路客运站咽喉区布局的主要影响因素包括到发线数量、平行进路、运行调整渡线(车站两端咽喉区外上、下行正线间设置一对"小八字"运行调整渡线)、道岔号码、站台宽度及数量等因素有关，从咽喉区布局的主要影响因素出发给出站场布置原则与建议：

(1)线路设置。铁路客运站到发线数量，应根据行车量、旅客列车开行方案，本车站性质及所承担的客运工作量、作业类型和过程而定；线间距必须考虑客运站正线、到发线，有无站台及站台宽度等情况下的到发线线间距离标准。对于一般客运中间站，除正线外需要另设两条到发线(上、下行各一条)；客运业务量大的客运中间站，应设四条到发线(上、下行各两条)；若有短途(区段)高速列车始发、终到的客运中间站，应有六条到发线(上、下行各三条)；在有始发、终到旅客列车的客运站，按照始发、终到旅客列车的方向、数量、到发时间、密集程度，需优化设置高速动车组(车底)的存车线(车底停留线)。

(2)站台配置。旅客站台主要是上、下旅客，是车站和列车进行旅客流交换、疏散的直接场所。旅客流在站台上交换、疏散的速度，直接影响到旅客列车、到发线、咽喉等设备的占用时间和设备利用率。在客运站正线旁一般不设旅客站台，所有旅客列车到发线旁均应配置旅客站台；旅客列车停站进行旅客作业数量较多的客运站，可将旅客站台设在正线旁；对接发旅客流量大、列车密度大、作业时间短的旅客列车的到发线，应在到发线两边设置旅客站台，一边是上车旅客站台，一边是下车旅客站台，进行快速旅客作业。

(3)道岔及线路连接。道岔辙叉号的选择，既要满足高速列车直向通过速度的要求，又要考虑列车侧向运行速度的要求，同时又能尽量缩短咽喉区的长度，以提高车站作业效率和车站咽喉通过能力；客运站咽喉区线路连接以直线梯线连接为其基本形式，辅以复式梯线线路连接方式；若车站设有综合维修基地时，出入综合维修基地的综合检测维修工作列车和其作业进路，切割上下行正线，产生行车进路交叉，应进行必要的立交疏解确保车站通过能力和行车安全，也确保出入综合维修基地的综合检测维修工作列车和其作业进路的通达性与安全性。

(4)客运站咽喉平面设计应遵循以下原则：保证基本作业进路即行车进路、保证平行作业进路、保证必要的机动进路和咽喉区长度最短。

考虑客运站建成投入运营后，对于既定客运站站场布局情况下，为更好地利用既有站场布局的各类设备资源、提高运输服务质量，提出如下对策与建议：

(1)铁路客运站股道运用的编制与实时调整必须要统筹考虑客运站站场布局、制订计划的协同性、持续性和稳定性，有利于全站各项作业组织的开展，便于旅客乘降和列车正点接续，确保车站股道运用技术作业安全。

(2)铁路客运站站场布局运用优化方案如候车室运用优化必须合理利用客运站站场布局，为旅客提供高品质服务，满足各种工况下铁路旅客运输需求。

(3)结合客运站站场布局评价指标体系，不定期对客运站站场布局进行绿色评价和分析，定期分析铁路客运站日常作业组织过程中出现的任何问题，挖掘问题根源，若属计划作业和站场布局优化技术层面的管理问题则改进运营管理方法，若属站场布局引出的问题(如咽喉区布置)，可以考虑改造当前站场布局。

第8章 铁路客运站股道运用决策支持系统

采用前面所述系列模型与算法，研制出铁路客运站股道运用决策支持系统，用于制订和实时调整客运站股道运用计划，完成进路的自动选排和自律检查等功能，为车站值班员提供决策支持，是实现客运站自律智能管理的不可或缺的一环。提出系统设计原则及目标，对系统需求进行分析，明确系统的数据组织形式及其功能、结构与特征；结合智能决策理念，设计系统人机操作界面，将实时动态调整方法、一致性跨时处理方式、对象图块式构造过程、运营能力分析等进行技术和方法集成，研制出铁路客运站股道运用决策支持系统，给出具体的操作流程。

8.1 系统设计原则与目标

8.1.1 系统设计原则

一般情况下，系统应遵循适用性、科学先进性、整体最优性、安全可靠性、系统简洁性等基本原则，并且要求系统的人机交换界面友好，具有灵活的人机交互能力；系统的优化分配效率高，问题处理能力强。铁路客运站股道运用决策支持系统在设计时应追求整体最优，抓住“股道运用计划编制与实时调整决策”这一主导事件，对相关信息进行分类整理，综合运用各种知识和技术实现目标。铁路客运站股道运用决策涉及因素众多，是一个复杂的系统工程，难以追求整体最优，子系统可能发生故障即功能失效。但铁路客运站股道运用决策支持系统不能因其子系统的功能失效导致整个系统停止运行或发生误操作，因此，需保证各子系统具有自律性，即股道运用决策支持系统设计不能只关心系统正常运行时的最优协调与控制，还必须追求即使一部分子系统功能失效，其余子系统均能协调与控制，整体系统不能停止运行或发生误操作。

自律分散系统以子系统功能失效为前提，无论何时、哪个子系统的功能失效，则其余子系统均能协调地进行控制。传统系统可分为集中式和分布式系统，分布式系统可分为分层式和功能分布式系统，以自律可控性为纵坐标、自律可协调性为横坐标（如图 8－1），明确自律分散系统相对于上述三种传统系统的定位。

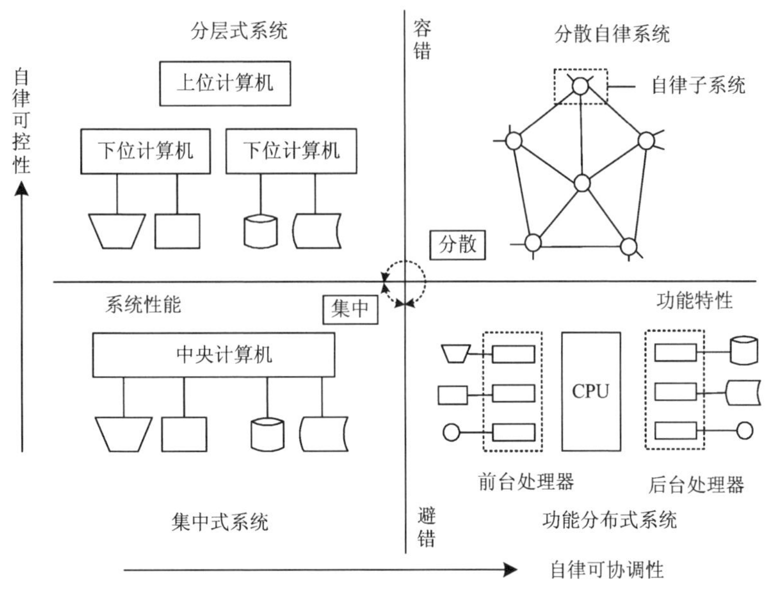

图 8－1　传统系统与分散自律系统的定位

如图 8－1 所示，纵轴即自律可控性的负方向表示系统内部不存在功能失效子系统的前提下进行控制，需采取避错措施避免系统发生故障；正方向表示系统内部存在功能失效子系统的前提下进行控制，并不反映其避错能力，但需要在出现故障时能保证系统继续运行，体现系统的容错能力。横轴即自律可协调性的负方向表示系统保持完整、没有功能失效子系统的前提下进行整体系统的协调，正方向表示系统内部存在功能失效子系统的前提下，运行中的其他子系统能够保持相互协调，可使用功能实现性指标进行衡量。CTC 条件下客运站股道运用决策支持系统设计还应遵循以下原则：

（1）自律可控性原则。客运站股道运用决策支持系统在设计时除了要考虑采取避错措施以保证系统尽可能不发生故障；采用容错措施以防止故障涉及其他功能部分，以防止采取避错措施后系统仍可能发生故障，确保系统其他非功能失效部分的正常继续运行。

(2)自律可协调性原则。客运站股道运用决策支持系统研发过程中，应充分考虑不能因某些功能失效，致使系统发生异常而终止整个系统或其他非失效功能的正常运行，必须保证子系统之间的关联性能随着系统的各种状态而变化，使系统发生故障或异常时运行中各子系统均能够相互协调运行。

(3)在线扩展性原则。在不中断客运站股道运用决策支持系统运行的情况下对系统进行建设、维护和扩展，包括系统功能模块的扩展、子系统的扩展以及系统本身的扩展。

(4)容错性原则。随着系统功能或规模的不断增大，系统的构成要素会不断增加，系统发生故障的概率也会逐步上升。因此，客运站股道运用决策支持系统必须具有容错性，即允许系统发生故障，并使得整个系统在发生故障时仍能继续正常运行，包括模块、子系统以及系统三个层次。

(5)在线维护性原则。具有容错能力的系统即使部分功能失效时，其他非功能失效部分还能继续运行，但必须对系统的功能失效部分即系统故障或异常进行维护，经测试后再接入系统运行，要求能够在系统运行时对系统进行维护，包括模块、子系统以及系统三个层次。

8.1.2 系统设计目标

综合考虑铁路客运站股道运用技术作业过程及其影响因素，结合 CTC 条件下客运站股道运用决策支持系统设计原则，运用前文所构建的系列模型与算法，研发铁路客运站股道运用决策支持系统。系统的主要业务有：

(1)数据采集与维护。旅客列车、客运站股道、站台、进路、时间窗、车底套跑等基础数据的采集、查询、修改，实现列车运行图、车站联锁表等相关数据、实时报点数据的自动录入及股道运用作业计划图表 AutoCAD 化等工作。

(2)制订股道运用基本计划。结合列车运行图、联锁表、站场布局、到发线固定运用要求、时间窗等信息，自动生成股道运用基本作业计划图表(包括接发车进路、到发线运用、车底停留线运用、调机运用等)，并以图形界面显示。

(3)制订股道运用实时调整方案。结合实时报点数据、股道运用基本作业计划的执行情况、进路状况等实时信息，定点自动生成股道运用实时调整计划；提供车站值班员干预制订与调整股道运用计划自动决策的人机接口；提供增开列车、取消列车、变更列车到开时间和占用股道等信息，自动生成调整计划。

(4)制订股道运用实时决策方案。综合考虑此问题的结构化与非结构化因素，模拟车站值班员解决特殊情况下股道运用实时决策的思维过程，在客流高峰期间列车的频繁晚点和大面积晚点，尤其是客运站设备临时故障、突发安全事故及自然灾害等特殊情况下，生成股道运用实时决策优化方案。

(5)统计分析。完成车站能力运用、列车正晚点统计及车站其他统计分析工作，自动生成相关统计分析报表、Word 及 Excel 文档。

另外，还需合理设置和完善系统图形操作功能，实现股道运用作业计划图表的显示功能，合理划分绘图区，提供鼠标拾取、拖动和键盘操作等多种人机交互方式，实现系统的人工干预功能，提高系统的可操作性和实用性。

本系统的设计目标是：实现车站股道运用基本计划图的自动智能编制和计划的实时调整，提供与铁路车站联锁系统、列车运行图、实时报点系统等现场硬件和软件设备的接口，降低劳动强度，提高工作效率，为合理铺画列车运行图和提高运输能力提供保障，辅助车站值班员及时、有效地制订和调整铁路客运站各项股道运用计划，解决 CTC 条件下的铁路客运站股道运用分散自律问题，为车站值班员解决铁路客运站股道运用系列问题提供决策支持和参考。

8.2　系统需求分析

从系统功能、性能、输入输出、数据管理及故障处理等方面进行需求分析，便于更好地组织数据结构和设计系统结构及功能。

(1)系统功能需求分析。

目前，我国铁路车站普遍采用手工作业模式编制和调整股道运用方案，车站调度员劳动强度大，工作效率低。车站作业的自动化是实现新一代 CTC 在全路的成功应用与顺利推广的关键，该系统的研发也是 CTC 条件下客运站分散自律控制的重要组成部分。结合客运站股道运用技术作业和自律机分散自律的要求，系统模型如图 8－2 所示。

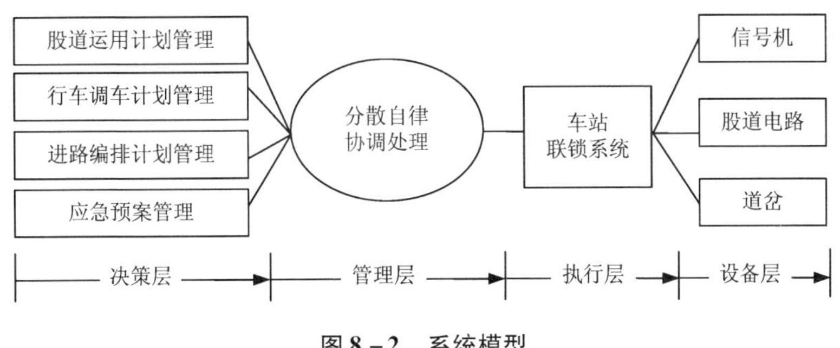

图 8－2　系统模型

客运站股道运用决策支持系统的主要功能如下：

1)分散自律决策。采用分散自律控制原则，宏观调控整个系统的运行，连接 CTC 与车站联锁系统，确保各子系统满足均质、局部与平等的分散自律条件，实现系统的可控性和可协调性。

2）基础计划决策。针对不同类型的列车对股道、站台、进路等的具体要求，结合股道固定运用方案、列车优先等级、进路占用等具体情况和有关基础数据，运用前文所构建的数学模型和提出的求解算法制订车站各项股道运用基础计划。基础计划是铁路客运站日（班）计划的核心，也是系统实现股道运用实时调整决策的基础。

3）实时调整决策。综合考虑股道运用基础计划及其编制要求与条件、股道运用实时调整基本原则、算法的时间有效性等因素，以手工调整和3/4小时自动调整为手段，实现股道运用实时调整和实时决策功能，确保车站正常作业和列车按图运行。

4）数据采集。基础数据主要包括列车运行图、车底交路图、站场布置图、调机、维修施工、车站联锁设备等与行车调车作业有关的所有数据；其中，部分数据是实时数据，如道岔的位置、股道电路的占用情况、信号机状态等。基础数据的采集和实时维护是快速合理制订和调整股道运用计划的前提条件。

5）报警。当异常情况（如某车次或车底作业时间小于对应的标准作业时间、突破规章同时保证安全的作业安排及其他形式的系统异常等）发生时，系统可以进行语言报警或其他形式的报警，提醒调度人员对异常情况进行处理。

（2）系统性能需求分析。

铁路客运站股道运用系列优化问题涉及因素众多，是一个多目标的优化问题，也是一类复合排序问题，由于问题本身在数学优化领域是NP完备的，不存在多项式复杂度的求解算法。因此，结合排序问题的多目标特征、股道运用技术作业过程及其影响因素，设计出切合实际的数学模型和高效启发式算法，缩短系统响应时间，快速、有效、合理地制订和调整各项计划。客运站股道运用决策支持系统由分担功能的各子系统构成（如图8-2所示）。子系统主要由外界的输入或其他子系统接收的信息驱动，且该子系统的处理结果同时传递给其他相关子系统，而其他子系统依次进行类似的处理。通过子系统之间的相互协调，实现整体功能，以功能实现性衡量CTC条件下客运站股道运用决策支持系统的性能。

设客运站股道运用决策支持系统由 n 个子系统构成，子系统 s_i 的功能为 f_i，其输入为 x_i，则子系统 y_i 的输出用公式（8-1）表示：

$$y_i = f_i(x_i, s_1, s_2, \cdots, s_n) \tag{8-1}$$

其中，y_i 和 f_i 是 m_i 维向量，x_i 是 l_i 维向量，功能 f_i 是从 $(x_i, s_1, s_2, \cdots, s_n)$ 中的某个元素能产生输出的驱动函数，驱动条件不限于一个。

设客运站股道运用决策支持系统发生异常或故障时系统结构为 $\bar{s}$ 时，存活的子系统集合为 $C(\bar{s})$，完全没有异常或故障时系统结构为 $\bar{s}_0$ 时，子系统集合为 $C(\bar{s}_0)$，由 $C(\bar{s}) \subset C(\bar{s}_0)$。若子系统内部发生异常或故障时，子系统间的拓扑关系发生变化，系统结构由 $\bar{s}_0$ 变为 $\bar{s}$，被驱动的子系统则由$(s_i, s_{k1}, s_{k2}, \cdots, s_{kn})$变为$(s_i, s_{k1'}, s_{k2'}, \cdots, s_{kn'})$，有效输出 $Y_{\bar{s}_0}(i)$、$Y_{\bar{s}}(i)$的元素构成的集合$(y_{\bar{s}_0,i1}, y_{\bar{s}_0,i2}, \cdots, y_{\bar{s}_0,il})$、$(y_{\bar{s},i1}, y_{\bar{s},i2}, \cdots, y_{\bar{s},il})$满足式(8-2)：

$$(y_{\bar{s},i1}, y_{\bar{s},i2}, \cdots, y_{\bar{s},il}) \subseteq (y_{\bar{s}_0,i1}, y_{\bar{s}_0,i2}, \cdots, y_{\bar{s}_0,il}) \tag{8-2}$$

设有效成分矩阵 $H_{\bar{s}_0}(i)$、$H_{\bar{s}}(i)$分别表示从某些输出中选择对系统有效输出的$(m_{\bar{s}_0,i1} + \cdots + m_{\bar{s}_0,il})(m_i + m_{k1} + \cdots + m_{kn})$、$(m_{\bar{s},i1} + \cdots + m_{\bar{s},il})(m_i + m_{k1'} + \cdots + m_{kn'})$维矩阵，则有下式成立：

$$\| H_{\bar{s}_0}(i) \| \geqslant \| H_{\bar{s}}(i) \| \tag{8-3}$$

且，有效输出 $Y_{\bar{s}_0}(i)$、$Y_{\bar{s}}(i)$和有效成分矩阵 $H_{\bar{s}_0}(i)$、$H_{\bar{s}}(i)$分别满足式(8-4)、式(8-5)：

$$Y_{\bar{s}_0}(i) = H_{\bar{s}_0}(i)(y_i^{\mathrm{T}}, y_{k1}^{\mathrm{T}}, \cdots, y_{kn}^{\mathrm{T}})^{\mathrm{T}} = (y_{\bar{s}_0,i1}^{\mathrm{T}}, \cdots, y_{\bar{s}_0,il}^{\mathrm{T}})^{\mathrm{T}} \tag{8-4}$$

$$Y_{\bar{s}}(i) = H_{\bar{s}}(i)(y_i^{\mathrm{T}}, y_{k1'}^{\mathrm{T}}, \cdots, y_{kn'}^{\mathrm{T}})^{\mathrm{T}} = (y_{\bar{s},i1}^{\mathrm{T}}, \cdots, y_{\bar{s},il}^{\mathrm{T}})^{\mathrm{T}} \tag{8-5}$$

综上所述，与系统没有异常或故障时的结构 $\bar{s}_0$ 相比，结构 $\bar{s}(C(\bar{s}) \subset C(\bar{s}_0))$所完成的有效输出成分和功能将减少。因此，用于衡量CTC条件下客运站股道运用决策支持系统的性能的功能实现性指标 $F(\bar{s})$按式(8-6)计算：

$$F(\bar{s}) = \left(\sum_{i \in C(\bar{s})} \| H_{\bar{s}}(i) \|\right) / \left(\sum_{i \in C(\bar{s}_0)} \| H_{\bar{s}_0}(i) \|\right) \tag{8-6}$$

(3)系统输入输出需求分析。

客运站股道运用决策支持系统的用户界面主要包括以下几个内容：图形显示区、工具栏、菜单栏、开窗显示对话框、状态栏等。其中，菜单栏包括文件操作、数据管理、制订方案、实时调整、参数配置、报表统计、系统设置等；菜单分屏幕菜单、右键菜单和文件菜单。系统数据来源有：列车运行图、车底交路图、联锁表、站场布置图以及其他基础数据（如调机）；技术文件有：技规、调规、站细等；输入数据主要有：列车运行图、车底交路图、车站联锁表、基本数据等；干预信息主要有：车次权重、到发时间、股道变更、作业时间参数等；系统输出主要有：各项股道线路运用方案、车底作业方案、进路占用、能力分析和各种报表等。基于此，数据输入采用数据窗口、文件等多种形式，系统输出采用屏幕图形和表格、Excel和Word文件以及AutoCAD图形等多种形式。其中，各类干预信息、基础数据维护更新、参数设置等以数据窗口的形式输入，列车运行图、车底交路图、车站联锁表等以Excel或TXT文件的形式导入至系统数据库；股道运用计划图表应采用屏幕图形和表格、Excel文件和AutoCAD图形等各种形式输出以满足应用需求，正点统计、能力运用等统计分析则以Excel或Word文件形式输出。

(4)系统数据管理需求分析。

采用数据库Oracle9i和Visual FoxPro的数据表进行组织，前者主要用于存放系统所需全部数据，后者用于存放绘图部分的基础数据。其中，列车运行图、车底交路图、车站联锁表等以 Excel 或 TXT 文档形式存储的数据，可直接在对应文件中在线维护数据，也可在对应数据表中进行在线维护。采用数据窗口管理方式，维护数据时尽量使关联数据也得到相应修改，减少用户操作的不便性；定时在线备份基础数据，预防用户的误操作所引起的数据丢失。另外，系统还需配置各类参数或调整系统模式，实现列车接发车作业、始发终到作业等车站各项作业时间标准、股道固定运用要求等与车站有关的参数查询和配置功能，提供系统帮助、计划模式和多种实时调整模式、股道运用作业计划基本图和调整图原则等，供车站值班员自由选取合适的模式和原则。

(5)系统故障处理分析。

当系统出现故障时，应尽可能地准确提示出错信息和解决方案，及时排除故障，并采用容错技术，减少用户的劳动强度；当异常情况发生时，进行语音或其他形式的报警，提醒调度人员对异常情况进行处理。

8.3 系统数据组织

作为系统数据源的数据组织和数据库设计是系统设计的重要组成部分，存储系统各项中间处理过程关键参数及其结果，如股道运用计划制订或调整过程中的关键参数(如车站股道线路实数坐标信息、各项作业起止时间或占用股道、进路起止时间的实数坐标信息等)及其结果(如列车所占用股道编号、接发车进路编号、站台、调机等)，为系统的运行提供全部资料和条件，将系统处理过程中的关键参数及其结果等数据组织入库，实现系统的数据共享。

系统数据组织设计的好坏程度将直接影响到各层次用户使用系统的方便和灵活程度，良好的系统数据组织形式能确保系统内部功能模块的相对独立性和整个系统运行的有效性，合理的数据结构也是提高系统处理能力和响应速度的关键所在。在客运站股道运用决策支持系统的数据组织设计过程中，必须重视数据结构设计及其组织工作，避免系统各项数据输入及其组织混乱，确保数据来源的唯一性和可靠性。由于客运站股道运用计划制订、实时调整及实时决策等问题的主客观环境多变、因素众多、数据庞杂、约束条件之间的相互关系复杂、表现形式多样。因此，系统数据组织和数据库设计应综合考虑客运站股道运用技术作业过程、计划的制订和实时调整各方面的影响因素，这也是客运站股道运用决策支持系统研发成功并得以推广运用的关键。

在铁路客运站股道运用决策支持系统开发过程中，数据组织和数据库设计应遵循如下几个原则：数据结构紧凑、减少冗余，满足分散自律的现实需要；数据库和人-机操作界面设计简单，降低系统复杂程度，提高响应速度和系统效益，便于系统的运营管理与维护；具有较强的适应能力，适应客运站建设所引起的数据(如站场改造所引起的股道、进路等数据信息的变化与更新)和系统运行参数(如各项作业时间标准及其上下限)等的变化;具有较好的适应性、扩充性和可移植性,便于系统功能的进一步完善和扩充,以推广应用到其他客运站甚至区段站和编组站;数据信息编码、采集、通信应具有一致性和无二义性,便于数据的统一采集与维护管理,增加数据的健壮性;数据组织和数据库设计还应符合客运站股道运用现场运营的实际条件,充分利用现有系统的数据资源(如实时报点系统中列车到开时间);具有较高的可靠性和安全保密性。

本系统的核心功能在于收集列车、站场等信息,根据各种约束条件,自动生成或调整客运站股道运用计划并提供人工干预功能;系统的核心用户是车站调度员或值班员,系统所处理的数据主要包括客运站站场布置(如到发线、车底停留线、站台等)、车站联锁表、作业时间参数(如接发车作业时间、车底取送作业时间、始发终到作业时间、车站间隔时间标准及其上下限等)、列车运行图、车底周转计划或套跑计划、股道固定使用方案、日(班)计划相关(如股道运用基本计划、路局下达的列车调整计划、施工时间窗等)、临时动态数据(如道岔封锁、设备故障、临时加开车等)和各类推理知识等。系统数据库的基本表主要存储车站基本设施设备、列车、股道运用结果、用户等信息及中间处理过程的关键参数,知识表则主要存储用于实例推理的股道运用各类知识等。

系统基本数据表主要包括列车时刻表、车底周转计划表、车站联锁表、到发线表、站台表、调机表、车底停留线表、道岔表、轨道电路表、信号机表、硬件设备编码表、到发线固定使用表、车底线固定使用表、施工计划表、股道运用结果表、调机运用表、进路占用表、到发线占用表、车底停留线占用表、站台占用表、用户权限表、菜单表、作业时间参数表、中间处理过程的关键参数过程表等,系统各数据表的结构大致如下:

(1)列车时刻表(YXT_TAB)。主要存储源自列车运行图,与目标客运站直接相关的各次列车的基本数据信息,具体包括:主键、车次、始发站、终到站、到达时刻、离开时刻、列车种类、列车权重、到达方向、出发方向、车底周转计划外键、客货运标记、始发终到标记、立折标记、通过标记、列车编组辆数、列车长度、牵引机车类型、备注等。

(2)车底周转计划表(CDZZ_TAB)。车底周转计划中规定了哪些始发旅客列车和终到旅客列车共同使用一个相同的客车车底;在制订和调整客运站股道运用计划时,有些旅客列车(如立折旅客列车)一般仅占用相同股道,但有些旅客列车(始发、终到旅客列车)则可占用不同股道;其数据表字段包括:主键、车底名称、车底套跑关系链、动车车底标记、车底编组辆数、车底长度、备注等。

(3)车站联锁表(CZLS_TAB)。用于描述车站信号设备联锁关系的车站联锁表体现了进路、道岔、信号机之间的基本联锁内容,即信号、道岔和进路必须按照一定程序并满足一定条件才能动作和建立约束。联锁表是检查联锁设备之间联锁关系的主要依据，也是实现计算机自动制订和调整客运站股道运用计划的重要依据，确保行调车作业安全的关键所在。用于存储联锁表的数据表字段主要有：主键、进路编号、作业内容、进路方向、进路性质、进路、进路方式、作业、进路始端、进路终端、开通按钮、方向道岔、信号机名称、信号机显示、表示器、道岔、敌对信号、轨道区段、迎面列车进路、迎面调车进路、其他联锁、进路状态、敌对进路、平行进路、备注等。

(4)股道数据表(含到发线表(DFX_TAB)、车底停留线表(CDX_TAB)、其他线路表(QTXL_TAB))与站台表(ZT_TAB)。客运站股道是列车或车底占用的场所，站台是旅客上下车的地方。股道有长短、类型以及它与正线和站台之间的配置等属性(如不停站通过的旅客列车一般经由正线直接通过车站)；站台有长短、类型及距离候车室的远近等属性(如站台有高站台和低站台之分，有些列车只能停靠高站台，如动车组)；铁路部门关注的是股道运用情况，而旅客注重的是在哪个站台上车。到发线数据表字段主要有：主键、到发线编号、有效长、容车数、线路状态、可接发列车种类、相邻站台、备注等；车底停留线数据表字段主要有：主键、车底线编号、有效长、地沟标记、电网标记、备注等；其他线路表字段主要有：主键、线路编号、有效长、线路始端位置、线路终端位置、线路用途、备注等；站台数据表的字段主要有：主键、站台名称、站台长度、站台类型、站台高度、站台宽度、临靠左股道、临靠右股道、站台用途、备注等。

(5)硬件设备编码表(SBBM_TAB)。用于设置客运站站场股道、站台等硬件设备在图形操作界面中的位置，便于绘制直观的股道运用作业图标，主要包括：主键、设备类型编码、设备类型外键、起始横坐标、终止横坐标、起始纵坐标、终止纵坐标、文字描述、备注等。

(6)道岔表(DC_TAB)、信号机表(XHJ_TAB)与轨道电路表(GDDL_TAB)。道岔、信号机与轨道电路是车站联锁关系的基本内容，一般来说，道岔和信号机均隶属于轨道电路。因此，对于道岔和信号机的处理，可以通过对道岔和信号机所属轨道电路占用信息的处理来体现，进而实现对接发车进路和调车进路封锁和释放的处理。道岔数据表的字段主要有：主键、道岔名称、道岔编号、道岔状态、定位所在进路、反位所在进路、道岔位置 1、道岔位置 2、左相邻、右相邻、备注等；信号机数据表的字段主要有：主键、信号机名称、信号机编号、信号机类型、所处位置、防护进路、备注等；轨道电路数据表则主要有：主键、轨道电路名称、所在进路、轨道电路状态、所含道岔外键、所含信号机外键、备注等。

(7)调机表(DJ_TAB)。主要存储客运站可以办理车底取送作业的客运调机，包括虚拟调机(具有任意待机和功能性)，调机表中主要存储主键、调机名称、调机速度、调机长度、调机状态、调机位置、客运服务时间段、备注等。

(8)股道固定使用方案表，主要包括到发线固定使用表(DFXGD_TAB)、车底线固定使用表(CDXGD_TAB)和其他线路固定使用表(QTXGD_TAB)。客运站股道固定使用方案是指《车站行车工作细则》规定的股道固定运用方案(即规定了某些列车或车底只能占用某些股道，停靠某些站台)。为保证车站作业安全和有效地使用各项技术设备，一般均会对客运站车场及线路进行分工；旅客列车运行的经常性、到发时刻相对稳定性，一般将特定种类和运行方向的列车或车底在站作业固定于某一车场或某一线路，便于工作人员熟悉各次列车或车底所停靠股道，提高工作效率。在确定车场及线路的专门化时，应尽量较少敌对进路，保证流水作业；按车次固定线路时，应考虑旅客进站径路的便捷及安全。到发线、车底线和其他线路固定使用数据表具有类似的数据结构，主要包括：主键、停靠车次或车底类型编码、停靠股道集合、停靠车次或车底文字说明、备注等。

(9)施工计划表(SGJH_TAB)。主要是对铁路客运站的某些股道、道岔、信号机、轨道电路等硬件设施设备进行施工维护，施工期间一般禁止办理与之相关的列车进路和调车进路。具体包括：主键、设备类型、设备编号、起始时刻、终止时刻、维修负责人、施工原因、备注等。

(10)处理过程表(LSDATA)。用于存储客运站股道运用各项决策过程中的关键参数，主要包括：主键、车次编号(外键)、换线标记、人工安排、特殊车次标记、序数对、接车进路编号(外键)、接车进路起始占用时间坐标、接车进路终止占用时间坐标、接车作业占用进路时间长、到发线编号(外键)、占用到发线起始横坐标、占用到发线终止横坐标、占用到发线时间长、发车进路编号(外键)、发车进路起始占用时间坐标、发车进路终止占用时间坐标、发车作业占用进路时间长、车底入库起始时间坐标、车底入库进路编号(外键)、入库进路起始占用时间坐标、入库进路终止占用时间坐标、入库作业时间长、办理车底入库作业调机编号(外键)、办理车底入库作业调机车次、车底线编号(外键)、车底线起始占用时间坐标、车底线终止占用时间坐标、车底整备作业占用车底线时间长、车底出库作业起始时间坐标、车底出库进路编号(外键)、出库进路起始占用时间坐标、出库进路终止占用时间坐标、出库作业时间长、办理车底出库作业调机编号(外键)、办理车底出库作业调机车次、是否安排标记、未安排原因说明、车次说明、车底说明、调机说明、备注等。其中，“人工安排”表现人工微调干预股道运用计划制订和调整功能，考虑车站调度员的意见及现场的实际情况，体现了现代柔性管理理念；“＊＊＊＊时间坐标”均指相应作业或安排起止时间对应坐标的实数转换；“未安排原因”可以给出未能正常安排车次的原因，为提出解决方案提供参考与决策支持；另外，处理过程数据表中存在一定量的空白字段，便于系统进一步完善和推广。

(11)股道运用系列数据表，用于存储股道运用基本计划和调整计划的最终结果，主要包括进路占用表(JLZY_TAB)、到发线占用表(DFXZY_TAB)、站台占用表(ZTZY_TAB)、车底停留线占用表(CDXZY_TAB)、其他线路占用表(QTXZY_TAB)、调机运用表(DJYY_TAB)和股道运用结果表(RESULT_TAB)等。其中，进路占用数据表字段主要有：主键、进路编号(外键)、车次编号(外键)、所属轨道电路起始占用时刻、所属轨道电路终止占用时刻、作业文字说明、备注等；客运站到发线、车底停留线、其他线路占用数据表结构类似，主要有：主键、线路类型、线路编号(外键)、车次编号(外键)、起始占用时刻、终止占用时刻、文字说明、备注等；调机运用表中包括主键、调机编号(外键)、车次编号(外键)、起始占用时刻、终止占用时刻、源股道编号(外键)、目的股道编号(外键)、是否单机、作业内容、作业时间长短、备注等数据信息；股道运用结果表字段主要有：主键、车次(外键)、处理过程表主键(外键)、占用接车进路编号(外键)、占用发车进路编号(外键)、占用到发线编号(外键)、占用车底停留线编号(外键)、占用调机编号(外键)、入库进路编号(外键)、出库进路编号(外键)、文字说明、备注等。

(12)作业时间参数表(PARE_TAB)。主要用于设置客运站股道运用过程中涉及的各项时间参数，如接发车作业时间、车底取送作业时间、始发终到作业时间、车站间隔时间、车底整备作业时间及其上下限等。具体字段主要有：主键、参数代码、文字描述、当前取值、常用时间参数取值、参数取值下限、参数取值上限、作业时间标准、备注等。

(13)用户权限表(USER_TAB)。主要用于设置系统的各级用户权限，确保系统安全，用户权限数据表的字段主要包括：主键、用户名、密码、所属单位代码、所属单位名称、当班时间、权限级别、可用菜单集合、打开系统时间、关闭系统时间、备注等。

(14)菜单表(MENU_TAB)。主要用于存储各级菜单、各类菜单(如屏幕菜单、右键菜单和文件菜单等)、菜单项的属性及操作名称等信息，菜单数据表的字段主要包括：主键、菜单代码、菜单级别、菜单类型、菜单名称、操作进程名称、备注等。

(15)系统的知识表主要包括常态股道运用表、决策环境表、列车属性表、规则表、推理过程表等。列车属性表和推理过程表参照系统基本表进行设计，决策环境表字段主要有：主键、条件代码、文字说明、备注等；规则表字段主要有：主键、条件集合(外键)、运算集合、动作或结果、文字说明、备注等；常态股道运用数据表字段主要有：主键、车次属性集合、占用股道集合(外键)、股道占用次数集合、环境集合(外键)、文字说明、备注等。其中，“＊＊＊＊集合”均被分成若干相互对应的字段，以确保各字段取值的单一性，如车次属性集合包括车次类型(动车、快速、特快、普速等)、跨局与管内标识、长度范围等。

8.4 系统结构与功能

8.4.1 系统结构与功能

8.4.1.1 系统体系结构

由于铁路客运站股道运用决策支持中需生成股道运用作业计划图表，且计划执行的过程中需要进行必要的干预或调整（如调整列车占用股道）；典型的C/S和B/S模式具有各自的优点，C/S模式的优点就是B/S的缺点，反之亦然，系统研发时应充分考虑B/S模式的先进性和C/S模式的成熟性，结合这两种模式共同研发系统。因此，铁路客运站股道运用决策支持应采用以Web技术为某础的信息系统运行模式，具有三层结构的客户服务器体系，第一层客户机是用户与系统之间的接口，允许用户直接在网页中或经由客户应用程序（Client）提出处理请求，交由后台（后者主要处理图表操作有关请求，前者处理其他所有请求）；第二层是Web服务器，用于启动相应的进程来响应请求事件，并将处理结果返回给客户机的浏览器或客户应用程序（Client），另外，若客户端所提交的请求包括数据存取，则Web服务器还必须与数据库服务器协同完成该请求事件；第三层是数据库服务器，用于负责协调不同的Web服务器发出的请求并管理数据库。

分散是相对于CTC控制中心集中控制而言的，是指由各个车站设备独立控制各自的列车和调车作业；自律则是根据各个车站的特点，按铁路各项规章制度自动协调列车作业与调车作业的矛盾，自动控制列车和调车进路。分散自律就是用来解决行车与调车的干扰问题，在车站设置车站自律机就是为了解决此类问题。车站自律机是实现分散自律控制原则的核心设备，股道运用相关模型与算法的研究则是车站自律机实现其功能的基础和保障。客运站股道运用决策支持系统需要确保自律机能够安全、高效地实现其功能。因此，设计基于自律分散控制原则的股道运用决策支持系统体系结构如图8-3所示。

由图8-3可知，各子系统具有均质性、平等性和局部性，原子节点的功能与结构能够保证各子系统满足自律可控性和自律可协调性。数据域DF用于专门设置用于信息传播的逻辑空间，实现子系统对相关信息的共享；各子系统首先从DF中提取数据，进行相关处理后再将结果发往DF，处理后的数据在DF中到处传播。原子节点中的分散自律管理子系统ACP主要实现各子系统自律通信和处理这一公共功能。车站自律机则是直接按照ACP的要求生成列车和调车进路指令，下达给车站联锁系统，进而实现进路的开通与封锁。

CTC虽然在很大程度上实现了车站分散自律控制功能，但在非常站控模式下，CTC调度中心对大型复杂车站的行车和调车作业均无操作权；客运站股道运

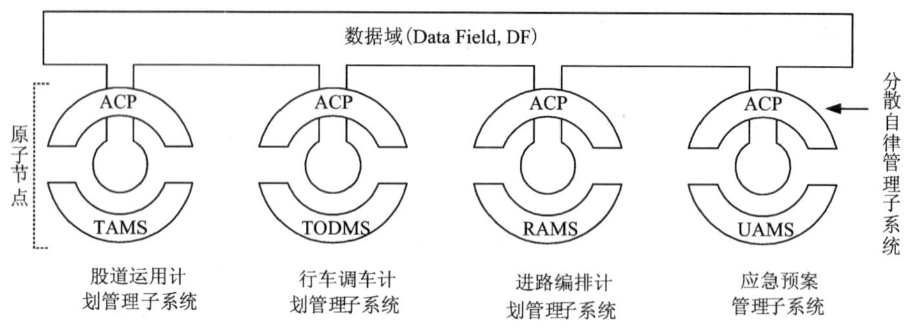

图 8-3　系统体系结构

用自律智能管理是一个开放的巨系统，同客运站其他作业系统(统称为他律系统)密切关联。铁路客运站股道运用发展方向是自律智能管理。铁路客运站股道运用自律包括有限运输资源效能的识别和转移自律、股道运用容侵的自优化和常态自律、自律态势演化和非常态自律恢复、自律和他律系统之间的协同融合等方面的内容。基于客运站股道运用自律计算的特性，将基础数据和业务条件视为基础层、运输资源效能自律和股道运用常态自律视为中枢层、股道运用自律恢复视为恢复层、客运需求视为服务层。基础层的基础数据和业务条件包括含股道运用在内的客运站所有业务的相关数据、业务信息及要求(如站场布局、列车时刻表、车站行车工作细则等)。客运站股道运用自律系统与他律系统(指与股道运用自律系统密切相关的客运站其他作业系统，这些系统对股道运用自律具有一定的正促进或反制约作用)密切相关，其自融合关系如图 8-4 所示。

如图 8-4 所示，由客运站基础数据及业务条件、运输资源效能自律、股道运用常态自律和自律恢复共同构成股道运用自律系统，由自律系统、自律与他律系统的自融合可以实现股道运用自律智能管理和完全意义上的分散自律控制功能。

8.4.1.2　系统功能模块

综上所述，客运站股道运用决策支持系统主要实现基本计划、调整计划和数据管理等核心功能。

(1)基本计划功能模块。

基本计划功能模块隶属于计划模式下，主要用于制订客运站股道运用计划即客运站到发场到发线运用计划、客车车底取送作业计划、客车调机运用计划、车底停留线运用计划、接发车进路和调车进路编排计划等，该功能模块的数据流图如图 8-5 所示。

如图 8-5 所示，由系统用户通过人机界面、多种数据格式转换(如由 Excel 中导入车站联锁表、列车运行图等)，向系统输入基础数据，综合采用各种规则和

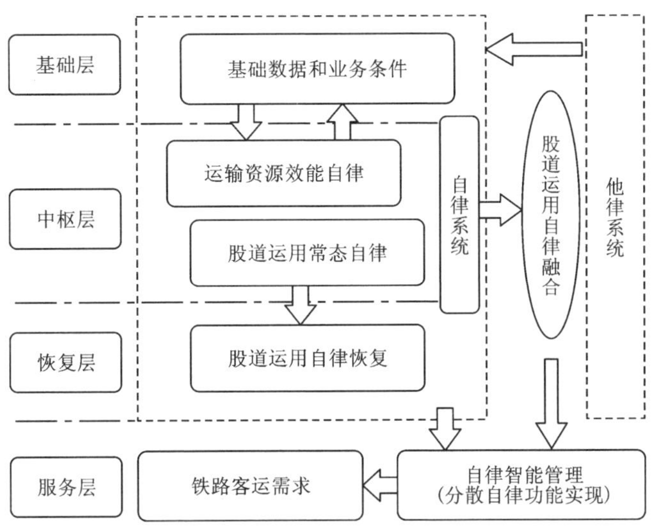

图8－4　股道运用自律与他律系统自融合示意图

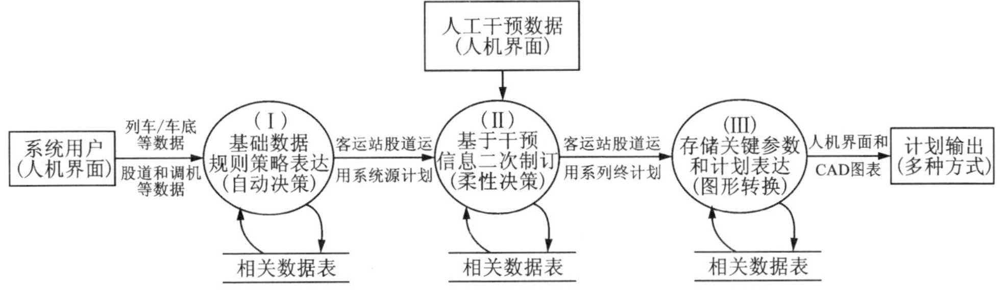

图8－5　基本计划功能模块的数据流图

策略，自动决策（Ⅰ）生成客运站股道运用系列源计划，并根据人工干预数据，由系统进行二次柔性决策（Ⅱ）制订客运站股道运用终计划，并存储计划制订过程中的各类关键参数和系列计划（Ⅲ）至相关数据表中，最后以图形界面、AutoCAD和Excel等多种方式输出。

（2）调整计划功能模块。

调整计划功能模块隶属于实时调整模式下，主要用于辅助系统用户对客运站股道运用计划在车站日常作业组织过程中受主客观因素影响而进行必要的调整决策，制订常规情况下股道运用实时调整计划或特殊情况下股道运用实时决策方案。该功能模块的数据流图如图8－6所示。

如图8－6所示，由系统用户根据客运站股道运用既有计划执行情况，综合考

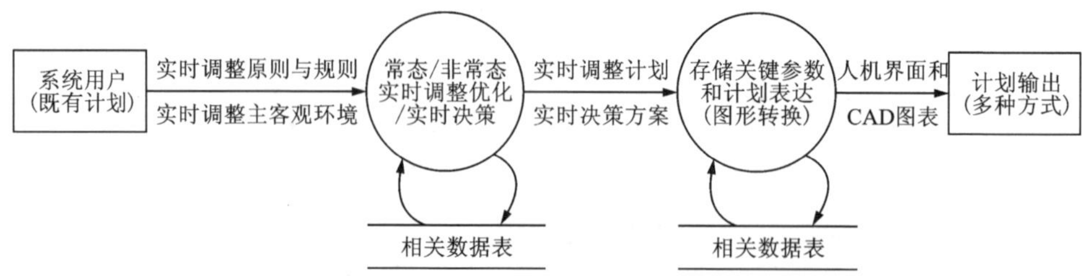

图 8-6　调整计划功能模块的数据流图

虑股道运用实时调整原则及其规则，分析股道运用实时调整主客观环境，选择常态或非常态下的股道运用实时调整优化或实例推理技术，制订客运站股道运用实时调整计划或实时决策方案，并存储计划调整过程中的各类关键参数和调整计划至相关数据表中，最后以图形界面、AutoCAD 和 Excel 等多种方式输出。

(3)数据管理功能模块。

数据管理功能模块隶属于计划模式和实时调整模式，该模块主要管理客运站股道运用基础数据(如列车时刻表、车底周转计划、联锁表、股道、站台、调机、股道固定使用方案、施工计划、用户权限、作业时间参数等)的采集与维护，完成客运站股道运用计划制订和执行情况的存储与查询、正晚点统计等工作。该功能模块的数据流图如图 8-7 所示。

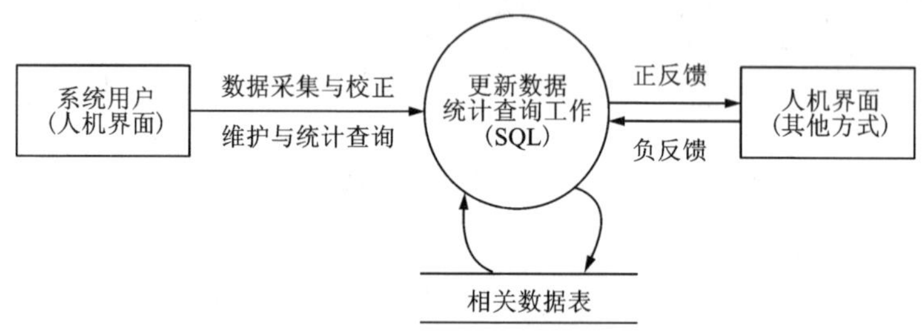

图 8-7　数据管理功能模块的数据流图

如图 8-7 所示，系统根据用户提出的要求或具体的操作事项，采集并校正数据，并采用 SQL 语言对相关数据表进行操作，将结果正向反馈给系统，再由用户根据由人机界面或其他方式获得的正反馈信息，提出必要的负反馈信息至系统，以实现系统数据维护和各类统计查询工作。

8.4.2　系统设计特征

8.4.2.1　系统设计特征

铁路客运站股道运用决策支持系统主要有两种模式、两个层次。“两种模式”是指股道运用计划模式和实时调整模式，计划模式主要是用于制订股道运用基础计划，优化性能强，时效性较弱；实时调整模式则主要是用于车站值班员在日常工作中实现对客运站股道运用基础计划的人工干预、实时调整功能，优化性能较弱，时效性极强，并处理各种特殊情况下的股道运用实时决策问题。“两个层次”是针对不同的用户对象进行设计的，包括对列车加开、取消列车开行等基本操作而设定不同的人机界面，满足不同层次管理者的需求；对于不在图形界面上进行操作的用户，采用 B/S 模式进行操作，否则，结合 B/S 和 C/S 共同完成各项功能的实现。本系统具有以下几个典型特征：

(1)良好的交互能力。系统可以提供多种交互方式，便于用户操作和管理各项数据，各种常用办公软件接口设计可以提供良好的数据格式转换功能，辅助车站工作人员完成各项统计、查询工作；系统还应接收既有 MIS 系统传来的实时信息，同时将股道运用情况等实时传输给其他系统，达到实时交互的目的。

(2)高度的智能化水平。系统提供了供车站值班员和系统使用的各种规则、股道运用计划编制和调整原则、多样化的参数设置界面或形式，智能采取各类策略，进行实例推理和决策，满足车站值班员个性化要求，体现“以人为本”和“柔性管理”的理念，系统具备高智能的决策行为。

(3)较高的可视化程度。系统综合运用 Java 和 VB 编程语言，充分结合 AutoCAD 2004、Web 开发工作等软件，对客运站股道运用计划进行图表显示，实现系统的可视化，并提供鼠标操作、键盘操作等手段直接修改和调整股道运用计划，确保所见即所得，为车站值班员等系统用户更好地运用本系统提供了有利的条件。

(4)健壮性和扩展性强。系统运行稳定，程序健壮性较好，受主客观环境影响较小；系统设计和研发过程中，充分考虑系统的扩展性，预留了大量的数据空间、接口，便于补充和完善系统功能，满足客运站实际作业的需求，并为系统推广至其他客运站甚至编组站、区段站提供基础保障。

(5)充分体现了分散自律原则。系统各功能模块在其他功能模块失效的前提下，不会影响本功能模块功能的实现，系统各功能模块及整个系统具有良好的容错能力和避错能力，并且系统编制可以实现行、调车进路的统一编排即接发车进路和调车进路统一编排，有效解决客运站进路编排问题。

8.4.2.2　系统运行环境

综合考虑客运站股道运用实际工作需求、客观因素的影响，采用 Java 和 VB

编程语言、数据库系统（Oracle9i、Visual FoxPro）、Excel、AutoCAD 2004、MyEclipse7.5、Tomcat6.0、PLSQL Developer 等软件开发的客运站股道运用决策支持系统。

其中，Java 为主体编程语言，借助 MyEclipse7.5、Tomcat6.0、PLSQL Developer 等软件实现系统 Web 部分的绝大部分功能；VB 为辅助编程语言用于开发客户应用程序（Client），实现绘图及其交互功能；VB For Application 二次开发语言主要用于实现系统数据库与 Excel、Word 之间的数据转换，绘制股道运用计划 AutoCAD 图表，并实现图标打印功能；Oracle9i 数据库主要用于存储系统所需的全部网络数据，Visual FoxPro 数据库则主要用于存储单机版或客户应用程序（Client）相关数据。该系统的硬件环境为两台 PC 机（内存需求≥512M，建议采用内存至少为 1G 的 PC 机）、一台绘图仪、一台打印机；对于网络操作，还需与 Windows 兼容的网络和服务器。

8.5 系统实现

8.5.1 背景站概述

车站不同、作业种类及性质不同，客运站股道运用技术作业过程及其特征不尽相同。为设计全面统一的数据组织、系统体系结构和功能，构建具有较强适应能力的系列数学模型与算法，应选择合适的车站作为研究的背景站，通过对各类铁路车站的股道运用进行分析，确定背景站选取原则，选择研究的背景站。

（1）会让站、越行站股道运用分析。会让站的到发线一般有两条，没有中间站台，在旅客列车乘降较多的中间站，设中间站台，其位置一般在旅客站房对侧到发线与正线之间，除供正线停靠旅客列车外，还可供另一条到发线停靠旅客列车。越行站的到发线一般有两条，有中间站台。会让站和越行站的股道运用比较简单，不涉及调车作业，一般只涉及接发进路安排。该类车站股道运用的关键在于办理通过列车作业；由于列车不断的提速和现场实际情况的复杂多变性，通过列车的到达预报警对铁路行车安全至关重要，该类车站的股道运用可由上级部门经由网络将通过列车到开时间及时下达至车站值班员，由车站值班员准备列车通过进路，以确保行车安全。

（2）中间站股道运用分析。中间站股道运用优化问题相对比较简单，股道运用技术作业除涉及列车接发车作业，还涉及少量的调车作业，并不包括客车车底的取送作业；其关键之处与会让站、越行站类似，一般为办理通过列车的接发车作业。

（3）区段站股道运用分析。区段站的主要任务是为邻接的铁路区段供应、整备机车或更换机车乘务组，并为无改编中转货物列车办理规定的各项技术作业；区段站还办理一定数量的列车解编作业及客、货运业务；在设备条件允许的情况下，办理机车、车辆的检修业务。区段站股道运用情况则比较复杂，除涉及接发车作业外，还有较大量的调车作业，其调车作业的比重一般大于接发车作业；但接发车作业要优先于调车作业，接发车进路一般优先于调车进路的编排。

(4)编组站股道运用分析。区段站以办理无改编中转货物列车的作业为主，并办理少量区段、摘挂列车的改编作业。而编组站则以办理改编中转货物列车的相关作业为主，编组包括小运转列车的各种货物列车，负责路网上和枢纽内车流的组织，同时还供应列车动力，对机车进行整备和检修，使其性能良好地投入运营，并对车辆进行日常维修和定期检查，作业数量和设备规模均较大。编组站股道运用情况与区段站相比更为复杂多变，编组站股道运用要求水平最高。繁重的调车任务和众多调车设备，办理大量的调车作业及其进路，尽管接发车进路优先于调车进路，但调车进路编排的好坏将直接关系到编组站运营效率。编组站股道运用的关键在于调车进路和接发车进路的高效、统一的安排，这也是 CTC 在我国运用的核心难点所在。区段站和编组站股道运用的优劣程度，直接关系到货物的及时运输，对提高铁路货运运输质量起着重要作用。

(5)客运站股道运用分析。客运站是铁路旅客运输的基本生产单位。与货运相比，客运工作有许多不同之处。首先，客运工作的对象主要是旅客，满足旅客在旅行中的需要和提高客运服务质量是客运工作的首要任务；其次，由于客流波动性和旅客列车到发不均衡性较大，尤其是铁路全面提速后要实现城市间旅客列车“夕发朝至”或“朝发夕至”，必然要求客运站具有较大的通过能力；最后，客运站有大量的客流进出站，大量的行包、邮件搬运，由城市各种交通工具的流动所形成各种流线也必须合理地进行组织和疏解。以上这些特点对客运站股道运用提出了特殊的要求，即客运站股道运用不仅要满足技术作业和行车安全，还需考虑方便旅客上下车和车站资源的均衡使用等问题；因旅客对时间的关注，列车正点运行也是客运站股道运用的基本要求之一；有些大型客运站办理大量始发、终到旅客列车业务，配置客车整备所，此时便需对客车整备所的线路进行安排；客车车底取送作业及相应的调机运用对客车车底整备作业和旅客列车正点运行也起着至关重要的作用；配备动车组列车的开行，动车组运用的特殊性对股道运用提出了新的要求，如动车组需停靠高站台(如广州东站为 1.25m 的侧线站台)、动车组的检修整备场所等。诸多要求和因素使得客运站股道运用变得复杂，股道运用要求较高。对于单纯的客运站而言，股道运用的核心在于接发车进路和股道运用的编排，繁忙时期(如春运、中秋、清明、五一、十一、暑运等)的重点在于股道运用的实时调整和实时决策，确保列车安全、正点运行。

(6)货运站股道运用分析。货运站股道运用因货运站不同而不同，但大致情形同区段站类似，对于单纯的货运站而言，并未涉及与客运业务、客车车底作业的相关问题。

由上述六种不同类型车站及其各类型车站股道运用的特征及其要求的分析，易知用于研究客运站股道运用系列问题的背景站应具备以下三个基本条件：

(1)办理大量的客运业务。所选取的背景站应办理大量的客运业务，同时应满足以下几个要求：办理通过旅客列车和立折旅客列车客运业务，办理大量的始发、终到旅客列车客运业务，办理含动车组车底的旅客列车客运业务，办理车底取送和整备作业等。与此同时，所选取的背景站还应具备以下设备：旅客列车到发场、客车整备所、动车整备所、调机等。

(2)办理少量的货运业务。不失一般性，所选取的背景站不仅要办理大量的客运业务，还需办理一定的货运业务，便于研究货物列车、取送作业等对客运站股道运用的影响。

(3)兼办调车作业和接发车作业。上述六种不同类型的车站均办理接发车作业，但其中部分车站不办理调车作业，同时办理调车作业和接发车作业，便于研究行调车作业进路的统一编排问题。

综合各方面因素考虑，所选取的背景站是广州东站。对于广州东站而言，办理客、货列车接发作业、调车作业、车底(包括动车组)出入库作业、机车出入段作业等，是一个大型的综合车站。因此，广州东站是一个典型、不失一般性的代表性车站。广州东站既办理客运业务又办理货运业务，办理各种类型的旅客列车作业，有大量的始发、终到旅客列车作业，配有调机、机务段、客车整备所和动车整备所等设备；办理业务包括客运的各个方面，如旅客乘降、行包和邮政装卸、客车车底出入库作业、换挂机车和乘务组换班等；广州东站还是一个货运站，办理始发货物列车、到解(终到)货物列车以及无调中转货物列车等技术作业。正是由于广州东站的综合性，使其具有一般性，由此构建的数学模型与算法不仅适合广州东站，也适用于其他类型的车站。上述问题(即调车进路和接发车进路的统一编排)是 CTC 在我国运用的核心难点所在；对广州东站如此，对其他类型的车站(如中间站、区段站、编组站、客运站、货运站)亦是如此。

广州东站位于广州市市中心天河区林和中路，是我国第一条准高速铁路的始发、终到站，集客、货运于一体的综合性一级车站，是广州市和广深公司的服务窗口单位，也是国家一级口岸单位。广州东站主要办理广深(九)线、京广线、京九线往全国各地客运、货运业务及国际货物联运业务。

广州车站配置客运站场、机务折返段、客车列检所和客技站，具有区段站技术作业性质；技术作业主要有：客运业务、机车更换和整备、乘务组换班、客车站检、客车上水和客车车底取送、整备作业等；主要设备有：线路(到发线、车底停留线等)、道岔、调机、机务设备；信号、连锁、闭塞设备；通讯、照明、供电、给水设备；信息管理设备、客货运设备等。广州东站与铁路客运站股道运用相关的设施设备、作业流程详见《广州东站行车细则》。

广州东站也具有其特殊的一面，其特殊性具体体现在以下几个方面：

(1)集客、货运于一体的综合性一级车站；

(2)作业种类繁多，到发场线路相对列车数量运用紧张；

(3)有动力源车底和一般车底两种类型；

(4)同时办理接发车作业和调车作业，咽喉交叉干扰严重；

(5)广州东站是全国同类型车站中最为复杂的一个大型车站。

铁路客运站股道运用计划的制订与调整涉及行调车作业进路编排问题，全站进路编排是一个可耦合的系统，也是辅助车站值班员或调度员不可或缺的子部分。因此，模型已从一般性考虑到各种可能性，所提出的系列模型与算法不仅适用于在广州东站，也可推广至其他同类型车站，甚至不同类型的车站。

8.5.2　系统工作界面

8.5.2.1　人机操作界面实现

单击登录界面任意位置或单击键盘任意键即可显示用户系统登录界面，待输入正确的用户名称和密码后即可进入该系统，客运站股道运用决策支持系统的工作界面如图 8－8 所示。

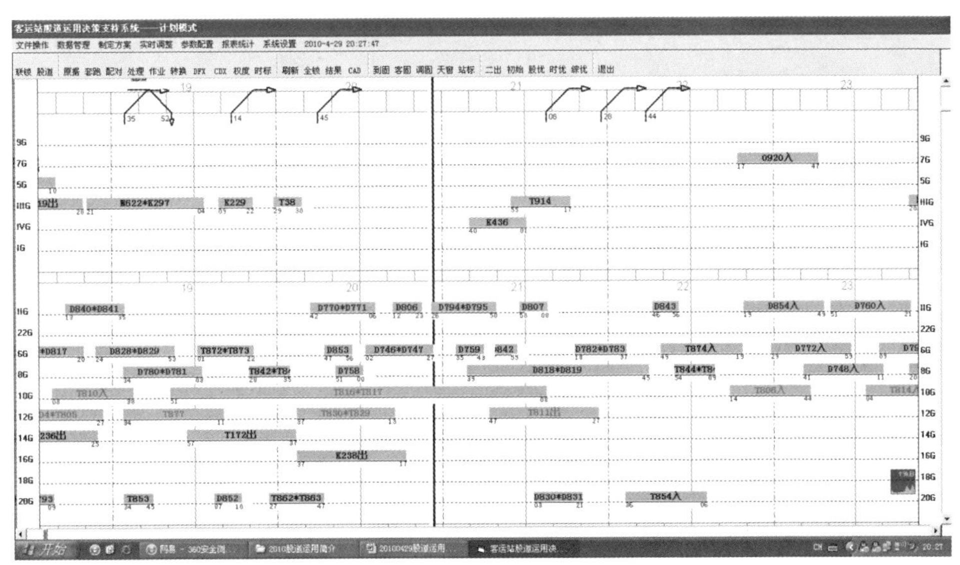

图 8－8　系统工作界面

在使用该系统时，用户导入旅客列车时刻表、车底周转图、车站联锁表以及股道、站台等其他基础数据，运行该系统后，即可输出股道运用计划、接发车占用进路计划等，并自动生成 CAD 图像(如图 8－9)；在对客运站股道运用进行调整时，用户可选择在界面图形上直接操作或由窗口进行操作，输入调整参数后，系统自动输出调整后的股道运用计划、接发车占用进路计划等。

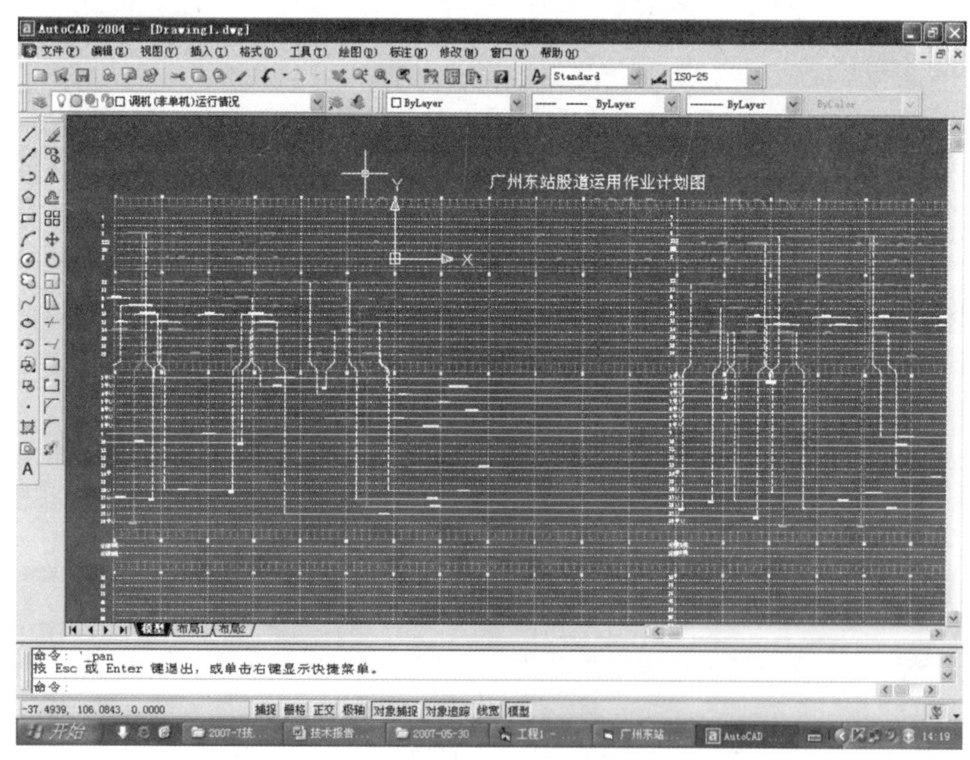

图 8－9　AutoCAD 出图显示

图 8－10 即为股道与接发车占用进路表，点击图 8－10 中的“导出 Excel”按钮，将股道运用计划表导出到 Excel 文件中，供车站有关部门使用，如车站广播室需列车占用股道与站台占用信息，供进站口上方的显示屏显示和广播员进行广播，引导旅客进站上车。

系统提供与铁路客运站股道运用计划制订与调整的各决策参数维护界面，如车底周转计划、到发线固定与灵活运用方案分别如图 8－11、图 8－12 所示。

8.5.2.2　基本计划操作流程

以用户首次登录本系统并制订客运站股道运用计划为例，说明基本计划的操作流程，具体如下：

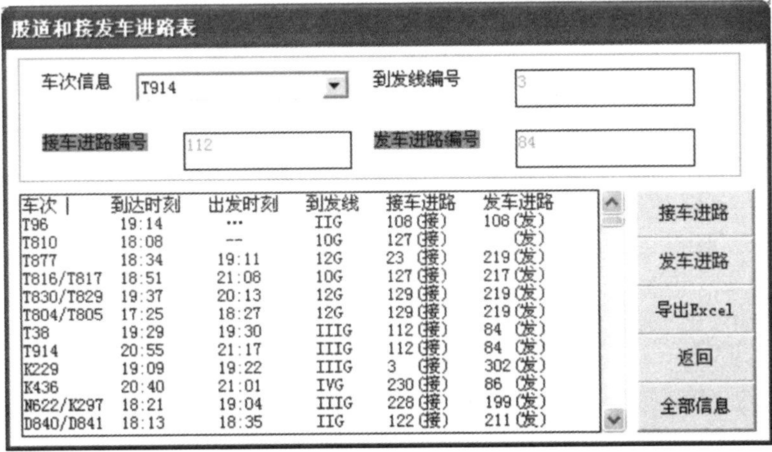

车次	到达时刻	出发时刻	到发线	接车进路	发车进路
T96	19:14	···	IIG	108(接)	108(发)
T810	18:08	--	10G	127(接)	(发)
T877	18:34	19:11	12G	23 (接)	219(发)
T816/T817	18:51	21:08	10G	127(接)	217(发)
T830/T829	19:37	20:13	12G	129(接)	219(发)
T804/T805	17:25	18:27	12G	129(接)	219(发)
T38	19:29	19:30	IIIG	112(接)	84 (发)
T914	20:55	21:17	IIIG	112(接)	84 (发)
K229	19:09	19:22	IIIG	3 (接)	302(发)
K436	20:40	21:01	IVG	230(接)	86 (发)
N622/K297	18:21	19:04	IIIG	228(接)	199(发)
D840/D841	18:13	18:35	IIG	122(接)	211(发)

图 8－10　股道与接发车占用进路表

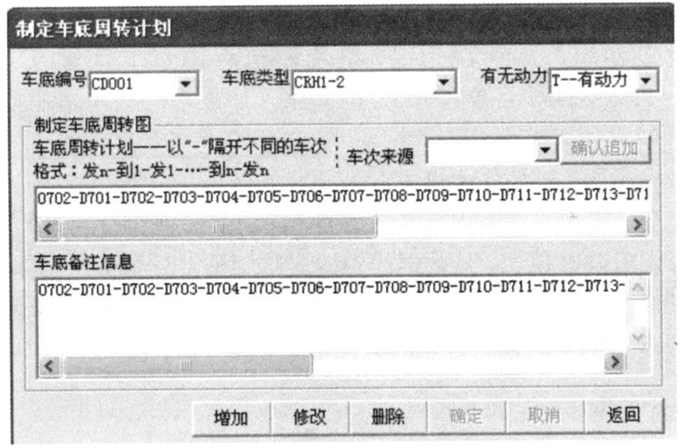

图 8－11　车底周转计划维护界面

(1)用户登录系统：输入用户名与密码，待用户验证通过后即可登录系统；

(2)用户选择进入计划模式(计划模式主要是在新图或新的车站、新的联锁关系等情况下使用；实时调整模式主要用于车站日常作业组织，制订并调整股道运用的阶段计划等)；

(3)从 Excel 文件或数据表中提取车站联锁表、列车时刻表、车底周转计划、股道与站台等与股道运用计划制订有关的基础数据；

(4)选择合适的股道运用基本原则，首次制订股道运用计划，绘制客运站股道运用计划基本图表，并在图形界面中显示(如图 8－8 所示)；

(5)通过窗口、键盘或鼠标操作调整客运站股道运用计划，直至用户满意为

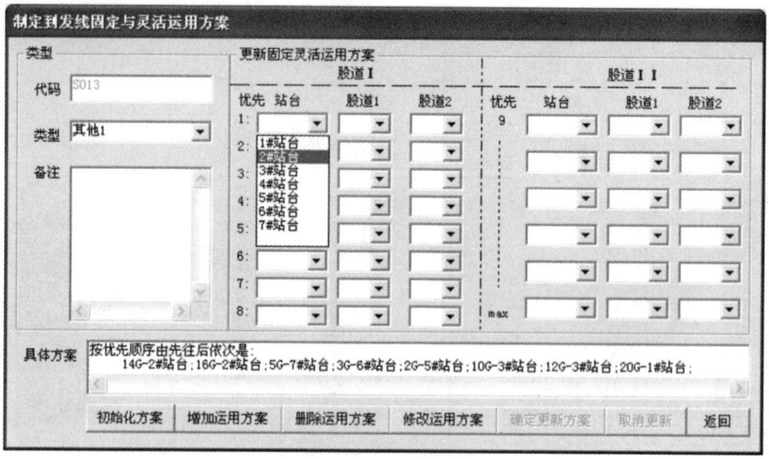

图 8－12　到发线固定与灵活运用方案维护界面

止，并重新绘制既有客运站股道运用计划基本图表，刷新图形界面中显示信息；

(6)统计客运站股道运用情况，生成股道运用基本计划的 Excel 文档和 AutoCAD 作业图表(如图 8－9 所示)；按实际工作需求评估车站咽喉和到发线能力运用情况，统计列车晚点率等。

8.5.2.3　调整计划操作流程

(1)用户登录系统：输入用户名与密码，待用户验证通过后即可登录系统；

(2)选择实时调整模式，从数据表中读取常用基本计划并绘制作业图表；

(3)通过窗口、键盘或鼠标操作，调整临界区和调整区内的客运站股道运用计划，刷新股道运用实时调整计划及其图形表达。

8.5.3　系统实现方法

铁路客运站股道运用决策支持系统研发过程中，涉及众多实现方法，如高效的算法设计、实时动态调整方法、基于实例的推理方法、对象图块式构造过程、一致性跨时处理方式、运营及能力分析数据挖掘技术等，按智能决策理念对众多技术或方法进行技术集成，为系统的研发提供技术保障。其中，基于实例的推理技术详见第 5 章，高效的算法设计在前文各章节进行了较为详细的论述，本节以实时动态调整方法、对象图块式构造过程、一致性跨时处理方式、运营及能力分析数据挖掘技术等技术或方法为例进行论述。

8.5.3.1　实时动态调整方法

采用普通的菜单或窗口交互的方式对客运站股道运用实时调整或实时决策有时会给车站日常工作组织带来不必要的麻烦，尤其是在列车接发作业高峰期，仅仅依靠菜单或窗口交互无法满足客观需要。为此，系统允许车站值班员或调度员直接对客运站股道运用计划图表进行操作，完成实时调整或实时决策的各项基本操作(如调整列车到发时间、调整列车占用股道等)。股道运用的计划模式是针对未发生的事情做计划，所有的安排在计划执行之前都是可调整的，而实时调整模式下对既定事实是无法也不能改变的。

实时动态调整是 CTC 条件下客运站股道运用的关键所在，系统将整个绘图区分为三个区域，即调整区、临界区以及非调整区，绘图区有明显的标记区分，并且随着股道运用计划的执行、时间发展和人工操作而动态变化。

(1)调整区。指当前时刻往后顺沿若干时间后的时间段(如 3、4 小时调整)，其车次的到开时间均在当前时刻之后，属于未定事实，可以进行人工或自动调整，即调整区内的列车所有信息均能被调整。

(2)临界区。指某项作业的起始时刻优先于当前时刻(即该项作业已发生)，而其终止时刻在当前时刻之后，部分已成既定事实，但仍有修改的余地，实时调整具有一定的限制，临界区内仅允许对未定事实信息进行局部调整。

(3)非调整区。指除临时区和调整区以外的其他绘图区域，非调整区又包括两个区域：既定事实区和远调整未定区。对于既定事实区内的计划是不能变更的，远调整未定区虽然是可变动，对随后若干时间段内车站作业组织基本不产生影响，为增加程序响应时间、提高效率，在当前时刻认为是不可调的，非调整区的信息则均不能被调整。

8.5.3.2　对象图块式图形构造过程

采用基于对象的图块式部件图形构造技术，使列车、时间、股道、调机等信息对象组合式动态关联，使系统具有良好的交互性和实用性。对基于对象的图块式部件的屏幕操作主要包括对象识别、选中、反馈和执行等几个环节。

客运站股道运用图块部件的识别和选中是信息反馈和执行的前提，也是实现人工干预或调整股道运用计划的关键。这两个环节经由鼠标右键实现，即在鼠标位置所对应的图块部件对象处单击鼠标右键，系统则根据对象与车次、车底、调机等信息之间的映射关系对选中对象进行分析与识别，进而弹出各类定制的右键菜单，进而执行相应的操作。若没有获取对象，系统认定鼠标处空白，没有任何图块部件对象，此时弹出屏幕菜单，实现仿 AutoCAD 下的屏幕菜单的基本操作(如平移、缩放等)，如图 8－13 所示。股道运用图块部件被识别和选中后，车站值班员或调度员若更新了被选中的车次或车底相关信息，新信息则直接反馈到相关数据表中，更新主要是指车次或车底相关信息删除、修改或增加等操作。另外，系统对基于对象的图块式部件主要采取键盘操作或三种基本鼠标操作即 MouseDown 事件、MouseMove 事件和 MouseUp 事件。

系统提供的可视化操作主要有鼠标和键盘两种类型，前者通过鼠标拾取和移动实现对对象的各项操作(如变更到发线、车底线、变更终止时间等)，后者通过

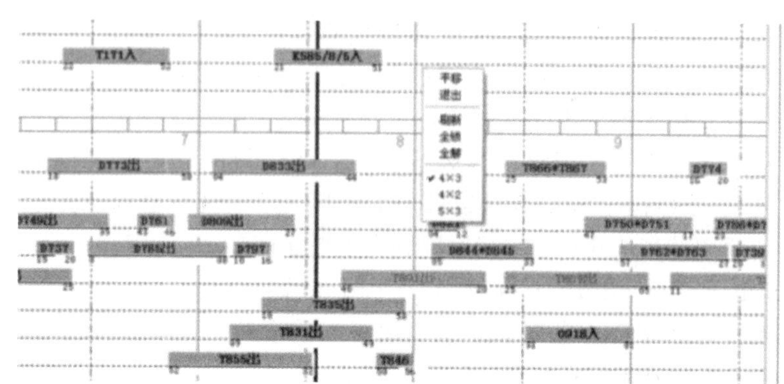

图 8－13　屏幕菜单(右键点击工作区空白处)

键盘移动键和 Shift 键的组合实现相应的动作(如移动键可改变列车或车底占用股道线路的起始时间等)。比如：通过鼠标在激活所调整的对象后，待鼠标在如图 8－14所示的圆圈内的黑正方形呈“十字”交叉形时，通过左右拖动鼠标左键，便可实现对对象(立折旅客列车 D844＊D845)的调整。

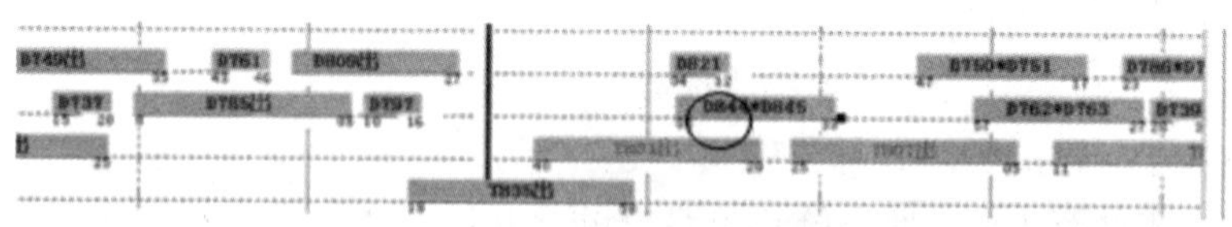

图 8－14　对象激活与调整示意图

当采用键盘对股道上的列车进行操作时：可以通过键盘的上、下移动键“↑”和“↓”，即可实现指定对象的上、下移动，但按下上、下键一次，对象便上、下移动一条股道，其占用起止时间不变；通过键盘的左、右移动键“←”和“→”，即可使指定对象向左、右平移一个单位(按 1 min 进行换算)，其占用股道不变；通过“Shift”键和键盘的左右移动键的组合，即可使指定对象的右端点时间以一个单位(按 1 min 进行换算)进行变动。

8.5.3.3　一致性跨时处理方式

在铁路客运站日常工作组织以 18：00 为起始时间，要求在绘制客运站股道运用作业图表时必须采用 18：00—次日 18：00 作为系统的起止时间，本系统采用二维笛卡儿坐标体系(以时间轴为横轴、以股道相对位置为纵轴)，时间轴以横坐标－360(或按比例像素进行缩放)表示 18：00，以横坐标 1080(或按比例像素进行缩放)表示下一个工作日的 18：00，每 1 个单位表示 1 min。由于旅客列车占用到发线作业时间、车底占用车底停留线的整备作业时间、车底取送作业时间、调机作业时间等可能会跨 18 点，应采取适当的措施对跨时作业的图像表达进行处理，否则会引起整个股道运用计划图表的混乱，为股道运用计划的执行和实时调整带来极大的不便。基于此，提出一致性跨时处理技术来处理客运站股道运用技术作业跨时(18 点)图像表达问题。

针对客运站股道运用技术作业图像表现的不同形式，采用两种方式进行处理即两段法和两部法，前者主要面向“线”，后者则主要面向“对象”而言。对于前者，若车次或客车车底占用股道时，一段是以车次或车底起始占用时刻的实数横坐标为起点，从股道最右端再往右推 10 个单位为终点绘制第一段；另一段则由股道最左端往左推 10 个单位为起点，以车次或车底终止占用时刻的实数横坐标为终点绘制第二段；对于调机作业则以时刻表的中心纵坐标为分界点绘制两条斜线段。对于后者，采用两个独立的、基于对象的图块式部件来实现跨时图像进行表达，其显示方式如图 8－15 所示(动车组 D792 次 15：48 抵达车站，经 6 道办理立折作业，以车次 D793 次列车离开车站)，通过对图块式部件的地址指针引用和信息共享实现同一信息不同部位表示的统一管理。

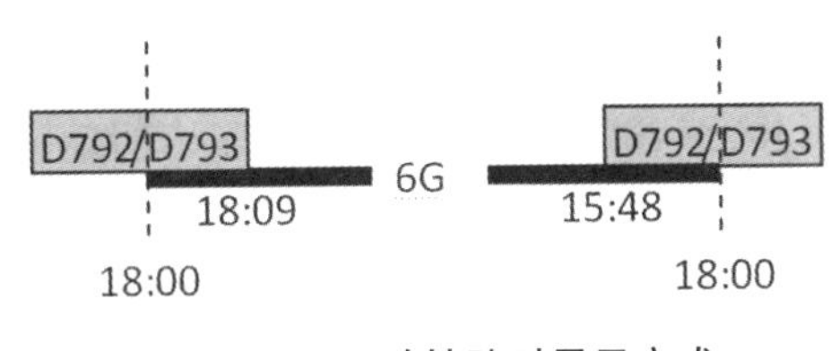

图 8－15　一致性跨时显示方式

8.5.3.4　运营及能力分析数据挖掘技术

咽喉通过能力的计算是一项繁杂并且十分重要的基础工作，良好的计算方法能准确描述铁路车站咽喉能力的实际情况，同时应具备较高的实用性和可操作性。目前，我国计算车站咽喉通过能力大多采用利用率法，自 20 世纪 50 年代该方法由前苏联引入后，国内众多学者和专家对利用率法进行不断的研究和完善，理论周全、方法比较成熟，但有些问题(如车站咽喉最繁忙道岔存在与选取问题、空费系数确定问题等)至今尚未有较好、高效的解决办法，严重影响该方法的实用性和可操作性。刘澜和王南指出利用率法并不能很好地适用于作业组织复杂、作业组织动态性和时段性强、作业种类繁多、密度较大、行调车作业交叉干扰严重的复杂车站咽喉能力计算，该方法在实际操作层面存在一定的不足：尽管在计算简单咽喉通过能力时这种缺陷表现得并不突出，但在计算布置复杂、作业量大、行调车作业交叉严重的咽喉通过能力时，利用率法在基础数据的整理、分析阶段很可能会遇到很大挑战。由于所有的行调车作业必须有进路供其占用，旨在提出一种基于进路的车站咽喉通过能力的计算方法，避免这种缺陷，使其理论上可行的同时具有较强的可实用性和操作性。

利用率法是以车站咽喉道岔（组）的现阶段运用统计为基础，进而推算出一昼夜内车站咽喉的若干最繁忙道岔（组）最大接发列车数，确定整个车站咽喉通过能力。以若干个咽喉最繁忙道岔（组）的运用情况来衡量咽喉能力往往会以偏概全，由此计算得到咽喉通过能力本质上即是若干道岔（组）的通过能力。对车站咽喉布置复杂、作业量大及交叉严重的咽喉来说，利用率法忽视了咽喉道岔组的均衡运用要求，咽喉最繁忙道岔（组）能力无法准确反映复杂咽喉的整体能力。无论车站咽喉布置是否简单或复杂，车站任何作业均与接发车或调车进路占用之间存在如下关系：某条完整的行车或调车作业进路被完全占用一次，意味着相应的某项技术作业已完成；某项技术作业的执行并完成，就意味着对应某条进路被占用一次；咽喉道岔（组）和作业之间不存在这种严格的对应关系。因此，分析在一定时间段内车站进路的占用情况，即可确定车站接发列车数，比较清晰地反映车站作业和进路均衡使用情况。在一昼夜时间内，车站咽喉运用处理饱和状态条件下的接发车进路被占用的次数可以看成咽喉最大接发能力即车站的咽喉通过能力。除利用率法以外，还可以采用直接计算法衡量车站咽喉通过能力，该方法在理论上也较为完善、理解简单及便于操作。一方面，若以若干繁忙道岔（组）为一项设备，该方法与利用率法具有类似的缺陷，并且该方法的计算结果明显会偏大；将进路视为设备则不会存在上述缺陷和问题。另一方面，直接计算法的核心在于如何确定设备可用时间和单项作业所分摊到的占用设备平均时间；由于敌对进路关系使得进路会存在一定的空费时间，每条进路可被占用时间不尽相同，因此，进路允许被占用时间直接取 1440 min（一昼夜时间）显然不合理。因此，以现阶段进路被实际占用的统计信息为基础，推算咽喉运用饱和状态下的进路占用时间，并不妨设咽喉运用饱和状态下的进路占用时间与其现阶段实际占有时间成线性增长关系，在《车站行车工作细则编制办法》中所规定的咽喉通过能力计算方法在本质上也认可了这种关系，即车站咽喉运用处于饱和状态时进路每接发一列列车所分摊到的平均占用时间与其现阶段运用保持不变。

根据上面的分析，设计的基于进路的铁路车站咽喉通过能力计算方法：

Step 1：将进路进行合理划分，统计现阶段各进路的总占用时间 $T_i^{现}$

$$T_i^{现}=n_i^{接}\cdot t_i^{接}+n_i^{发}\cdot t_i^{发}+n_i^{机}\cdot t_i^{机}+t_i^{总-调}+t_i^{总-固}+t_i^{总-取送} \tag{8-7}$$

式中：$n_i^{接}$、$n_i^{发}$、$n_i^{机}$ 分别表示接、发列车和机车作业占用进路 i 的次数；$t_i^{接}$、$t_i^{发}$、$t_i^{机}$ 分别表示每一次接、发列车和机车作业占用进路 t 的平均时间；$t_i^{总-调}$ 表示调车作业占用进路 i 的总时间；$t_i^{总-固}$ 表示固定作业占用进路 i 的总时间，这里的固定作业不包括旅客列车作业、取送作业等；$i_i^{总-取送}$ 表示取送车辆作业占用进路 i 的总时间，包括向车辆段、机务段、货场及专用线装卸等地点取送车辆的作业。复杂车站咽喉的进路占用表现出较强的动态性，$T^{现}$ 应该取一段时间内的修正值，而不是某一昼夜的占用时间。

Step 2：计算各进路每接发一列列车分摊到的平均占用时间 t_i

$$t_i = \frac{T_i^{现} - t_i^{总-固}}{n_i^{接} + n_i^{发}} \tag{8-8}$$

Step 3：推算咽喉区运用饱和状态下各进路的总占用时间 $T_i^{饱和}$

$$T_i^{饱和} = K \times T_i^{现} \tag{8-9}$$

式中：K 称进路占用时间增长系数。

Step 4：计算各进路的通过能力 N_i

$$N_i = \frac{T_i^{饱和} - t_i^{总-固}}{t_i} = \frac{(K \cdot T_i^{现} - t_i^{总-固}) \cdot (n_i^{接} + n_i^{发})}{T_i^{现} - t_i^{总-固}} \tag{8-10}$$

Setp5：计算咽喉通过能力 N

$$N = \sum_i N_i = \sum_i \frac{(K \cdot T_i^{现} - t_i^{总-固}) \cdot (n_i^{接} + n_i^{发})}{T_i^{现} - t_i^{总-固}} \tag{8-11}$$

如果只要粗略地估计咽喉通过能力（假定进路固定作业时间 $t_i^{总-固}$ 为0或极小），可以用下面更为简单的公式：

$$N = \sum_i N_i \approx K \sum_i (n_i^{接} + n_i^{发}) \tag{8-12}$$

除此之外，若记占用道岔 a 的进路组成的集合为 A，则咽喉运用达到饱和下占用道岔 a 的列车数为：

$$N_a = \sum_{i \in A} N_i = \sum_{i \in A} \frac{(K \cdot T_i^{现} - t_i^{总-固}) \cdot (n_i^{接} + n_i^{发})}{T_i^{现} - t_i^{总-固}} \tag{8-13}$$

N_a 的计算有利于明晰咽喉运用达到饱和状态下各道岔被占用的均衡程度，以此来指导进路占用。

利用率计算法将旅客列车列入固定作业量，而根据历史资料表明，我国铁路旅客列车的数量和种类调整频繁，并非固定，固定作业时间概念是不确切的。基于进路的方法对固定作业的概念进行了弱化——取送作业、旅客列车作业不包括在固定作业时间里面。

在基于进路的铁路车站咽喉通过能力计算方法中，除 K 以外的其他参数都可以通过现阶段运用情况统计获得，K 的确定是整个方法的关键。

咽喉区在运用上达到饱和状态时记为 Q，在此条件下，进路 $i(i=1, 2, \cdots, m)$ 被充分运用记为 Q_i，那么

$$Q = \bigcup_i^m Q_i \tag{8-14}$$

式中：m 表示进路总数，下同。

设咽喉处于空闲状态的概率为 P_0，处于饱和状态的概率为 $P(Q)$，咽喉处于

饱和状态时进路 $i(i=1, 2, \cdots, m)$ 被充分占用的概率记为 $P(Q_i)$。结合公式(8－14)及概率论的观点显然有：

$$P(Q)=P(\bigcup_{i}^{m}Q_i)=1-P_0 \tag{8－15}$$

$$P(Q_i)=\frac{T_i^{饱和}}{1440}=\frac{K\cdot T_i^{现}}{1440} \tag{8－16}$$

$$P(Q_{i_1}\cap Q_{i_2}\cap\cdots\cap Q_{i_w})=\begin{cases}P(Q_{i_1})P(Q_{i_2})\cdots P(Q_{i_w}), & 若\ Q_{i_1}, Q_{i_2}, \cdots, Q_{i_w}\ 是平行进路组\\ 0, & 若\ Q_{i_1}, Q_{i_2}, \cdots, Q_{i_w}\ 不是平行进路组\end{cases} \tag{8－17}$$

另外，

$$P(Q_{i_1}\cap Q_{i_2}\cap\cdots\cap Q_{i_k})=0,\ k>n \tag{8－18}$$

式中：n 表示咽喉最大平行进路组的规模，下同。

运用概率论的多除少补原理，考虑到式(8－15)至式(8－18)，可得：

$$P(\bigcup_{i=1}^{m}Q_i)=S_1-S_2+S_3-S_4+\cdots+(-1)^{m-1}S_m=1-P_0 \tag{8－19}$$

其中，

$$S_1=\sum_{i}^{m}P(Q_i)=\sum_{i=1}^{m}\frac{KT_i^{现}}{1440}=\frac{K}{1440}\sum_{i}^{m}T_i^{现}$$

$S_2=\sum\limits_{1\leqslant i_1<i_2\leqslant m}P(Q_{i_1}\cap Q_{i_2})=\dfrac{K^2}{1440}\sum\limits_{1\leqslant i_1<i_2\leqslant m}(T_{i_1}^{现}T_{i_2}^{现})$ 且进路 i_1，i_2 是平行进路

$S_3=\sum\limits_{1\leqslant i_1<i_2<i_3\leqslant m}P(Q_{i_1}\cap Q_{i_2}\cap Q_{i_3})=\dfrac{K^3}{1440^3}\sum\limits_{1\leqslant i_1<i_2<i_3\leqslant m}(T_{i_1}^{现}T_{i_2}^{现}T_{i_3}^{现})$ 且 i_1，i_2，i_3 是平行进路

…

$S_n=\sum\limits_{1\leqslant i_1<i_2<\cdots<i_n\leqslant m}P(Q_1\cap Q_2\cap\cdots\cap Q_{i_n})=\dfrac{K^n}{1440^n}\sum\limits_{1\leqslant i_1<i_2<\cdots<i_n\leqslant m}(T_{i_1}^{现}T_{i_2}^{现}\cdots T_{i_n}^{现})$ 且进路 i_1，i_2，…，i_n 是平行进路

$$S_{n+1}=\sum_{1\leqslant i_1<i_2<\cdots<i_{n+1}\leqslant m}P(Q_1\cap Q_2\cap\cdots\cap Q_{i_{n+1}})=0$$

…

$$S_m=P(Q_1\cap Q_2\cap\cdots\cap Q_m)=0$$

将式(8－19)化简后，可得如下关于 K 的一元 n 次多项式方程：

$$(-1)^{n-1}\frac{\sum\limits_{1\leqslant i_1<i_2<\cdots<i_n\leqslant m}(T_{i_1}^{现}T_{i_2}^{现}\cdots T_{i_n}^{现})}{1440^n}K^n+\cdots+\frac{\sum\limits_{1\leqslant i_1<i_2<i_3\leqslant m}(T_{i_1}^{现}T_{i_2}^{现}T_{i_3}^{现})}{1440^3}K^3$$

$$-\frac{\sum_{1\leqslant i_1<i_2\leqslant m}(T_{i_1}^{现}T_{i_2}^{现})}{1440^2}K^2+\frac{\sum_{i=1}^{m}T_i^{现}}{1440}K-(1-P_0)=0 \qquad (8-20)$$

式(8－20)称为有关 K 的通过能力方程。解方程(8－20)，得到符合实际情况的 K，把 K 代入式(8－11)、式(8－12)、式(8－13)即可求得相应指标。对于 K 的选取要遵循以下 4 条基本原则：

1) K 为实数；

2) K 非负；

3) $K\geqslant 1$；

4) $K\leqslant \min\{(1440-T_{天窗}-T_{损失})/T_i^{现},\ i=1,2,\cdots,m\}$，其中：$T_{天窗}$、$T_{损失}$分别为咽喉区综合维修天窗及其产生的额外损失时间，min。

构建一个平行进路关联图 $G=(M, N)$：每条进路 i 对应一个顶点 i，每个顶点 i 对应一个权重 $T_i^{现}$，$i=1, 2, \cdots, m$；对于任意两个顶点 i、j，若进路 i、j 是平行进路，则将顶点 i、j 连接，否则顶点 i、j 之间无连接。如此只要找出 $G=(M, N)$ 中的所有 $r(r=1, 2, \cdots, n)$ 阶完全子图就可以确定有关 K 的通过能力方程的 r 阶系数。在 2 个结论和 2 个推论的基础上设计搜索平行进路关联图中所有 $r(r=1, 2, \cdots, n)$ 阶完全子图的算法。平行进路关联图中的每个顶点对应一个一阶完全子图，每条边对应一个二阶完全子图，三阶及以上阶完全子图通过枚举法确定可行但费时且易出错，需要设计算法搜索。

定理 8.1　若顶点 i 的次数 $d(i)<r-1$，则顶点 i 不属于任一个 $r(r\geqslant 1)$ 阶完全子图。

证明：(反证法)

假设顶点 i 的次数 $d(i)<r-1$，但顶点 i 属于某一个 r 阶完全子图 G_r'。

顶点 i 属于某一个 r 阶完全子图 G_r'，由完全子图的概念可知顶点 i 与该子图中的另外 $r-1$ 个顶点都有连接，则 $d(i)\geqslant r-1$，这与 $d(i)<r-1$ 矛盾，所以假设不成立。

因此，次数 $d(i)<r-1$ 的顶点不属于任一个 r 阶完全子图 G_r'。

证毕。

结论 8.1 推广可得推论 8.1。

推论 8.1　若顶点 i 的次数 $d(i)<r-1(r\geqslant 1)$，则顶点 i 不属于任何 $k(k\geqslant r)$ 阶完全子图。

定理 8.2　若顶点 i 不属于任一个 $r(r\geqslant 1)$ 阶完全子图，则以顶点 i 为端点的边也不属于任一个 r 阶完全子图。

证明：(反正法)

假设顶点 i 不属于任一个 $r(r\geqslant 1)$ 阶完全子图，但以顶点 i 为端点的某一条边

(i, j)属于某一个 r 阶完全子图 G'_r。

由边(i, j)属于 r 阶完全子图 G'_r易知，顶点 i 和顶点 j 必属于 r 阶完全子图G'_r，这与假设顶点 i 不属于 G'_r矛盾，所以假设不成立。

因此，若顶点 i 不属于任一个 $r(r\geqslant 1)$阶完全子图，则以顶点 i 为端点的边也不属于任一个 r 阶完全子图。

证毕。

结论 8.2 推广可得推论 8.2。

推论 8.2 若顶点 i 不属于任一个 r 阶完全子图，则以顶点 i 为端点的边不属于任一个 $k(k\geqslant r)$阶完全子图。

根据是上面的根系，设计搜索平行进路关联图中 r($r\geqslant 3$ 且为整数)阶完全子图的算法。

Step 1：构造平行进路关联图 $G(M, N)$，顶点标记为 $i(i=1, 2, \cdots, m)$，m 为总进路数。构建 $G(M, N)$的邻接矩阵 $A=(a_{ij})$，令 $r=3$，m'为最大平行进路组规模。

Step 2：计算平行进路关联图 $G=(M, N)$中所有顶点的次数 $d(i)$，$i=1, 2, \cdots, m$；

Step 3：将次数 $d(i)<r-1$ 的所有顶点及以这些顶点为端点的边删除，得到一个图 $G'=(M', N')$，$G\subset G'$，令 $G=G'$；

Step 4：计算 G 中所有顶点的次数，若存在次数 $d(i)<r-1$ 的顶点，返回 Step 3，否则进行下一步；

Step 5：由 $r-1$ 阶完全子图搜索 r 阶完全子图。将所有 $r-1$ 阶完全子图标记为 G_1^{r-1}，G_2^{r-1}，$\cdots$，G_k^{r-1}，$\cdots$，$G_{n^{r-1}}^{r-1}$，n^{r-1}表示 $r-1$ 阶完全子图的个数。将第 $k(k=1, 2, \cdots, n^{r-1})$个 $r-1$ 阶完全子图 G_k^{r-1} 的顶点 i_1^k，i_2^k，$\cdots$，i_{i-1}^k分别对应 $A=(a_{ij})$中的第 i_1^k，i_2^k，$\cdots$，i_{r-1}^k行，将第 i_1^k，i_2^k，$\cdots$，i_{r-1}^k行合并成一行，作为新矩阵 $A'=(a'_{ij})$的第 k 行，标记第 k 行对应的顶点 i_1^k，i_2^k，$\cdots$，i_{r-1}^k。合并原则为：若 $a_{i_1^k j}=a_{i_2^k j}=\cdots=a_{i_{r-1}^k j}$，则 $a'_{kj}=1$，否则 $a'_{kj}=0$，$j=1, 2, \cdots, m$。由此得到一个 $n^{r-1}\times m$ 的矩阵 $A'=(A'_{ij})$。

Step 6：搜索 r 阶完全子图。设 $S^r=\{\phi\}$，遍历矩阵 $A'=(a'_{ij})$中的元素，若 $a'_{ij}=1$ 且$\{i_1^i, i_2^i, \cdots, i_{r-1}^i, j\}\notin S^r$，则得到一个由顶点 i_1^i，i_2^i，$\cdots$，i_{r-1}^i，j 组成的 r 阶完全子图，将$\{i_1^i, r_2^i, \cdots, r_{r-1}^i, j\}$加入到 S^r，否则，继续判断其他的 a'_{ij}。

Step 7：输出 S^r 中的 r 阶完全子图。若 $r<m'$，令 $r=r+1$，返回 Step 2；否则结束。

为了验证上述提出的基于进路的铁路车站咽喉通过能力计算方法的有效性，以东莞站广州方向咽喉为背景进行计算。表 8－1 给出了该咽喉各进路现阶段占用时间情况，通过输入各进路占用时间及平行进路关联图的邻接矩阵便可快速计算出如表 8－2 所示的各进路及整个咽喉通过能力、如表 8－3 所示的道岔占用情况。

表 8－1　东莞站广州方向咽喉各进路现阶段占用时间统计

进路编号	进路名称	作业内容	总占用时间/min
1	Ⅰ至 1 道	接下行通过动车组及少数其他旅客列车	476
2	Ⅰ至 5 道	接下行停站动车组及少数其他旅客列车	195
3	Ⅱ至 2 道	发上行通过动车组及少数其他旅客列车	469
4	Ⅱ至 6 道	发上行停站动车组及少数其他旅客列车	220
5	Ⅲ至 3 道	接下行通过客货列车	126
6	Ⅲ至 10、11 道	接下行停站客货列车	74
7	Ⅲ至 13、15、17、19、21 道	接下行有改编作业的货物列车	120
8	Ⅳ至 4 道	上行通过客货列车	98
9	Ⅳ至 5、7、10、11 道	发上行停站旅客列车	104
10	Ⅳ至 13、15、17、19、21 道	发上行已改编货物列车	90
11	牵出线至 13、15、17、19、21 道	调车作业	240

平行进路关联图的邻接矩阵为：

$$A=\begin{bmatrix} 0&0&1&1&1&1&1&1&1&1&1\\ 0&0&1&1&1&1&1&1&1&1&1\\ 1&1&0&0&1&1&1&1&1&1&1\\ 1&1&0&0&1&1&1&1&1&1&1\\ 1&1&1&1&0&0&0&1&1&0&1\\ 1&1&1&1&1&0&0&1&0&0&1\\ 1&1&1&1&0&0&0&1&1&0&0\\ 1&1&1&1&1&1&1&0&0&0&1\\ 1&1&1&1&1&0&1&0&0&0&1\\ 1&1&1&1&0&0&0&0&0&0&0\\ 1&1&1&1&1&1&0&1&1&0&0 \end{bmatrix}$$

通过能力方程为：

$$-0.000011K^6+0.000878K^5-0.021029K^4+0.209724K^3-0.860237K^2+1.536111K-0.95=0$$

解此方程可得：

$$K = 1.3158$$

表 8－2　东莞站广州方向咽喉通过能力

进路编号	现阶段通过列车数(列)		咽喉运用饱和状态下通过能力(列)	
1	68	动：46	90	动：61
		客：22		客：29
2	65	动：54	86	动：71
		客：11		客：15
3	67	动：48	88	动：63
		客：19		客：25
4	63	动：52	83	动：69
		客：11		客：14
5	18	客：15	24	客：20
		货：3		货：4
6	21	客：14	28	客：20
		货：7		货：8
7	货：20		货：26	
8	15	客：11	20	客：15
		货：4		货：5
9	26	客：17	34	客：22
		货：9		货：12
10	货：18		货：24	
总计	381	动：200	503	动：264
		客：120		客：160
		货：61		货：79

东莞站广州方向咽喉分为两个相对独立的区域，靠近Ⅰ、Ⅱ线主要是动车组和少量高等级旅客列车相关作业，靠近Ⅲ、Ⅳ线是其他旅客列车、全部货物列车相关作业，类似于双线铁路车站咽喉。由表8－2可知，东莞站广州方向咽喉通过能力为503列。其中：动车组264列（上行：132列，下行：132列）；其他旅客列

车 160 列(上行:76 列,下行:84 列);货物列车 79 列(上行:41 列,下行:38 列)。该咽喉当前接发列车数为 381 列,能力利用率达到 75%,处于比较繁忙的状态,应考虑对作业组织进行优化或进行改扩建。进路 1、2、3、4 利用率高,占用频繁,分别为 90、86、88、83 列,这是由于进路 1、2、3、4 为动车组和少量高等级旅客列车的接发或通过进路,在整个咽喉区中处于相对较独立的区域(靠近Ⅰ、Ⅱ线的区域),动车组实行公交化开行,进路之间交叉较少且占用均衡。进路 5、6、7、8、9、10 的利用率明显比进路 1、2、3、4 低,分别为 24、28、26、20、34、24 列,这是由于进路 5、6、7、8、9、10 处于客货列车接、发、通过、调车进路交叉严重的区域(靠近Ⅲ、Ⅳ线)。例如,进路 10 被占用(发上行已改编货物列车)会横切咽喉,严重影响其他作业,降低其他进路的利用率。因此,上行已改编货物列车发车作业要尽量避免密集到发时段,安排在适当时机快速完成。再者,占用进路 5、6、7、8、9、10 的列车到发也不如动车组均衡,为了方便旅客的出行,大量的旅客列车实行朝发夕至或夕发朝至的运行方式,而大量货物列车集中在晚上开行,造成某一时段的密集占用。例如 7:00—10:00 或 18:00—23:00 这两个时段最便于旅客出行,也是旅客列车最集中的到发时段,在这些时段经常发生等线的情况,进路占用频繁,利用率高。在平缓时段,进路占用稀疏,利用率低。

运用式(8-13)可反映出咽喉运用饱和状态下道岔占用情况,如表 8-3 所示。

表 8-3 咽喉运用饱和状态下道岔占用情况

道岔组编号	经由道岔	占用次数
1	1#、31#、71#、73#	171
2	3#、13#、27#、29#、69#	173
3	5#、15#、19#、25#、33#、35#	78
4	37#、41#、55#、57#	86
5	7#、11#、17#、21#	78
6	43#、45#、53#	102
7	9#、23#、39#、49#、51#	56
8	47#、59#、61#	89

1#、31#、71#、73#、3#、13#、27#、29#、69#道岔处于动车组接发进路上,占用频繁且均衡,道岔利用率高,占用次数达到 170 次左右,这是由于动车组实行公交化开行,到发均衡,交叉少。43#、45#、53#道岔处于多条客货列车接、发、通

过、调车进路上，列车到发不均衡，交叉严重。从表8－3可以看出占用次数明显比该区域其他道岔多，应对这几个道岔进行有效疏解。

由于我国铁路旅客列车的数量和种类繁多、旅客列车在站技术作业调整频繁，利用率法中将旅客列车作业视为固定作业的做法并不确切；基于进路的车站咽喉通过能力计算方法弱化了固定作业的概念，即旅客列车在站技术作业中并未包含固定作业时间；除参数 K 以外的其他参数都可以通过现阶段运用情况统计获得，K 的确定是整个方法的关键。在实际应用过程中，该方法只需统计进路的实际占用时间，而不再统计空费时间，在饱和状态的进路占用时间推算过程中引入概率论中“多除少补”原理分析进路之间的妨碍时间，简化计算过程，对作业实际拟合更为准确，实用性和可操作性好，便于程序开发，大量减少重复劳动，能清晰反映进路、道岔均衡占用程度，有效、全面反映车站咽喉能力运用的情况，为疏解繁忙进路和道岔提供决策依据。余少鹤、李夏苗和陈治亚等人通过调查分析提速干线上编组站近年运营状况，采用因素分析理论，得到了编组站运营指标构成因素对其变化的影响规律，获得了一定的成果；因此，研究客运站股道运用的数据融合、数据挖掘技术，利用股道运用系统所采集的基础数据，采用因素分析理论，分析车站日常作业组织及运营指标、车站能力运用情况，挖掘股道运用的潜在规律和车站股道运用存在的问题，为客运站运输工作组织提供决策支持。如挖掘车站咽喉能力运用情况，发现制约能力的关键道岔组，并提出相应的解决方案，为客运站相关部门提供参考。

8.5.3.5　系统接口及交互式处理方式

可扩展性接口设计，采用 AutoCAD、VB 的 ActiveX Automation 和 VBA 相结合的方式，具有极强大的接口和数据库功能，关键模块还可以操作 AutoCAD 的内部对象和共享地址空间；为了实现与列车报点系统、车站联锁系统等铁路应用系统及硬件系统的耦合，实现车站自律机的自律控制功能，系统设计需研究与 TMIS 及 CTC 的热插拔接口；操作界面是基于 CAD 式屏幕及菜单操作模式和所见即所得交互式操作界面。

参考文献

[1] 白紫熙, 周磊山, 王劲, 郭彬. 基于拉格朗日的高速铁路车站作业优化[J]. 交通运输系统工程与信息, 2014, 14(4): 120－125.

[2] 陈荣秋. 排序的理论与方法[M]. 武昌: 华中理工大学出版社, 1986.

[3] 杜文. 旅客运输组织[M]. 北京: 中国铁道出版社, 2012.

[4] 方琪根, 邢二平, 王保山, 毛保华. 客运专线大型客运站作业仿真系统设计与应用[J]. 交通运输系统工程与信息, 2012, 12(3): 187－191.

[5] 广州东站. 广州东站工作细则[Z]. 广州: 广州东站, 2008.

[6] 郭莉, 吕红霞, 陈焕云. 基于遗传算法的铁路车站到发线运用优化研究[J]. 西南民族大学学报(自然科学版), 2005, 31(1): 28－31.

[7] 贾文峥, 毛保华, 何天健, 刘海东. 大型客运站股道分配问题的模型与算法[J]. 铁道学报, 2010, 32(2): 8－13.

[8] 鞠浩然, 马驷. 基于服务水平的城际铁路通过能力计算[J]. 铁道运输与经济, 2014, 36(1): 18－21.

[9] 孔庆钤, 刘其斌. 铁路运输能力计算与加强[M]. 北京: 中国铁道出版社, 2006.

[10] 雷定猷, 张英贵, 刘明翔. 铁路客技站车底作业排序模型与算法[J]. 铁道学报, 2007, 29(6): 1－6.

[11] 雷定猷, 王栋, 刘明翔. 客运站股道运用优化模型及算法[J]. 交通运输工程学报, 2007, 7(5): 84－87.

[12] 雷定猷, 张英贵, 王新宇, 等. 铁路客技站车底作业耦合窗时排序模型与算法[J]. 铁道学报, 2010, 32(4): 1－7.

[13] 黎浩东, 何世伟, 王保华, 申永生. 铁路编组站阶段计划编制研究综述[J]. 铁道学报,

2011, 33(8): 13 - 22.

[14] 李文权, 王炜, 程世辉. 铁路编组站到发线运用的排序模型和算法[J]. 系统工程理论与实践, 2000, 20(6): 75 - 78.

[15] 李文权, 杜文. 铁路技术站日工作计划优化模型及其算法[M]. 成都: 西南交通大学出版社, 2002.

[16] 李文权, 王炜, 杜文, 等. 铁路技术站调机运用模型及算法[J]. 系统工程学报, 2000, 15(1): 38 - 43.

[17] 刘朝英, 李萍. 中国铁路分散自律调度集中[M]. 北京: 中国铁道出版社, 2009.

[18] 刘朝英. 京津城际高速铁路信号系统集成[M]. 北京: 中国铁道出版社, 2010.

[19] 刘钢, 孙晓华, 韩学雷. 旅客列车车底运用优化模型及算法[J]. 铁道运输与经济. 2004, 26(2): 62 - 64.

[20] 刘澜, 王南, 杜文. 车站咽喉通过能力网络优化模型及算法研究[J]. 铁道学报, 2002, 24(6): 1 - 5.

[21] 刘敏, 韩宝明, 李得伟. 高速铁路车站通过能力计算和评估[J]. 铁道学报, 2012, 34(4): 9 - 15.

[22] 刘其斌, 马桂贞. 铁路车站及枢纽[M]. 北京: 中国铁道出版社, 2003.

[23] 鲁工圆, 彭其渊, 闫海峰, 杨奎. 高速铁路车站作业过程的 TCPN 仿真通用模型[J]. 系统仿真学报, 2013, 25(4): 831 - 838.

[24] 龙建成, 高自友, 马建军, 李克平. 铁路车站进路选择优化模型及求解算法的研究[J]. 铁道学报, 2007, 29(5): 7 - 14.

[25] 吕红霞. 铁路大型客运站作业计划智能编制的优化技术和方法研究[D]. 成都: 西南交通大学, 2008.

[26] 吕红霞, 何大可, 陈韬. 基于蚁群算法的客运站到发线运用计划编制方法[J]. 西南交通大学学报, 2008, 43(2): 153 - 158.

[27] 吕红霞, 倪少权. 基于组件技术的铁路大型客运站行车调度系统[J]. 中国铁道科学, 2008, 29(3): 122 - 127.

[28] 吕红霞, 倪少权, 纪洪业. 技术站调度决策支持系统的研究——到发线的合理利用[J]. 西南交通大学学报, 2000, 35(3): 255 - 258.

[29] 马擎, 欧雯. 铁路客运站综合交通枢纽设施布局方案的优选[J]. 石家庄铁道大学学报(自然科学版), 2012, 25(1): 95 - 100

[30] 马卫武, 刘小燕, 李立清, 陈治亚. 铁路客运站旅客候车时间研究[J]. 铁道学报, 2009, 31(5): 104 - 107

[31] 彭其渊, 赵钢. 城际铁路列车开行方案优化分析[J]. 交通科技与经济, 2008, 10(6): 104 - 105.

[32] 秦孝敏. 基于复杂网络的城际铁路网络脆弱性分析[J]. 石家庄铁道大学学报(自然科学版), 2014, 27(4): 82 – 85.

[33] 青学江, 马国忠. 遗传算法在区段站到发线的应用研究[J]. 西南交通大学学报, 1998, 33(4): 387 – 393.

[34] 曲思源, 徐行方, 张怡. 城际铁路高峰时段通过能力计算方法研究[J]. 交通运输系统工程与信息, 2011, 11(2): 142 – 148.

[35] 曲思源, 徐行方. 城际铁路动车组运用计划模型[J]. 同济大学学报(自然科学版), 2010, 38(9): 1298 – 1302.

[36] 史峰, 陈彦, 秦进, 周文梁. 铁路客运站到发线运用和接发车进路排列方案综合优化[J]. 中国铁道科学, 2009, 30(6): 108 – 113.

[37] 史峰, 谢楚农, 于桂芳. 铁路车站咽喉区进路排序优化方法[J]. 铁道学报, 2004, 26(4): 5 – 9.

[38] 汤波, 雷定猷, 张英贵, 王新宇. 铁路车站咽喉通过能力计算方法[J]. 交通运输工程学报, 2010, 10(6): 69 – 74.

[39] 唐恒永, 赵传立. 排序引论[M]. 北京: 科学出版社, 2002.

[40] 唐国春, 张峰, 罗守成, 刘丽丽. 现代排序论[M]. 上海: 上海科学普及出版社, 2004.

[41] 汪波, 杨浩, 张志华. 基于周期运行图的京津城际铁路列车开行方案研究[J]. 铁道学报, 2007, 29(2): 8 – 13.

[42] 王新宇, 陈治亚, 张英贵, 雷定猷. 基于实例的客运站股道运用实时决策推理方法[J]. 计算机应用研究, 2012, 29(4): 1270 – 1274.

[43] 谢楚农, 黎新华. 铁路客运站到发线运用优化研究[J]. 中国铁道科学, 2004, 25(5): 130 – 133.

[44] 许诚, 徐瑞华, 程维生, 陈宣, 吴翔. 胶济铁路干线调度集中系统的研究[J]. 铁道学报, 2007, 29(1): 7 – 15.

[45] 徐春婕. 铁路大型客运站管理系统及关键技术研究[D]. 北京: 中国铁道科学研究院, 2014.

[46] 徐杰, 杜文, 黎青松, 周再玲. 铁路区段站决策支持系统的研究——调车机车的合理安排[J]. 四川工业学院学报, 2003, 22(2): 11 – 13.

[47] 徐杰, 杜文, 李冰. 铁路区段站到发线运用计划安排的优化算法[J]. 系统工程理论方法应用, 2003, 12(3): 253 – 256.

[48] 徐杰, 杜文, 常军乾. 基于遗传算法的区段站到发线运用优化安排[J]. 中国铁道科学, 2003, 24(2): 109 – 114.

[49] 徐杰, 杜文, 李宗平. 基于模拟退火算法和图着色的调车机车安排研究[J]. 铁道学报, 2003, 25(3): 24 – 30.

[50] 徐政，谭永东．自律分散系统入门——从系统概念到应用技术[M]．北京：科学出版社，2008.

[51] 张超，孙兴斌，孟令君，曲文华．铁路大型客运站客运通道通过能力研究[J]．铁道学报，2014，36(4)：1－6.

[52] 张强锋，王慈光，徐帅．城际铁路旅客列车开行方案优化研究[J]．铁道运输与经济，2013，35(1)：27－33.

[53] 张天伟，颜月霞，王扬，王志忠．铁路特大型客运站候车室面积及数量计算模型研究[J]．铁道学报，2010，32(2)：105－108

[54] 张英贵．铁路客运站股道运用优化方法与应用研究[D]．长沙：中南大学，2012.

[55] 张英贵，雷定猷，汤波，王新宇．铁路客运站股道运用窗时排序模型与算法[J]．铁道学报，2011，33(1)：1－7.

[56] 张英贵，雷定猷，刘明翔．铁路车站股道运用排序模型与算法[J]．中国铁道科学，2010，31(2)：96－100.

[57] 张英贵，雷定猷，王娟．CTC 条件下铁路客运站股道运用决策支持系统[J]．交通运输工程学报，2011，11(4)：89－97.

[58] 赵强．列车运行方案车站到发线需求可行性模型及其算法[J]．西南交通大学学报，2000，35(2)：196－200.

[59] 郑健，沈中伟，蔡申夫．中国当代铁路客站设计理论探索[M]．北京：人民交通出版社，2009.

[60] 周再铃，游斌，李雪婷．铁路技术站咽喉区道岔组占用安排的模型和算法[J]．四川工业学院学报，2002，21(3)：70－72.

[61] Ariano A. D.，Pranzo M.．An advanced real－time train dispatching system for minimizing the propagation of delays in a dispatching area under severe disturbances[J]．Network and Sptial Economics，2009，9(1)：63－84.

[62] Broek J.，Kroon L.．A capacity test for shunting movements[J]．Computer Science，2007，43(59)：108－125.

[63] Bruce S. N. C.，Chow K. P.，Lucas C. K. H.，Alvin M. K. Y.．Railway track possession assignment using constraint satisfaction[J]．Engineering Applications of Artificial Intelligence，1999，12(5)：599－611.

[64] Caimi G.，Burkolter D.，Herrmann T.．Finding delay-tolerant train routings through stations [J]．Operational Research Proceedings，2005，2004(5)：136－143.

[65] Caimi G.，Fuchsberger M.，Laumanns M.，Lüthi，M.．A model predictive control approach for discrete-time rescheduling in complex central railway station areas [J]．Computers and Operations Research，2012，39(11)：2578－2593.

[66] Caprara A., Fischetti M., Toth P.. Modeling and solving the train timetable problem[J]. Operational Research, 2002, 50(5): 851 – 861.

[67] Caprara A., Galli L., Toth P.. Solution of the train platforming problem[J]. Transportation Science, 2011, 45(2): 246 – 257.

[68] Carey M.. Extending a train pathing model from one-way to two-way track [J]. Transportation Research Part B, 1994, 28(5): 395 – 400.

[69] Carey M.. A model and strategy for train pathing with choice of lines, platforms and routes[J]. Transportation Research Part B, 1994, 28(5): 333 – 353.

[70] Carey M., Carville S.. Testing schedule performance and reliability for train station[J]. Journal of the Operational Research Society, 2000(51): 666 – 682.

[71] Carey M., Craville S.. Scheduling and platforming trains at busy complex stations[J]. Transportation Research Part A, 2003, 37(3): 195 – 224.

[72] Carey M., Crawford I.. Scheduling trains on a network of busy complex stations[J]. Transportation Research Part B, 2007, 41(2): 159 – 178.

[73] Carey M., Lockwood D.. A model, algorithms and strategy for train pathing [J]. Journal of the Operational Research Society, 1995(46): 988 – 1005.

[74] Chakroborty P., Vikram D.. Optimum assignment of trains to platforms under partial schedule compliance[J]. Transportation Research Part B, 2008, 42(2): 169 – 184.

[75] Ciuffini F.. Capacity of a simple dead-end station[J]. Ingegneria Ferroviaria, 2007, 62(10): 805 – 821.

[76] Cordeau, J. F., Soumis F., Desrosiers J.. Simultaneous assignment of locomotives and cars to passenger trains[J]. Operations Research, 2001, 49(4): 531 – 548.

[77] Cordeau J. F., Toth P., Vigo D.. A survey of optimization models for train routing and scheduling[J]. Transportation Science, 1998, 32(4): 380 – 404.

[78] Corman F., D'Ariano A., Pacciarelli D., Pranzo M.. A tabu search algorithm for rerouting trains during rail operations[J]. Transportation Research Part B, 2010, 44(1): 175 – 192.

[79] Delorme X., Gandibleux X., Rodriguez J.. Stability evaluation of a railway timetable at station level[J]. European Journal of Operational Research, 2009, 195(3): 780 – 790.

[80] Dewilde T., Sels P., Cattrysse D., Vansteenwegen P.. Improving the robustness in railway station areas[J]. European Journal of Operational Research, 2014, 235(1): 276 – 286.

[81] Dewilde T., Sels P., Cattrysse D., Vansteenwegen P.. Robust railway station planning: an interaction between routing, timetabling and platforming[J]. Journal of Rail Transport Planning and Management, 2013, 3(3): 68 – 77.

[82] Dorfman M. J., Medanic J.. Scheduling trains on a railway network using a discrete event model

of railway traffic[J]. Transportation Research Part B, 2004, 38(1): 81 –98.

[83] Freling R., Lentink R. M., Kroon L. G., Huisman D.. Shunting of passenger train units in a railway station[J]. Transportation Science, 2005, 39(2): 261 –272.

[84] Freling R., Lentink R. M., Wangelmans A. P. M.. A decision support System for crew planning in passenger transportation using a flexible branch-and-price algorithm[J]. Annals of Operations Research, 2004, 127: 203 –222.

[85] Ghoseiri K., Szidarovszky F., Asgharpour M. J.. A mutli-objective train scheduling model and solution[J]. Transportation Research Part B, 2004, 38(10): 927 –952.

[86] He S., Song R., Sohail S. Chaudhry. Fuzzy dispatching model and genetic algorithms for railyards operations[J]. European Journal of Operations Research, 2000, 12(4): 307 –331.

[87] Higgins A., Kozan E., Ferreira L.. Optimal scheduling of trains on a single line track[J]. Transportation Research Part B, 1996, 30(2): 147 –161.

[88] Huisman T., Boucherie R. J.. Running times on railway sections with heterogeneous train traffic[J]. Transportation Research Part B, 2001, 35(3): 271 –292.

[89] Jacobsen P. M., Pisinger D.. Train shunting at a workshop area[J]. Flexible Services and Manufacturing Journal, 2011, 23(2): 156 –180.

[90] Janosikova L., Kavicka A.; Bazant M.. Optimal operation scheduling and platform track assignment in a passenger railway station[J]. Journal of Rail and Rapid Transit, 2014, 228(3): 271 –284.

[91] Javadian N., Sayarshad H. R., Najafi S.. Using simulated annealing for determination of the capacity of yard stations in a railway industry[J]. Applied Soft Computing, 2011, 11(2): 1899 –1907.

[92] Kang L., Wu J., Sun H. Using simulated annealing in a bottleneck optimization model at railway stations[J]. Journal of Transportation Engineering, 2012, 138(11): 1396 –1402.

[93] Kort A. F., Heidergott B., Ayhan H.. A probabilistic (max, +) approach for determining railway infrastructure capacity[J]. European Journal of Operational Research, 2003, 148(3): 644 –661.

[94] Lai Y., Barkan C.. Comprehensive decision support framework for strategic railway capacity planning[J]. Journal of Transportation Engineering, 2011, 137(10): 738 –749.

[95] Landex A., Jensen L.. Measures for track complexity and robustness of operation at stations [J]. Journal of Rail Transport Planning and Management, 2013, 3(1 –2): 22 –35.

[96] Lusby R. M., Larsen J., Ehrgott M., Ryan D.. Railway track allocation: models and methods [J]. OR Spectrum, 2011, 33(4): 843 –883.

[97] Lusby R. M., Larsen J., Ryan D., Ehrgott M.. Routing trains through railway junctions: a

new set-packing approach[J]. Transportation Science, 2011, 45(2): 228 - 245.

[98] Lusby R. M., Larsen J., Ehrgott M., Ryan D.. A set packing inspired method for real-time junction train routing[J]. Computers and Operations Research, 2013, 40(3): 713 - 724.

[99] Mussone L., Wolfler C. R.. An analytical approach to calculate the capacity of a railway system [J]. European Journal of Operational Research, 2013, 228(1): 11 - 23.

[100] Odijk M. A.. Sensitivity analysis of a railway station track layout with respect to a given timetable[J]. European Journal of Operational Research, 1999, 112(3): 517 - 530.

[101] Odijk M. A.. A constraint generation algorithm for the construction of periodic railway timetables[J]. Transportation Research Part B, 1996, 30(6): 455 - 464.

[102] Ota T., Tsukatani H., Nezu S., Kashio S., Kondo T., Yamada Y., Tanaka I., Imahayashi Y.. Technical solution in a central station re-development under railway operation restricted by various urban conditions: Case of JR Hakata Station[J]. AIJ Journal of Technology and Design, 2011, 17(35): 171 - 176.

[103] Peter B., Johann H., Thomas R.. Routing of railway carriages[J]. Journal of Global Optimization, 2003, 27(2): 313 - 332.

[104] Peeters M., Kroon L.. Circulation of railway rolling stock: a branch-and-price approach[J]. Computers & Operations Research, 2008, 35(2): 538 - 556.

[105] Rodriguez J.. A constraint programming model for real-time train scheduling at junctions[J]. Transportation Research Part B, 2007, 41(2): 231 - 245.

[106] Sels P., Vansteenwegen P., Dewilde T., Cattrysse D., Waquet B., Joubert A.. The train platforming problem: the infrastructure management company perspective[J]. Transportati-on Research Part B, 2014, 61(3): 55 - 72.

[107] Serafini P., Ukovich W.. A mathematical model for periodic scheduling problems[J]. SIAM Journal on Discrete Mathematics, 1989, 2(4): 550 - 581.

[108] Törnquist J.. Railway traffic disturbance management—An experimental analysis of disturbance complexity, management objectives and limitations in planning horizon[J]. Transportation Research Part A, 2007, 41(3): 249 - 266.

[109] Törnquist J.. Design of an effective algorithm for fast response to the re-scheduling of railway traffic during disturbances[J]. Transportation Research Part C, 2012, 20(1): 62 - 78.

[110] Törnquist J., Pacciarelli D., Pranzo M.. Assessment of flexible timetables in real-time traffic management of a railway bottleneck[J]. Transportation Research Part C, 2008, 16(2): 232 - 245.

[111] Törnquist J., Persson J. A.. N-tracked railway traffic re-scheduling during disturbances[J]. Transportation Research Part B, 2006, 41(3): 342 - 346.

[112] Wang J., Lei D., Zhang Y., Zeng Q., Chen Z.. Model and rules for track utilization problem in railway passenger stations[J]. Energy Education Science & Technology Part A: Energy Science and Research, 2015, 33(2): 993 - 1014.

[113] Wang Y., Zhou C.. The discrete event-based simulation for station operation in high speed railway[J]. ZEV Rail Glasers Annalen, 2012, 136(10): 396 - 401.

[114] Xu X., Liu J., Li H., Hu J.. Analysis of subway station capacity with the use of queueing theory[J]. Transportation Research Part C, 2014, 38(1): 28 - 43.

[115] Yuan J., Hansen I. A.. Optimizing capacity utilization of stations by estimating knock-on train delays[J]. Transportation Research Part B, 2007, 228(1): 202 - 217.

[116] Zhang Y., Lei D., Wang M., Zeng Q.. Dispatching rules: track utilization scheduling problem in railway passenger stations[C]//ASCE. ICTIS 2013, Wuhan: ASCE, 2013: 1859 - 1871.

[117] Zhang Y., Lei D., Zhang Y., Fu Y.. Decision support system of track utilization in railway passenger station under the condition of CTC[J]. International Review on Computers and Software, 2012, 7(6): 3147 - 3152.

[118] Zhou X., Zhong M.. Single-track train timetabling with guaranteed optimality: branch-and-bound algorithms with enhanced lower bounds[J]. Transportation Research Part B, 2007, 41(3): 320 - 341.

[119] Zhu C., Li H.. Research on operation arrangement for parking lines in railway passenger technology station[J]. Journal of Information and Computational Science, 2013, 10(3): 761 - 771.

[120] Zhu C., Li H., Wang Q.. Research on operation arrangement for waiting hall in railway passenger station[J]. Journal of Software, 2013, 8(1): 101 - 109.

[121] Zwaneveld P. J., Dauzere-Peres S., Hoesel P. M., Kroon L. G., Romerijn H. E., Salomon M., Ambergen H. W.. Routing trains through railway stations: Model formulation and algorithms[J]. Transportation Science, 1996, 30(3): 181 - 194.

[122] Zwaneveld P. J., Kroon L. G., Hoesel P. M.. Routing trains through a railway station based on a node packing model[J]. European Journal of Operational Reaseach, 2001, 128(1): 14 - 33.